Perspektiven einer Kohlenstoffkreislaufwirtschaft im Energiebereich

Franz Xaver Trieb

Perspektiven einer Kohlenstoffkreislaufwirtschaft im Energiebereich

Energiewende neu gedacht

Springer Vieweg

Franz Xaver Trieb
Stuttgart, Deutschland

ISBN 978-3-658-50550-9 ISBN 978-3-658-50551-6 (eBook)
https://doi.org/10.1007/978-3-658-50551-6

Die Deutsche Nationalbibliothek verzeichnet diese Publikation in der Deutschen Nationalbibliografie; detaillierte bibliografische Daten sind im Internet über https://portal.dnb.de abrufbar.

Coverabbildung: Shutterstock (Fotograf: Dariusz Banaszuk)

Springer Vieweg ist ein Imprint der eingetragenen Gesellschaft Springer Fachmedien Wiesbaden GmbH und ist ein Teil von Springer Nature.
Die Anschrift der Gesellschaft ist: Abraham-Lincoln-Str. 46, 65189 Wiesbaden, Germany

Dieses Buch ist meinem guten Freund und unermüdlichen Mitstreiter für Sonnenenergie Dr. Hani El Nokraschy zu seinem 90. Geburtstag gewidmet.

Geleitwort

Nahezu täglich erreichen uns Nachrichten über Wetterextreme – Waldbrände, Hochwasser oder Tornados – mit immer dramatischeren Folgen. Es besteht kaum Zweifel, dass der globale Klimawandel die zentrale Ursache für die zunehmende Häufigkeit und Intensität dieser Ereignisse ist. Um die wachsenden Schäden und Kosten zu begrenzen, wird eine tiefgreifende Transformation unserer weltweiten Energieversorgung immer dringlicher.

Für Deutschland wie auch international existiert eine Vielzahl von Studien und Szenarien, die den Weg zu einer klimaneutralen Energieversorgung aller Verbrauchssektoren – Gebäude, Verkehr und Industrie – beschreiben. Zwei Gemeinsamkeiten ziehen sich dabei wie ein roter Faden durch nahezu alle Analysen:

Erstens: Der Strombedarf wird stark wachsen, global möglicherweise bis zur Verdreifachung. Ursachen sind neben der Zunahme stromintensiver Anwendungen wie Rechenzentren oder Meerwasserentsalzung vor allem die Elektrifizierung der Wärmeversorgung (z. B. durch Wärmepumpen) und der Mobilität (insbesondere Elektrofahrzeuge mit Batterien). Hinzu kommt die Erzeugung von Wasserstoff und seinen Derivaten aus Strom – für schwer direkt elektrifizierbare Sektoren wie Schifffahrt und Luftverkehr sowie wichtige Bereiche der Industrie wie Stahl und Chemie.

Zweitens: Sonne und Wind gelten fast durchgängig in allen Studien als wichtigste Energiequellen. Ihre Nutzung wurde in den letzten Jahrzehnten durch drastisch gesunkene Kosten für Photovoltaik- und Windkraftanlagen möglich. Ohne diesen Kostenrückgang wäre ein Ausstieg aus fossilen Energien kaum denkbar.

Diese beiden Kernelemente einer klimaneutralen Energieversorgung erzwingen jedoch einen grundlegenden Paradigmenwechsel: weg von einem System aus Grund-, Mittel- und Spitzenlastkraftwerken hin zu einem hochflexiblen Stromsystem. Dieses stützt sich auf wetterabhängige erneuerbare Energien, unterschiedliche Speichertechnologien, Laststeuerung sowie flexible Residualkraftwerke.

Genau hier setzt das Buch von Franz Trieb an. Es entwickelt einen alternativen Pfad mit alternativen Technologiekomponenten, der konsequent eine gesamtsystemische Transformation des deutschen Energiesystems ausbuchstabiert. Anders als in den meisten Transformationsszenarien steht dabei nicht Wasserstoff, sondern Biomasse im Zentrum der variablen Stromerzeugung. Seine Analyse zeigt, dass bei konsequenter Nutzung von

Reststoffen deutlich mehr Biomasse verfügbar ist als zumeist angenommen. Kernelement des Ansatzes ist zudem die Konversion von Biomasse in hydrothermalen Verfahren in feste, flüssige und gasförmige Energieträger, die fossilen Brennstoffen sehr ähnlich sind und so einen gleitenden Übergang hin zur vollständigen Verdrängung fossiler durch biogene Energieträger ermöglichen. Eine zweite zentrale Komponente sind sogenannte Wärmespeicherkraftwerke (WSK). Sie kombinieren Photovoltaik, klassische Dampf- und Gasturbinenprozesse und einen zentralen Wärmespeicher zu einem flexiblen System, das zuverlässig Strom bereitstellen kann. Damit stellen sie die zentrale Komponente in Ergänzung zu den wetterabhängigen erneuerbaren Energien dar, um eine stabile und versorgungssichere Stromversorgung zu gewährleisten.

Wir sind mit der Energiewende bestenfalls auf halber Strecke angekommen. Der weitere Ausbau der Wandler der erneuerbaren Energien Sonne und Wind und eine zunehmende Elektrifizierung auf der Seite der Energienutzung sind unstrittig die wichtigsten Säulen, um den Weg hin zu einer klimaneutralen Energieversorgung konsequent fortzusetzen. Allerdings bedarf es dafür eines umfassenden Systemumbaus – und hier stehen wir noch ziemlich am Anfang. Hier sind unterschiedliche Wege denkbar und Offenheit für verschiedene Lösungen ist unverzichtbar.

Vor diesem Hintergrund stellt der von Franz Trieb entwickelte Ansatz eine wertvolle Bereicherung der Debatte dar. Er öffnet den Blick für bislang wenig beachtete Konzepte und Potenziale und zeigt, dass es Alternativen zu den gängigen Transformationspfaden gibt. Ob sich sein Modell in der Praxis durchsetzen lässt, wird die Zukunft zeigen – eine vertiefte Betrachtung ist es allemal wert. Denn es liefert Denkanstöße, die wir im politischen, wissenschaftlichen und gesellschaftlichen Diskurs dringend brauchen. Gerade weil die Energiewende eine Generationenaufgabe ist, verdienen solche innovativen Ideen besondere Aufmerksamkeit – als Einladung, neue Perspektiven einzunehmen und mutig weiterzudenken.

Prof. Dr. Hans-Martin Henning

Direktor des Fraunhofer Instituts für Solare Energiesysteme ISE

Freiburg, am 27. August 2025

Vorwort des Verfassers

Die Energiewende ist ein dickes Brett, das erst noch gebohrt werden will. Am Anfang ging es nur darum, erneuerbare Energiequellen technisch zu erschließen und kostendeckend zu finanzieren. Der zweite Teil der Energiewende wird deutlich schwieriger: Jetzt geht es darum, Lücken während sogenannter Dunkelflauten zu schließen, wenn die Sonne nicht scheint, der Wind nicht weht und manchmal sogar die Wasserkraft versiegt. Bisher werden diese Energielücken von thermischen Kraftwerken geschlossen, die Öl, Gas und Kohle verbrennen, um jederzeit zuverlässig Strom zu produzieren. Zukünftig soll das aber ebenfalls auf der Basis erneuerbarer Quellen geschehen.

Ohne Öl, Gas und Kohle? Im Grunde sind fossile Energieträger nichts anderes als perfekt gespeicherte Sonnenenergie, denn sie stammen aus abgestorbener Biomasse, die sich in hunderten Millionen Jahren unter der Erdoberfläche angesammelt hat. Aber sie sind doch nicht ganz perfekt, denn sie verändern mit ihren Verbrennungsprodukten die Atmosphäre. Die Luft in der Erdatmosphäre wurde nämlich erst dadurch zu der, die wir heute atmen, weil ihr im Laufe hunderter Millionen Jahre große Mengen an Kohlenstoff entzogen und in unterirdischen Lagerstätten in Form von Öl, Gas und Kohle gespeichert wurden. Und genau diesen Kohlenstoff lassen wir innerhalb weniger Jahrhunderte wieder raus. Ungefähr eine Million Mal schneller, als er reingekommen ist: eine Einwegwirtschaft mit unabsehbaren Folgen.

Da bietet sich an, Biomasse direkt energetisch zu nutzen, anstatt sie vorher Jahrmillionen lang herumliegen zu lassen, denn auf diese Weise wird bei der Verbrennung nur Kohlendioxid freigesetzt, das der Atmosphäre vor vergleichsweise kurzer Zeit per Photosynthese entzogen wurde: eine Kreislaufwirtschaft. Tatsächlich gibt es Menschen, die genau das tun: Biomasse sammeln, zu Brennstoffen veredeln und als Energieträger nutzen. Die Menge, die dafür zur Verfügung steht, ist durch die Zeit definiert, die die Biomasse braucht, um nachzuwachsen, also ein bis einige Jahre. Allerdings hatten die fossilen Brennstoffe hunderte Millionen Jahre länger Zeit, um sich anzusammeln, und sind deshalb heute sehr viel üppiger verfügbar. Also keine Chance, fossile Brennstoffe vollständig durch Bioenergieträger zu ersetzen. Das ist in der Fachwelt Konsens.

Vielleicht stimmt das aber nicht. Vielleicht müssen wir nicht alle fossilen Brennstoffe, die heutzutage verbrannt werden, durch Bioenergie ersetzen. Vielleicht müssen wir zukünftig nur die Lücken schließen, die Sonnen-, Wind- und Wasserkraft noch offenlassen. Diese Lücken werden im Zuge des fortschreitenden Ausbaus erneuerbarer Energiequellen immer kleiner, also auch die notwendige Energiemenge, um sie zu schließen. Dafür reicht die Bioenergie vielleicht dann doch.

So, wie es manchmal zu wenig Sonnen- und Windenergie gibt, gibt es manchmal, allerdings viel seltener, auch zu viel davon. In beiden Fällen droht ein Stromausfall, denn Kern-, Kohle, Gas- und Bioenergiekraftwerke haben aufgrund ihrer begrenzten Regelbarkeit zunehmend Probleme damit, diese Schwankungen zu kompensieren und Angebot und Nachfrage im Gleichgewicht zu halten.

In der Energiewende geht es also darum, Lücken zu schließen und Überschüsse zu vermeiden. Zuverlässig, flexibel und auf der Basis erneuerbarer Energiequellen. Das vorliegende Buch zeigt mithilfe eines Modells der Energieversorgung der Bundesrepublik Deutschland, wie das im Rahmen einer Kohlenstoffkreislaufwirtschaft in allen Sektoren der Energiewirtschaft gehen könnte. Der erste Teil gibt einen Überblick, der zweite zeigt Details. Ich wünsche Ihnen viel Spaß beim Lesen und hoffe, Sie finden dabei einige neue Denkanstöße.

Stuttgart, Deutschland

Franz Xaver Trieb

Danksagung

Herzlichen Dank meiner Kollegin Dipl. Geo-Ökologin Judith Jäger und meinen Kollegen Dr.-Ing. Michael Geyer, Dipl.-Ing. Philipp Trompetter und Dipl.-Ing. MBA Gerrit Koll vom Institut für Technische Thermodynamik des Deutschen Zentrums für Luft- und Raumfahrt sowie unserem ehemaligen Doktoranden Dr.-Ing. Pai Liu von der Universität Stuttgart, mit denen ich in den Jahren 2018 bis zu meinem Renteneintritt Mitte 2024 den Einstieg in das Thema WSK suchen und finden durfte. Besonderer Dank geht dabei an Institutsdirektor Prof. Dr. André Thess, der die Idee der Carnot-Batterie als Forschungsgebiet im Institut etabliert hat, was letztlich auch zum Konzept des WSK führte, wie es hier und in anderen wissenschaftlichen Veröffentlichungen vorgestellt wurde. Ich wünsche den Kollegen viel Erfolg bei der Umsetzung und Markteinführung der WSK und hoffe, mit dem vorliegenden Buch ein wenig dabei helfen und mich für die immer sehr gute und angenehme Zusammenarbeit erkenntlich zeigen zu können. Meinem guten Freund und ehemaligen Arbeitskollegen Dipl.-Ing. Jürgen Kern danke ich herzlich für eine aktuelle Übersicht zum internationalen Wasserstoffhandel, die ich im Kap. 12 verarbeiten durfte.

Ein riesiges Dankeschön meinem ehemaligen Clausthaler Kommilitonen Dipl.-Ing. Michael K. Schmidt alias Sami, einem sachkundigen Verfahrenstechniker und Experten im Bereich der Erdölraffinerie, für seine akribische, akkurate und Ideen stiftende Revision des ersten Manuskriptentwurfs, ohne den Sie als Leserin oder Leser etwas ganz anderes hätten ertragen müssen als das, was nun vor Ihnen liegt.

Größter Dank gilt meinem Sohn Oliver, der das Thema „hydrothermale Umwandlungsverfahren“ im Rahmen seines Studiums „Nachhaltige biobasierte Technologien“ an der Universität Hohenheim kennenlernte und mir nahegebracht hat. Ebenso an Prof. Dr. Andrea Kruse, Fachgebietsleiterin „Konversionstechnologie nachwachsender Rohstoffe“ an der Universität Hohenheim, die freundlicherweise die erste Revision des Kapitels „Hydrothermale Verfahren zur Umwandlung von Biomasse in Biobrennstoffe“ übernommen hat.

Lieben Dank meiner Frau Anja und meiner Tochter Melanie für die moralische und fotografische Unterstützung bei der Durchführung des Buchprojekts. Herzlichen Dank auch an unsere lieben Freunde Griseldis von Nethen sowie Thomas und Kerstin Keller, die das Werk auf Verständlichkeit und Lesbarkeit auch für Menschen geprüft haben, die nicht aus der Energiefachwelt kommen.

Herzlichen Dank meinem Lektor Dr. Daniel Fröhlich von Springer Nature für die jederzeit äußerst angenehme und professionelle Begleitung während der Erstellung des Buchprojekts.

Franz Trieb, Stuttgart

Interessenkonflikt Der Autor hat keine für den Inhalt dieses Manuskripts relevanten Interessenkonflikte.

Inhaltsverzeichnis

Teil II Details einer Kohlenstoffkreislaufwirtschaft

Abkürzungsverzeichnis

/a	pro Jahr (annum), für jährlichen Verbrauch oder Erzeugung von Energie verwendet, zum Beispiel in der Einheit TWh/a
BAT	Batterien und Pumpspeicher, Stromspeicher allgemein
BIO/WSK	Transformationspfad auf der Basis von Bioenergie und Wärmespeicherkraftwerken
BtL	Biomass-to-Liquid-Verfahren zur Herstellung flüssiger Brennstoffe aus Biomasse
CH_4	Methan
CO	Kohlenmonoxid
CO_2	Kohlendioxid
DBFZ	Deutsches Biomasseforschungszentrum
DES	Desalination, Entsalzung, Entfernung von Mineralstoffen aus Wasser
DT	Dampfturbine
DUS	Desintegration von Zellstrukturen der Biomasse mit Ultraschall
EEG	Erneuerbare-Energien-Gesetz, Energieeinspeisegesetz
EEG 2023	Transformationspfad auf der Basis politischer Vorgaben aus dem Jahr 2023
eFuel	Treibstoff aus elektrisch per Elektrolyse hergestelltem Wasserstoff und Kohlenstoffquellen, zum Beispiel aus atmosphärischem CO_2 oder Verbrennungsgasen
EFZ	Elektrofahrzeuge
EH	Elektroheizungen
E-Mob	Elektromobilität
EU	Europäische Union
EUMENA	Europe – Middle East – North Africa
FT	Fischer-Tropsch-Verfahren zur Herstellung von Treibstoff aus Wasserstoff und Kohlendioxid
GT	Gasturbine
GuD	Kombiniertes Gas- und Dampfturbinenkraftwerk
GW	Gigawatt, elektrische Leistung, entspricht einer Million Kilowatt

GWh	Gigawattstunden, elektrische Energie, entspricht einer Million Kilowattstunden
HGÜ	Hochspannungsgleichstromübertragung, hocheffiziente Fernübertragung von elektrischer Energie in Form von Gleichstrom
HT	hydrothermal
HTC	hydrothermale Carbonisierung (Kohlebildung, engl. carbon) aus Biomasse
HTG	hydrothermale Gaserzeugung aus Biomasse
HTH	hydrothermale Hydrolyse, erster Schritt der hydrothermalen Umwandlung von Biomasse
HTL	hydrothermale Verflüssigung bzw. Bildung von flüssigen Brennstoffen (engl. liquid) aus Biomasse
H_2	molekularer Wasserstoff
H_2O	Wasser, zwei Moleküle Wasser ($2H_2O$) können durch Elektrolyse in zwei gasförmige Moleküle Wasserstoff ($2H_2$) und ein Molekül Sauerstoff (O_2) gespalten werden
kWh_{th}/kg	spezifischer Heizwert einer Substanz in Kilowattstunden pro Kilogramm
kJ/kg_{TS}	spezifischer Brennwert einer Substanz in Kilojoule pro Kilogramm Trockensubstanz
KWK	Kraft-Wärme-Kopplung durch Entnahme von Wärme aus dem Dampfkreislauf eines Kraftwerks oder aus dem Abgas von Biogas-Motorgeneratoranlagen. Bei Motorgeneratoranlagen hat die KWK keinen negativen Einfluss auf den elektrischen Wirkungsgrad, da tatsächlich nur Abwärme verwendet wird. Bei Dampfturbinen sinkt hingegen der elektrische Wirkungsgrad, da Dampf in der Regel bei höheren als den eigentlich notwendigen Kondensationstemperaturen entnommen wird
LH_2	Liquid Hydrogen
man	Homo sapiens, selbst ernannter „kluger Mensch“
Mar	Marokko
MIB	Multi-Indikatoren-Bewertung von Energieszenarien und Transformationspfaden
Mio.	Millionen
MJ/kg	Megajoule pro Kilogramm, beschreibt den spezifischen Brennwert einer Substanz
MWh/t	Megawattstunden pro Tonne, beschreibt den spezifischen Heizwert einer Substanz
Mt	Masseneinheit, Megatonnen, eine Million Tonnen
NA	Nordafrika
NH_3	Ammoniak
O_2	molekularer Sauerstoff
PtX	Power-to-X
PV	Photovoltaik
SAF	Sustainable Aviation Fuels

STKW solarthermische Kraftwerke mit konzentrierenden Hochtemperatursonnenkollektoren, Wärmespeicher und Dampfkraftwerk
t Masseneinheit Tonne (1000 kg)
TOC Total Organic Carbon, Kohlenstoffgehalt gelöster organischer Substanzen im HT-Prozesswasser
TS Trockensubstanz, bezogen auf die wasserfreie Masse einer Probe
TWh Terawattstunden, elektrische Energie, entspricht 1000 GWh
TWh_{th} Terawattstunden thermisch, Wärmeenergie
Vbh/a Äquivalente Volllastbetriebsstunden errechnen sich durch Division der jährlich erzeugten Energie (in GWh/a) durch die installierte Leistung (in GW), ein Maß für die durchschnittliche Auslastung einer Technologie
VRE variable regenerative Energiequelle (Photovoltaik, solarthermisches Kraftwerk, Windkraftanlage, Laufwasserkraft, Speicherwasserkraft, Wellen- und Gezeitenkraftwerke und Ähnliches); schwankende, nicht nach Bedarf abrufbare Energiequelle
WP Wärmepumpe
WSK Wärmespeicherkraftwerk, hier definiert mit integrierter PV (WSK-PV), Elektroerhitzer, Hochtemperaturwärmespeicher, Dampfkreislauf, Spitzenlastgasturbine und Wärmerückgewinnung aus deren Abwärme zur Dampferzeugung

Griechische Buchstaben

η eta, Wirkungsgrad; zum Beispiel: Division der Energie in einem ausgehenden Produkt eines Verfahrens durch die Energie des dafür zugeführten Rohstoffs

Teil I

Entwurf einer Kohlenstoffkreislaufwirtschaft

Der erste Teil des Buchs beschreibt in einem kurzen Entwurf das Ziel, einen möglichen Pfad und die erforderlichen Veränderungen, um die Perspektive einer CO_2-neutralen Kohlenstoff-kreislaufwirtschaft im Energiebereich Realität werden zu lassen.

1 Einleitung

Inhaltsverzeichnis

Die Einführung erneuerbarer Energien im Strom-, Wärme- und Verkehrssektor geht seit der Jahrtausendwende zwar voran, tut sich aber schwer, befriedigenden Ersatz für fossile Brennstoffe zu finden. Diese sind auch heute noch das Mittel der Wahl, wenn es darum geht, die Stromversorgung in längeren Phasen ohne Wind und Sonnenschein zu sichern, Land- und Baumaschinen, Flugzeuge und Schiffe fern menschlicher Infrastruktur anzutreiben, Wohnungen und Industrieprozesse verlässlich zu beheizen und längere Fahrten mit Auto und Lastwagen zu unternehmen.

Die Idealvorstellung von „Langzeitspeichern", die Überschüsse aus erneuerbarer Sonnen- und Windenergie sammeln und damit fossile Brennstoffe in allen Bereichen zuverlässig ersetzen sollen, scheitert bisher angesichts kleiner Überschüsse gegenüber großen Energielücken und an der Verfügbarkeit bezahlbarer und effizienter technischer Lösungen.

Dabei sind fossile Brennstoffe selbst nichts anderes als durch Photosynthese gespeicherte Sonnenenergie, entstanden aus mikrobieller und pflanzlicher Biomasse, die im Verlauf hunderter Millionen Jahre abgestorben und im Wasser versunken ist, von Sedimenten überdeckt und unter hohem Druck, hoher Temperatur und unter Ausschluss von Sauerstoff zu energiereichen Materialien wie Kohle, Erdöl und Erdgas umgewandelt wurde. Wenn es gelänge, diesen natürlichen hydrothermalen Umwandlungsprozess (HT-Umwandlungsprozess, s. Glossar) durch ein technisches Verfahren nachzubilden, dann könnte die Menschheit ihre eigenen, „nicht-fossilen" Brennstoffe klimaneutral aus

F. X. Trieb, *Perspektiven einer Kohlenstoffkreislaufwirtschaft im Energiebereich*,
https://doi.org/10.1007/978-3-658-50551-6_1

Biomasse herstellen und genauso verwenden wie bisher fossile Brennstoffe, ohne ihre gesamte Energieinfrastruktur zurückbauen und durch etwas völlig anderes ersetzen zu müssen: ein fließender anstatt eines disruptiven Übergangs.

1.1 Das Problem: fossile Brennstoffe in einer Kohlenstoffeinwegwirtschaft

Der natürliche Prozess der HT-Umwandlung von Biomasse entzog der Atmosphäre große Mengen an Kohlenstoff, der in Form von fossilen Brennstoffen unter der Erdoberfläche gelagert wurde (Abb. 1.1). Die Atmosphäre wiederum wurde im Laufe hunderter Millionen Jahre sukzessiv zu der, die wir heute kennen, mit den entsprechenden Anteilen an Sauerstoff und Kohlendioxid. Dies ist umso bemerkenswerter, als am Anfang dieser Entwicklung kein freier Sauerstoff in der Atmosphäre vorhanden war. Dieser wurde erst nach der Evolution der Photosynthese von Mikroorganismen und Pflanzen freigesetzt. Im Lauf

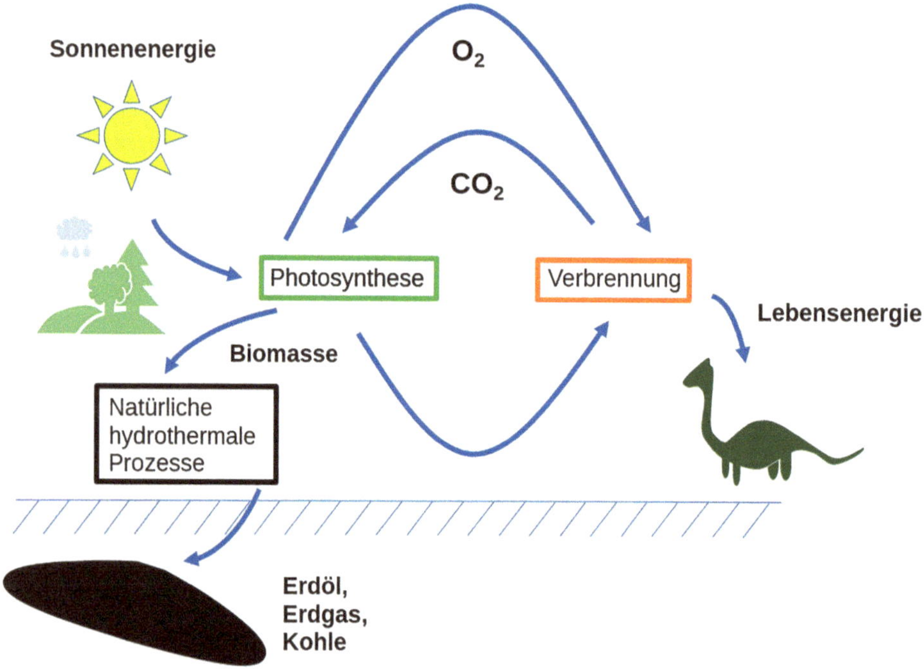

Abb. 1.1 Natürlicher Kohlenstoffkreislauf und fossile Energiespeicherung. *Links unten* im Bild die Entstehung von Kohle, Erdöl und Erdgas durch natürliche hydrothermale Prozesse. *Rechts oben* im Bild der natürliche Kohlenstoffkreislauf. Beide Prozesse laufen seit hunderten Millionen Jahren simultan ab, wobei ein Teil der Biomasse und damit ein Teil des atmosphärischen Kohlendioxids als fossiler Brennstoff unter der Erdoberfläche gespeichert wird. „Verbrennung" steht hier auch stellvertretend für Atmung, Verrottung, Kompostierung und natürliche Wald- oder Steppenbrände

der Zeit veränderte sich die Atmosphäre hin zu immer größeren Anteilen Sauerstoff und immer kleineren Anteilen Kohlendioxid.

Dieser Einwegprozess – Verbrauch von Kohlendioxid und Anreicherung von Sauerstoff in der Atmosphäre – hätte zweifellos zu einer Katastrophe für die Pflanzen geführt, hätte nicht die Evolution der Sauerstoff atmenden Lebewesen für ein Gleichgewicht gesorgt. Das verhinderte die Vergiftung der Atmosphäre mit zu viel Sauerstoff ebenso wie das völlige Verschwinden von Kohlendioxid und gründete ein Ökosystem auf der Basis eines Kohlenstoffkreislaufs. Die Bildung fossiler Brennstoffdepots und der damit einhergehende Rückgang an atmosphärischem Kohlendioxid wurde dadurch zwar nicht gestoppt, aber verlangsamt.

Dann kam der Mensch mit seiner wichtigsten Entdeckung, dem Feuer. Das war zunächst kein Problem, denn der frühe Homo sapiens verbrannte vor allem Biomasse, die in den Kohlenstoffkreislauf eingebunden war. Bei der Verbrennung genau wie bei der Atmung entstand Kohlendioxid und Sauerstoff wurde verbraucht, und auch dieser Prozess stand im Gleichgewicht mit der Photosynthese der Mikroorganismen und Pflanzen.

Das änderte sich schlagartig, als die Menschen mit dem Beginn der Industrialisierung vor etwa 200 Jahren fossile Brennstoffe im großen Stil nutzen lernten, denn diese waren kein Teil des oberirdischen Kohlenstoffkreislaufs, sondern stammten von unterhalb der Erdoberfläche, wo sie sich über Jahrmillionen angesammelt hatten. Wieder entstand ein Einwegprozess, der in diesem Fall die unterirdischen Kohlenstoffressourcen und atmosphärischen Sauerstoff verbrauchte und deren Verbrennungsrückstände – Kohlendioxid – in die Atmosphäre entließ (Abb. 1.2). Erneut veränderte sich die Zusammensetzung der Atmosphäre, nur eben genau andersherum und viel schneller als in den vergangenen Jahrmillionen, hin zu immer mehr Kohlendioxid und immer weniger Sauerstoff.

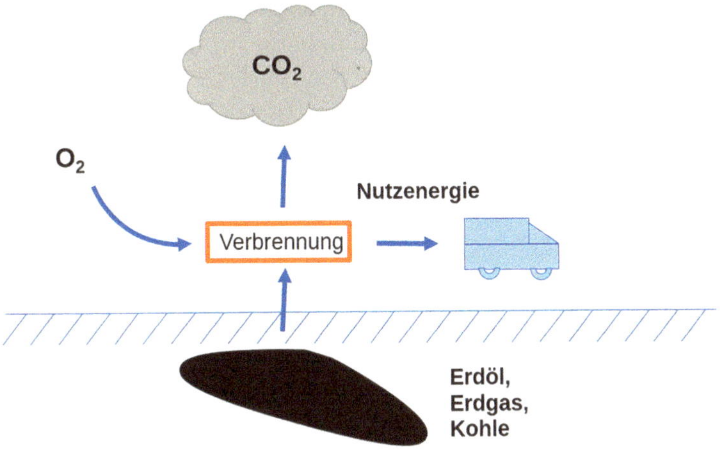

Abb. 1.2 Heutige Kohlenstoffeinwegwirtschaft der Menschen. Da die Reichweite der fossilen Brennstoffe bei derzeitigem Verbrauch nur auf einige hundert Jahre geschätzt wird, muss man davon ausgehen, dass dieser rückläufige Prozess und damit auch die Veränderung der Atmosphäre heute etwa eine Million Mal schneller abläuft als während der Bildung fossiler Brennstoffe, die einige hundert Millionen Jahre lang dauerte (© Dr. Franz Trieb)

Einwegprozesse sind in der Regel mit hohen Risiken verbunden, die die Existenz der aktuell betroffenen Spezies durchaus infrage stellen können. Bei einem Einwegprozess kann kein Gleichgewicht entstehen, sondern es werden früher oder später Extremzustände erreicht, die unangenehm werden können. Besonders gefährlich wird es, wenn globale Prozesse so schnell ablaufen, dass evolutionäre Anpassungen – etwa durch Mutationen – mit dem Tempo der Veränderung nicht mehr mithalten können. Ein solcher Prozess war z. B. der Einschlag eines Meteoriten und dessen Folgen vor 66 Mio. Jahren nahe der Halbinsel Yucatán, der die damals am besten angepassten und aus eben diesem Grund dominanten Dinosaurier auslöschte (Shonting und Ezrailson 2017). Aus geophysikalischer und geoevolutionärer Sicht ist die industrielle Revolution des Menschen und deren Folgen ein durchaus vergleichbarer, sehr schneller Vorgang.

1.2 Eine denkbare Lösung: biogene Brennstoffe in einer Kohlenstoffkreislaufwirtschaft

Die Lösung des Dilemmas liegt gegebenenfalls darin, sich als Lebewesen dem natürlichen Kreislaufprozess aller Lebewesen anzuschließen und den problematischen Einwegprozess abzulösen, zum Beispiel indem man[1] auf fossile Brennstoffe verzichtet und stattdessen technische HT-Verfahren einsetzt, um Öl, Gas und Kohle direkt aus Biomasse zu generieren (Abb. 1.3).

Die technische HT-Umwandlung – also die thermochemische Umwandlung von Biomasse in sehr heißem Wasser – wurde im Pilotmaßstab bereits erfolgreich realisiert, mit verrottendem Obst, Biertreber, Olivenschalen, Melasse, Vinasse, Stroh, Holz usw., also mit Abfallstoffen der Nahrungsmittel-, Agrar- und Forstindustrie (Vogel 2024; Maniscalco, Volpe und Messineo 2020; Kruse und Dahmen 2015). Je nach Druck und Temperatur zwischen 200 und 500 °C entsteht dabei innerhalb kurzer Zeit HT-Kohle, HT-Öl oder HT-Gas. Der Druck wird so eingestellt, dass das Wasser, in dem sich die Rohbiomasse befindet, jederzeit flüssig bleibt. Die HT-Produkte sind Braunkohle, Erdöl und Erdgas zwar ähnlich, aber nicht gleich (Zhou et al. 2023). Um sie zum Beispiel in Kraftwerken einsetzen zu können, sind weitere Maßnahmen erforderlich, ähnlich derer, die bei der Entstehung der fossilen Brennstoffe in der Natur (Verdichtung, Entgasung usw.) und in den Energieversorgungsunternehmen und Raffinerien zur Veredelung fossiler Brennstoffe (Aufbereitung, Trocknung, Destillation usw.) stattfinden. Die HT-Umwandlung von Biomasse in Brennstoffe wird ausführlicher in Kap. 13 beschrieben.

Die in der Rohbiomasse enthaltenen Pflanzennährstoffe wie Kalium oder Magnesium bleiben nach der Abtrennung der HT-Produkte weitgehend im Prozesswasser und können nach entsprechender Aufbereitung wieder zurück auf die Felder gebracht und dem Boden zurückgegeben werden – ein wichtiger Vorteil der HT-Umwandlung, denn Alkali- und

[1] Der Begriff „man" steht in diesem Buch stellvertretend für „Homo sapiens". Andere Begriffe finden Sie im Glossar.

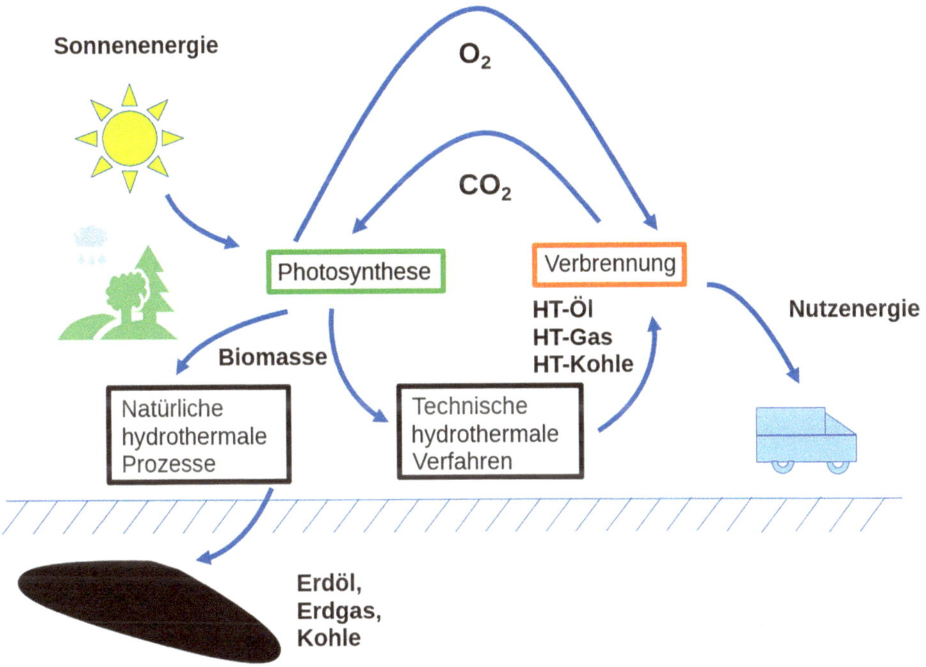

Abb. 1.3 Kohlenstoffkreislaufwirtschaft. Durch technische hydrothermale Verfahren (HT-Verfahren) kann sich die menschliche Energiewirtschaft in den natürlichen Kohlenstoffkreislauf einkoppeln und fossile Brennstoffe ersetzen. Der natürlichen „Verbrennung" von Biomasse werden lediglich technische Verfahren hinzugefügt beziehungsweise vorgeschaltet, während die globale Massenbilanz von Kohlendioxid und Sauerstoff unverändert bleibt, solange dem Ökosystem nicht mehr Biomasse entnommen wird als nachwächst (© Dr. Franz Trieb)

Erdalkalimetalle wie Kalium, Natrium oder Magnesium senken die Schmelztemperaturen der Asche bei der heute üblichen, direkten Verbrennung von Biomasse, zum Beispiel bei der Holz- oder Strohfeuerung in einem Kraftwerk, was zu Verschmutzung, Verschlackung und Korrosion der Wärmetauscher und Dampferzeuger führen kann (Adam et al. in Kaltschmitt, Hofbauer und Lenz 2024, S. 524). In halmgutartigen Biomassen wie Stroh kommt ein erhöhter Chlorgehalt dazu, der zur Bildung von hoch korrosivem Kaliumchlorid (KCl) führen kann. Werden diese Stoffe bei der HT-Umwandlung vor der Verbrennung zusammen mit dem Prozesswasser von der HT-Kohle getrennt, dann besteht dieses Problem nicht mehr, und die Verbrennungs- und Dampftemperaturen und damit die Wirkungsgrade der Kraftwerke können deutlich angehoben werden.

Würde die Menschheit ihre Jahresvorräte und Notreserven an Kohle, Erdöl und Erdgas durch einen Vorrat an gleichwertigen Biobrennstoffen ersetzen, würden der Atmosphäre entsprechend große Mengen an Kohlendioxid entzogen und dauerhaft in Form solcher Vorräte gespeichert, denn deren Bestand bleibt in der Regel konstant oder wird nach einem Notfall wieder aufgefüllt (EI 2024; GIE 2024). Langfristig könnten Biobrennstoffe sogar zur Entfernung von überschüssigem CO_2 aus der Atmosphäre genutzt werden, indem mehr

Brennstoff produziert als gebraucht und analog zu fossilen Brennstoffen unterirdisch gelagert wird. Bis dahin ist es aber sicher noch ein langer Weg.

Das Problem der Kohlenstoffeinwegwirtschaft kann also im Prinzip gelöst werden. Die Ähnlichkeit von Abb. 1.1 und Abb. 1.3 und der fundamentale Unterschied beider Bilder zu Abb. 1.2 verdeutlichen die zwingende Logik dieses Konzepts. Es geht dabei vor allem darum, Ersatz für fossile Brennstoffe mit ähnlichen nützlichen Eigenschaften zu finden, nämlich denen eines idealen Langzeitspeichers für Sonnenenergie: jederzeit verfügbar, überall einsetzbar, leicht in die bereits vorhandenen Energieinfrastrukturen integrierbar und überdies auch noch erneuerbar. Dabei ergeben sich folgende Fragen zu Machbarkeit, Reichweite und Potenzialen dieses Konzepts:

- Welche Biomasseressourcen kommen für HT-Verfahren infrage?
- Kommen Bioenergiepotenziale in die Nähe der Mengen, die gebraucht werden, um fossile Brennstoffe vollständig zu ersetzen?
- Welche (Infra-)Strukturen sind für eine Kohlenstoffkreislaufwirtschaft im Energiebereich notwendig und wie können HT-Verfahren mit vorhandenen Strukturen und Energieformen integriert werden?
- Wie sehen technische HT-Umwandlungsverfahren aus und wie viel Energie wird für die Umwandlung gebraucht beziehungsweise geht dabei verloren?
- Welche Herausforderungen gibt es für den Umbau und was wird Energie dann kosten?

Der vorliegende Beitrag versucht auf der Basis des derzeitigen Stands der Technik erste Antworten auf diese Fragen zu geben und einen ersten Entwurf einer Kohlenstoffkreislaufwirtschaft im Energiebereich mithilfe der HT-Umwandlung von Biomasse[2] zu erstellen.

Der *erste Teil* des Buchs beschreibt in einem kurzen Überblick das Ziel, einen möglichen Pfad und die erforderlichen Veränderungen, um die Perspektive einer CO_2-neutralen Kohlenstoffkreislaufwirtschaft im Energiebereich Realität werden zu lassen.

Im *zweiten Teil* werden diese Sachverhalte in entsprechenden Kapiteln im Detail und auf der Basis der bisher bekannten wissenschaftlichen Grundlagen vorgestellt und näher erläutert.

---

[2] Der Schwerpunkt des vorliegenden Buches auf HT-Verfahren soll die Weiterentwicklung und Verwendung bereits verfügbarer Technologien zur energetischen Nutzung von Biomasse wie Biogas, Pyrolyse oder die Herstellung von Biodiesel nicht infrage stellen, sondern ergänzen. Die bisher bekannten Verfahren zur Gewinnung von Energie aus Biomasse inklusive der HT-Konversion werden in den Standardwerken von Kaltschmitt, Scherzinger und Gescher (2024), Kaltschmitt, Hofbauer und Lenz (2024) sowie Kaltschmitt und Stampfer (2024) detailliert und umfassend beschrieben.

Literatur

(EI 2024) Energy Institute, Statistical Review of World Energy 2024, website besucht am 25.08.2024, https://www.energyinst.org/statistical-review/home, Vorräte aus eigener Berechnung aus dem Jahresverbrauch und angenommener Reservezeit in Tagen

(GIE 2024) Gas Infrastructure Europe (GIE), Gas Storage Database, website besucht am 25.08.2024 https://www.gie.eu/transparency/databases/storage-database/

(Kaltschmitt und Stampfer 2024) Kaltschmitt, M., Stampfer, K. (Hrsg.), Energie aus Biomasse, Band 1: Ressourcen und Bereitstellung, Springer-Vieweg Wiesbaden (2024), ISBN 978-3-658-40827-5, https://doi.org/10.1007/978-3-658-40828-2

(Kaltschmitt, Hofbauer und Lenz 2024) Kaltschmitt, M., Hofbauer, H., Lenz, V., Energie aus Biomasse, Band 2: Thermo-chemische Konversion, Springer-Vieweg Wiesbaden (2024), ISBN 978-3-658-41215-9, https://doi.org/10.1007/978-3-658-41216-6

(Kaltschmitt, Scherzinger und Gescher 2024) Kaltschmitt, M., Scherzinger, M., Gescher, J. (Hrsg.), Energie aus Biomasse, Band 3: Bio-chemische und physikalisch-chemische Konversion, Springer-Vieweg Wiesbaden (2024), ISBN 978-3-658-41385-9, https://doi.org/10.1007/978-3-658-41386-6

(Kruse und Dahmen 2015), Kruse, A., Dahmen, N., Water – A magic solvent for biomass conversion, The Journal of Supercritical Fluids, Volume 96, January 2015, Pages 36–45, https://doi.org/10.1016/j.supflu.2014.09.038

(Maniscalco, Volpe und Messineo 2020) Maniscalco, M.P., Volpe, M., und Messineo, A., Hydrothermal Carbonization as a Valuable Tool for Energy and Environmental Applications: A Review; Energies. 2020; 13(16):4098. https://doi.org/10.3390/en13164098

(Shonting und Ezrailson 2017) Shonting, D., Ezrailson, C., Chicxulub: The Impact and Tsunami – The Story of the Largest Known Asteroid to Hit the Earth, Springer (2017), https://doi.org/10.1007/978-3-319-39487-9

(Vogel 2024) Vogel, F., Kapitel 8, Hydrothermale Verfahren, in Kaltschmitt, M., Hofbauer, H., Lenz, V., Energie aus Biomasse, Band 2: Thermo-chemische Konversion, Springer-Vieweg Wiesbaden (2024), ISBN 978-3-658-41215-9, https://doi.org/10.1007/978-3-658-41216-6

(Zhou et al. 2023) Zhou Y, Remón J, Pang X, Jiang Z, Liu H, Ding W. Hydrothermal conversion of biomass to fuels, chemicals and materials: A review holistically connecting product properties and marketable applications. Sci Total Environ. 2023 Aug 15; 886:163920, Epub 2023 May 6. PMID: 37156381 https://doi.org/10.1016/j.scitotenv.2023.163920

Ein wichtiger Pfeiler der Energiewende: achtsamer Umgang mit Ressourcen

2

Inhaltsverzeichnis

Energie sparen ist ein allgemein akzeptiertes und bewährtes Mittel, um Krisen im Energiebereich zu überstehen und deren Folgen zu mildern. Allerdings hat diese Art, Energie zu sparen, immer den Beigeschmack von Verzicht, was Sparen als vorbeugendes Mittel gegen Krisen erschwert. Unter der wahrscheinlich viel zu optimistischen Annahme, dass der Klimawandel nicht zu Krisen führen wird (wenn wir ihn rechtzeitig stoppen), wurden in dem hier vorgestellten Szenario nur Energiesparmaßnahmen angenommen, die nicht auf Verzicht basieren. Es wird lediglich unnötige Verschwendung von Energie vermieden, was von den Verbrauchern zwar Aufmerksamkeit und entsprechendes Handeln, aber keinen Verzicht erfordert.

In allen Sektoren kann Energie gespart werden, wenn zum Beispiel Stand-by-Elektrogeräte über Nacht vom Netz getrennt werden, Heizung und Licht in ungenutzten Räumen reduziert wird und durch geschickte Planung der Einkäufe unnötige Fahrten vermieden werden. Es gibt hunderte Möglichkeiten, mit weniger Energieverbrauch gut zu leben (UBA 2023). In dem hier betrachteten Szenario wurde in allen Sektoren ein Sparpotenzial von durchschnittlich etwa 10–15 % bis zum Modelljahr 2070 ermittelt. Im Stromsektor steigt der Verbrauch wegen zusätzlicher Produktion von Wasserstoff durch Elektrolyse trotz Effizienzverbesserungen, während Elektromobilität im Verkehrssektor zu noch größeren Einsparungen führt (Abb. 2.1).

Investitionen in Wärmedämmung, Wärmepumpen und Elektromobilität reduzieren nicht nur den Energieverbrauch und den Anstieg von CO_2 in der Atmosphäre, sondern auch unmittelbare Belastungen wie den gesundheitsschädlichen Feinstaub aus Ver-

F. X. Trieb, *Perspektiven einer Kohlenstoffkreislaufwirtschaft im Energiebereich*, https://doi.org/10.1007/978-3-658-50551-6_2

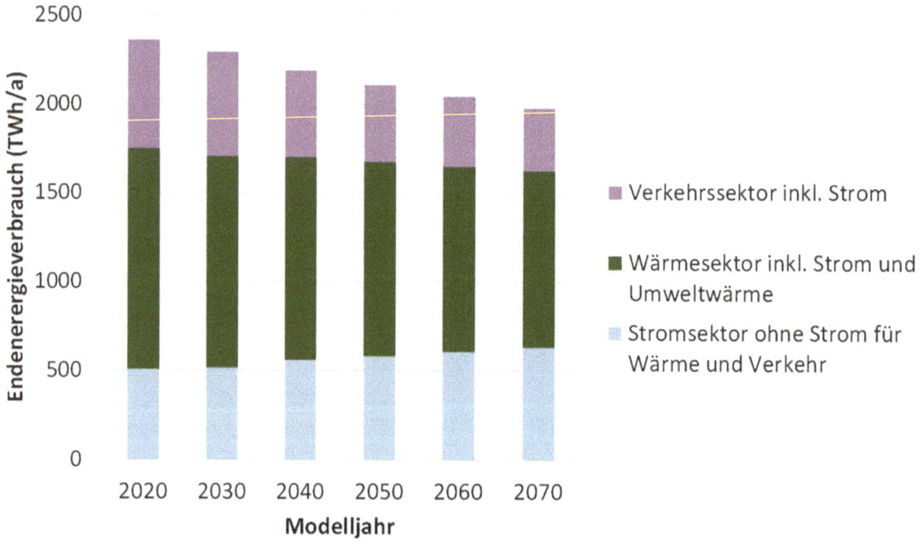

Abb. 2.1 Entwicklung des Endenergieverbrauchs im Strom-, Wärme- und Verkehrssektor für die Bundesrepublik Deutschland in den Modelljahren 2020–2070. Es wird angenommen, dass der Grundbedarf in allen Sektoren (Mobilität, Behaglichkeit, Licht usw.) konstant bleibt, dass aber Nutzerverhalten und höhere Effizienz den Verbrauch senken können. Elektrolyse von Wasser zur Herstellung von Wasserstoff erhöht den Bedarf im Stromsektor trotz Einsparungen. Elektromobilität und die angenommene Ausweitung des Schienenverkehrs senken aufgrund besserer Wirkungsgrade den Energieverbrauch im Verkehr. Dämmung, Nutzerverhalten, Elektrowärme und die Erderwärmung senken den Verbrauch im Wärmebereich

brennungsprozessen in Ballungsgebieten. Außerdem tun sie das, was gute Investitionen fast immer tun: Sie sparen das Geld der Verbraucher, der Industrie und des Staates. Rechtzeitig vorbeugend eingeführt, sparen sie darüber hinaus auch noch das viele Geld, das in Krisenzeiten ausgegeben werden muss, um die allerschlimmsten Folgen vorhergehender Versäumnisse zu lindern.

Literatur

(UBA 2023) Umweltbundesamt, Energiesparen, Informations-Website (2023) https://www.umweltbundesamt.de/themen/klima-energie/energiesparen/

Kann Biomasse fossile Brennstoffe vollständig ersetzen? 3

Inhaltsverzeichnis

Theoretisch können Biobrennstoffe fossile Brennstoffe ersetzen, denn sie sind im Grunde ein und dasselbe: in Form von Kohlenstoff und Kohlenwasserstoffen gespeicherte Sonnenenergie. Aber reichen die verfügbaren Bioenergieressourcen aus, um fossile Brennstoffe vollständig abzulösen? Während fossile Brennstoffe hunderte Millionen Jahre Zeit hatten, um zu entstehen, hat die pflanzliche Biomasse immer nur einen Jahreszyklus oder höchstens einige Jahre, um bis zur Reife zu wachsen. Die Fachagentur Nachwachsende Rohstoffe (FNR) gibt das Bioenergiepotenzial für Deutschland mit etwa 465 TWh_{th} pro Jahr an, das EU-Projekt ENSPRESO quantifiziert es etwas optimistischer mit bis zu 650 TWh_{th}/a (FNR 2023, ENSPRESO 2019). Bei den europäischen Ressourcen sieht das etwas besser aus, denn sie werden von der Europäischen Kommission mit 3500–5000 TWh_{th}/a beziffert (European Commision 2017). Würden diese Ressourcen entsprechend dem jeweiligen Anteil am Gesamtenergieverbrauch[1] unter den 28 Ländern der Europäischen Union (EU) inklusive Großbritannien aufgeteilt und gehandelt, könnte Deutschland circa 550–750 TWh_{th}/a verbrauchen, ohne seine Nachbarn zu übervorteilen.

Leider reicht das nicht, um den heutigen fossilen Energieverbrauch zu decken. Laut dem Umweltbundesamt (UBA 2024) betrug der fossile Brennstoffbedarf im Jahr 2023 im Verkehrssektor, Wärmesektor und Stromsektor umgerechnet etwa 2200 TWh_{th}/a. Außerdem nutzen wir aktuell bereits jedes Jahr 340 TWh_{th} unserer Bioenergieressourcen. Insgesamt müssten also allein für Deutschland pro Jahr Biobrennstoffe mit einem Heizwert von über

[1] Deutschland verbraucht circa 15 % der Endenergie in der EU 28 inkl. Großbritannien.

F. X. Trieb, *Perspektiven einer Kohlenstoffkreislaufwirtschaft im Energiebereich*, https://doi.org/10.1007/978-3-658-50551-6_3

2500 TWh_{th} zur Verfügung stehen, um Öl, Gas und Kohle vollständig zu ersetzen und unseren bisherigen Verbrauch an Bioenergie aufrechtzuerhalten. Die Antwort auf die in der Überschrift gestellte Frage scheint also einfach: Nein, die Bioenergieressourcen reichen bei Weitem nicht aus, um fossile Brennstoffe in Deutschland zu ersetzen.

Tatsächlich gilt diese ernüchternde Antwort aber nur für das Jahr 2023, in dem diese Statistik erhoben wurde. Wie sähe sie in der Zukunft aus, nach der Einführung großer Mengen an Wind- und Solarstrom, Elektroautos und Wärmepumpen? Wärmepumpen heizen mit Strom und holen sich mehr als die doppelte Menge an Energie aus der Umwelt dazu (Glaesmann 2022). Elektroautos verwenden Strom statt Kraftstoffen und haben einen etwa dreimal besseren Wirkungsgrad im Vergleich zu Fahrzeugen mit Verbrennungsmotor (Kampker und Heimes 2024). Wenn die Effizienz für Wärme und Mobilität um den Faktor zwei bis drei steigt und beide Dienstleistungen weitgehend auf den Verbrauch von Strom reduziert werden und wenn dieser Strom dann auch noch hauptsächlich aus erneuerbaren Quellen wie Sonnen- und Windenergie stammt, könnte der Verbrauch an fossilen Brennstoffen dann vielleicht so weit abnehmen, dass er am Ende doch durch Bioenergie gedeckt werden kann?

Da diese Frage nur durch einen Blick in die Zukunft zu beantworten ist, muss ein Gedankenexperiment durchgeführt und ein Szenario einer solchen Zukunft erstellt werden. Abb. 3.1 zeigt ein Konzept, in dem die vier wichtigsten Verbrauchssektoren Strom, Verkehr, Wärme und Industrie mit erneuerbaren Energien versorgt werden. Dabei übernimmt Strom aus variablen regenerativen Energiequellen (VRE) wie Wind-, Sonnen- und Wasserkraft, dessen Schwankungen durch Batterien (BAT) abgemildert werden, eine wichtige Rolle in allen Sektoren und reduziert damit deren Brennstoffverbrauch. Um heimische Ressourcen zu entlasten, können zusätzliche VRE, so wie in einigen Ländern der Erde bereits heute praktiziert, aus entfernten Regionen mit optimalen meteorologischen Bedingungen in die städtischen Verbrauchszentren importiert werden.

Allerdings darf die Versorgung mit Strom nicht schwanken. Strom muss jederzeit exakt dem Bedarf entsprechend verfügbar sein. Entscheidend für die Ausweitung von Strom als Energielieferant in allen Sektoren ist deshalb die zuverlässige Deckung der Energielücken während langer Dunkelflauten mit wenig oder ganz ohne Sonne und Wind. Das geht nur mithilfe von thermischen Kraftwerken mit Dampf- oder Gasturbinen und gut speicherbaren Brennstoffen. An dieser Stelle nehmen sogenannte Wärmespeicherkraftwerke (WSK) eine Schlüsselrolle ein. Dank eines integrierten Wärmespeichers können sie sehr flexibel arbeiten und den Strom eigener, gekoppelter Photovoltaikanlagen (PV-Anlagen, WSK-PV) ebenso wie Stromüberschüsse aus dem Netz aufnehmen und später nach Bedarf wieder abgeben. Damit wird viel Brennstoff eingespart und trotzdem jederzeit – dank des Brennstoffs – sicher die volle Leistung garantiert (siehe Kap. 4 über *Wärmespeicherkraftwerke und Bioenergie*).

Nach der Formulierung dieses grundsätzlichen Konzepts der Energieversorgung muss noch ein Transformationspfad entwickelt werden, der den Übergang von heute bis zum Ziel einer CO_2-neutralen Energieversorgung in der Zukunft beschreibt. Das auf den ersten Blick überraschende Ergebnis dieses Modellexperiments in Abb. 3.2 zeigt, dass in diesem

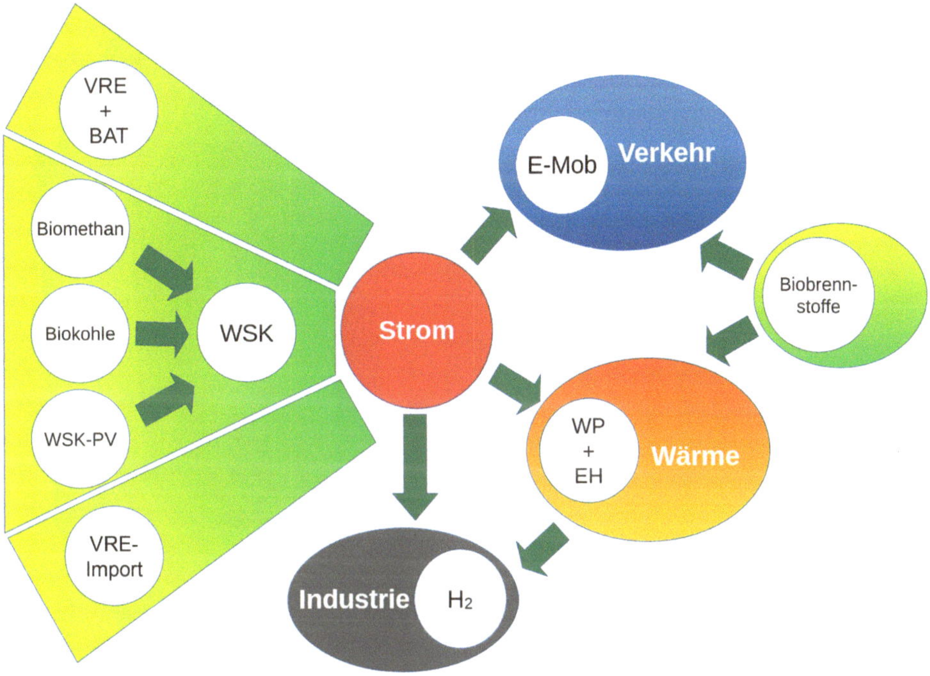

Abb. 3.1 Versorgung der vier Verbrauchssektoren Strom, Verkehr, Wärme und Industrie mit erneuerbaren Energieträgern (© Dr. Franz Trieb). Strom nimmt eine zentrale Rolle in allen Sektoren ein und wird hauptsächlich durch variable regenerative Energiequellen (VRE) wie Wind, Sonne und Wasserkraft erzeugt und durch Batterien (BAT) gepuffert. Stromimporte aus erneuerbaren Kraftwerken (VRE-Import) entlasten die heimischen Ressourcen. Flexible Wärmespeicherkraftwerke (WSK) decken die Differenz zwischen Last und VRE ab. Die WSK verwenden Biobrennstoffe, einen Wärmespeicher und integrierte Photovoltaikanlagen (WSK-PV) als Primärenergiequellen, um daraus jederzeit bedarfsgerecht Strom zu generieren, der die Schwankungen der VRE ausgleicht. Der Anteil des Energieverbrauchs in den Sektoren Verkehr und Wärme, der nicht über Elektromobilität (E-Mob), Wärmepumpen (WP) und Elektroheizungen (EH) mit Strom abgedeckt werden kann, wird mit Biobrennstoffen versorgt. Elektrolytisch hergestellter Wasserstoff (H_2) wird in Zukunft als zusätzlicher Rohstoff für die Industrie und für die Herstellung synthetischer Kraftstoffe gebraucht. Strom-, Wärme- und Kraftstoffverbrauch der Industrie ist mit in den anderen Sektoren enthalten

Fall der Bedarf an fossilen, synthetischen und aus Biomasse hergestellten, biogenen Brennstoffen von über *2500* TWh_{th} im Jahr 2020 auf circa *780* TWh_{th} im Modelljahr 2070 abnimmt. Effizienterer und sparsamerer Umgang mit Energie, Elektromobilität, Elektrowärme, Wärmepumpen und WSK führen zu Einsparungen von Strom und Brennstoffen in allen Sektoren, sodass der Energieverbrauch gegenüber dem Startjahr 2020 effektiv um etwa 15 % sinkt, obwohl der Energiebedarf in allen Sektoren als konstant angenommen und zusätzlich grüner Wasserstoff für industrielle Zwecke hergestellt wird.

Der Brennstoffverbrauch sinkt noch stärker als der gesamte Energieverbrauch, wenn VRE-Strom und erneuerbare Wärme konsequent weiter ausgebaut werden. Diese beiden Energieformen können den Verbrauch von Brennstoffen aufgrund ihrer variablen Verfüg-

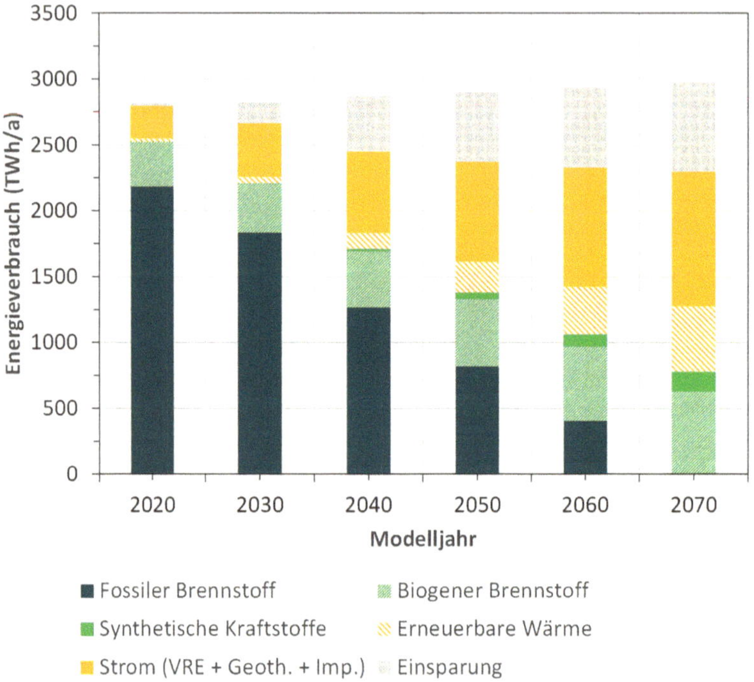

Abb. 3.2 Entwicklung des Energiebedarfs aller Sektoren in einem Transformationspfad von 2020 bis 2070 (© Dr. Franz Trieb). Der Bedarf ist aufgeteilt in fossile, synthetische und Biobrennstoffe sowie erneuerbare Wärme und Strom aus heimischen und importierten variablen regenerativen Energiequellen (VRE) sowie aus Geothermie, die in gewissem Umfang ebenfalls erschlossen werden kann. Erneuerbare Wärme wird mit Sonnenkollektoren, Wärmepumpen und Geothermie direkt aus der Umwelt gewonnen. Strom, der aus Brennstoffen generiert wird, wird hier nicht als Strom aufgeführt, sondern durch seinen Brennstoffverbrauch repräsentiert. Der Modellansatz geht davon aus, dass der Grundbedarf in allen Sektoren gleich bleibt, dass aber zusätzliche Wasserstoffproduktion für Industrie und für die Herstellung synthetischer Kraftstoffe den Energiebedarf tendenziell ansteigen lässt. Der tatsächliche Verbrauch von Strom, Wärme und Brennstoffen lässt sich allerdings mithilfe von Effizienzsteigerungen bei Erzeugung und Verbrauch, Elektrowärme und Elektromobilität effektiv senken. Details dieses Modellexperiments finden Sie im Kap. 10

barkeit zwar nicht vollständig ersetzen, aber deutlich senken. Dadurch geht der Brennstoffverbrauch bis 2070 auf etwa 780 TWh_{th}/a zurück, wovon 150 TWh_{th}/a durch synthetische Kraftstoffe für den Verkehrssektor abgedeckt werden. Daraus ergibt sich die Herausforderung, die Verwendung von Bioenergie von 340 TWh_{th}/a im Jahr 2020 auf 630 TWh_{th}/a im Jahr 2070 auszuweiten. Für diesen Zweck stehen ausreichend heimische Ressourcen zur Verfügung, die durch Bioenergieimporte ergänzt und entlastet werden können. Am Ende dieses Transformationspfades werden keine fossilen Brennstoffe mehr gebraucht.

Die in dem Szenario langfristig benötigte Bioenergiemenge von 630 TWh_{th}/a liegt gerade noch im Rahmen der für die Bundesrepublik geschätzten Potenziale von 465–650 TWh_{th}/a. Es ist vorstellbar, durch effizientere und vielseitigere Verfahren wie der HT-Umwandlung mehr Bioenergiepotenziale erschließen zu können als mit bisher eingesetzten Technologien. Bioenergie in Form von Biomethan, Biokohle und Biokraftstoffen kann außerdem aus Europa und der Welt nach Deutschland importiert werden. So ist im Jahr 2022 bereits eine gemeinschaftliche europäische Lösung für Biomethan auf den Weg gebracht worden (BIP 2022), das in ganz Europa erzeugt und in die gemeinsamen Erdgaspipelines eingespeist und verteilt werden soll. Ein europäisches Industriekonsortium hat ein Weißbuch vorgelegt, das die HT-Umwandlung von biogenen Reststoffen in Biomethan in Höhe von 50 TWh_{th}/a bis zum Jahr 2050 vorsieht (GRTgaz 2024). Sollten Bioenergie und synthetische Kraftstoffe in Deutschland knapp werden, gibt es Möglichkeiten für deren Import. Das Ziel der hier vorgeschlagenen Transformation ist also grundsätzlich erreichbar. Im Modellszenario dienen die folgenden Maßnahmen dazu, die entsprechenden Veränderungen und mit diesen eine CO_2-neutrale Energieversorgung in allen Sektoren zu erreichen:

- Elektrizität wird zukünftig vermehrt als Energiequelle in den Sektoren Wärme, Verkehr und Industrie – hier zur Herstellung von Wasserstoff – genutzt. Dies erhöht einerseits den Bedarf an Elektrizität, lässt aber auch den weiteren Zubau von VRE zu, ohne allzu große Überschüsse und Abregelung zu verursachen.
- Der Ausbau variabler Sonnen-, Wind- und Wasserkraft (VRE) reduziert den Einsatz von Brennstoffen für die Stromerzeugung und damit auch in den anderen Sektoren.
- WSK werden aufgrund ihrer Flexibilität zur Deckung der Residuallast (s. Glossar) während kurzer und langer Dunkelflauten eingesetzt. Sie verwenden vorrangig Biobrennstoffe. Damit wird Strom aus Bioenergie deutlich flexibler und netzdienlicher genutzt als bisher. WSK werden mit zusätzlichen, eigenen PV-Anlagen ausgestattet, die in Kombination mit dem Wärmespeicher und Stromüberschüssen aus dem Netz große Mengen Brennstoff einsparen.
- Biobrennstoffe werden zunehmend durch HT-Umwandlungsverfahren aus biogenen Reststoffen der Land- und Forstwirtschaft und der Nahrungsmittelindustrie generiert und in die vorhandenen Strukturen der Energiewirtschaft wie Pipelines und andere Transportwege eingespeist.
- Der Ausbau von Elektromobilität im Straßen- und Schienenverkehr reduziert den Kraftstoffverbrauch im Verkehrssektor aufgrund des bis zu dreifach besseren Wirkungsgrads von Elektromotoren gegenüber Verbrennungsmotoren. Synthetische Kraftstoffe auf der Basis von rezykliertem CO_2 und Wasserstoff, der mit erneuerbarem Strom hergestellt wurde, übernehmen zusammen mit biogenen Kraftstoffen den restlichen Bedarf.
- Wärmepumpen und Elektroheizungen erhöhen den Stromverbrauch und reduzieren gleichzeitig effektiv den Brennstoffverbrauch im Wärmesektor.
- Erneuerbare Wärme aus Sonnenkollektoren sowie Umweltwärme aus dem Beitrag der Wärmepumpen werden konsequent ausgebaut und ersetzen große Mengen Brennstoff.
- Stromimport aus Regionen mit besseren meteorologischen Bedingungen wie dem Mittelmeerraum (Solarstrom) und Skandinavien (Wasserkraft) nimmt langfristig einen Anteil von etwa 10 % des Stromaufkommens ein und trägt damit entsprechend zur Einsparung heimischer Ressourcen bei. Biobrennstoffe und synthetische Kraft-

stoffe können ebenfalls aus geeigneten Regionen importiert werden und die heimischen Ressourcen entlasten.

- Stromspeicher wie Batterien werden ausgebaut und zum Glätten extremer Schwankungen sowohl des Strombedarfs als auch des Stromangebots aus VRE genutzt.
- Konventionelle Kraftwerke auf der Basis fossiler Brennstoffe, die nicht zu WSK umgebaut werden, werden bis 2040 außer Betrieb genommen und als stille Reserve für Notfälle vorgehalten.

Der in diesem Buch vorgestellte Transformationspfad zeigt, dass die Potenziale erneuerbarer Energiequellen inklusive der Bioenergie in der Bundesrepublik Deutschland ausreichen, um fossile Brennstoffe in allen Sektoren der Energiewirtschaft vollständig zu ersetzen. Die wirtschaftlichen und ökologischen Auswirkungen dieser Transformation wurden durch eine Multi-Indikatoren-Bewertung (MIB) abgeschätzt, die die zahlreichen Kompromisse aufzeigt, die bei einer solchen Veränderung eingegangen werden müssen (Abb. 3.3). So nehmen Werte wie die Treibhausgasemissionen wunschgemäß ab, andere problematische Indikatoren steigen jedoch an.

Der Verbrauch fossiler Brennstoffe geht ebenso wie die Treibhausgasemissionen bis 2070 auf null zurück. Die Stromgestehungskosten inklusive Netzkosten pro erzeugter Ki-

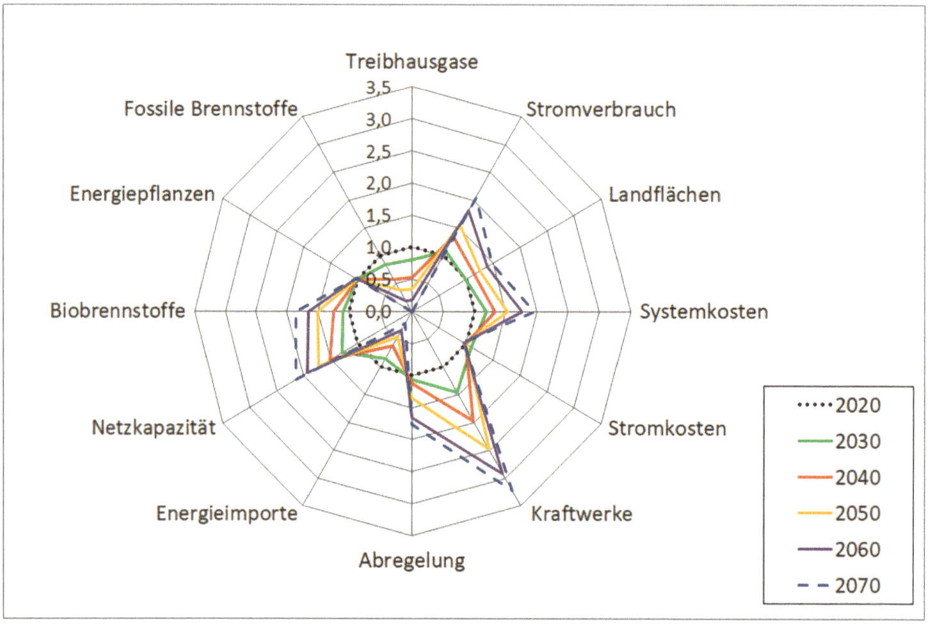

Abb. 3.3 Multi-Indikatoren-Bewertung (MIB) des hier vorgestellten Transformationspfades in einem Netzdiagramm. Der *innere Kreis* mit dem Radius 1,0 steht für die Startwerte der Indikatoren im Referenzjahr 2020, sodass deren relative Veränderungen sofort erkennbar sind. Die für die Berechnung des Transformationspfads getroffenen Annahmen, Zahlenwerte der Indikatoren und weitere Details sind im zweiten Teil des Buches in Tab. 10.1 zu finden

lowattstunde (Stromkosten) und der Verbrauch von Energiepflanzen bleiben auf heutigem Niveau. Netzkapazität, Abregelung und die jährlichen Systemkosten (inklusive Kapital- und Betriebskosten) für die gesamte Infrastruktur des Stromsektors verdoppeln sich proportional zum Stromverbrauch. Der Bedarf an Biobrennstoffen steigt dagegen nur um das 1,8-Fache an. Energieimporte in Form von Strom, Brennstoffen, Wasserstoff und Kraftstoffen sinken auf unter 20 % des Ausgangswertes von 2020, weil große Mengen importierter fossiler Brennstoffe durch heimische erneuerbare Energie ersetzt werden.

Der Landflächenbedarf für erneuerbare Energie in Deutschland und den Importländern steigt langfristig um etwa 50 % gegenüber heute an, da unter anderem die Kapazitäten von Stromnetzen und erneuerbaren Kraftwerken um das Zwei- bis Dreifache erweitert werden. Allerdings werden auch Flächen eingespart, die derzeit noch für Gewinnung, Transport und Verarbeitung von importierten fossilen Brennstoffen im In- und Ausland gebraucht werden. Diese frei werdenden Flächen wurden hier nicht ermittelt und gegengerechnet.

Der Transformationspfad zeigt ein Szenario, in dem Klimaschutz, sichere Stromversorgung und stabile Energiekosten Hand in Hand gehen. Konsequenter Verzicht auf Energievergeudung und konsequente Umsetzung von Schlüsselinnovationen im Bereich der Bioenergie und der WSK sowie Wärmepumpen und Elektromobilität sind die Zutaten für eine erfolgreiche Fortsetzung der Energiewende (Abb. 3.4).

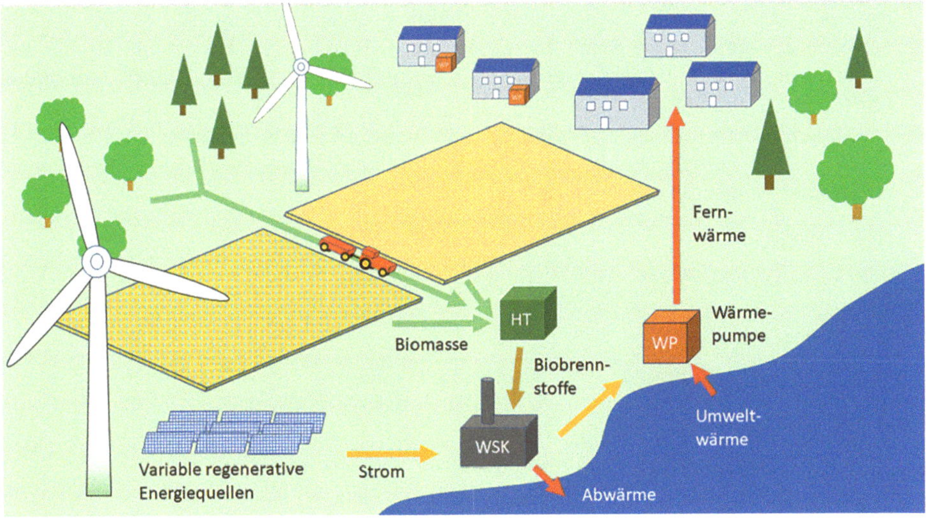

Abb. 3.4 Skizze eines integrierten Energiekonzepts mit variablen regenerativen Energiequellen (Freiland- und Hausdachanlagen), Umweltwärme und Biomasse im Rahmen einer Kohlenstoffkreislaufwirtschaft. HT = hydrothermale Erzeugung von Biobrennstoffen, WSK = Wärmespeicherkraftwerk, WP = Wärmepumpen für Hausanlagen und für Fernwärme. Mobilität erfolgt überwiegend elektrisch und auf der Basis biogener und synthetischer Kraftstoffe. Ein Teil der Abwärme thermischer Kraftwerke, die in der Regel in Luft und Gewässer abgeführt wird, kann mithilfe von Wärmepumpen als Umweltwärme zurückgewonnen werden

Details wie die installierte Leistung, die pro Jahr erzeugte Energie und stündliche Lastkurven für die verwendeten Technologien in den Modelljahren 2020–2070 ebenso wie die zugrunde gelegten Potenziale finden Sie im zweiten Teil des Buches in Kap. 10.

Literatur

(BIP 2022) Biomethane Industrial Partnership, Teaming up to achieve 35 bcm of sustainable biomethane by 2030, website besucht am 17.05.2023, https://bip-europe.eu/

(ENSPRESO 2019) Ruiz, P., Nijs, W., Tarvydas, D., Sgobbi, A., Zucker, A., Pilli, R., Jonsson, R., Camia, A., Thiel, C., Hoyer-Klick, C., Dalla Longa, F., Kober, T., Badger, J., Volker, P., Elberseng, B.S., Brosowski, A., Thrän, D., ENSPRESO – an open, EU-28 wide, transparent and coherent database of wind, solar and biomass energy potentials, Energy Strategy Reviews, Volume 26, November 2019, 100379 https://doi.org/10.1016/j.esr.2019.100379

(European Commission 2017) European Commission, Directorate General for Energy, Sustainable and optimal use of biomass for energy in the EU beyond 2020, Final Report (2017), https://energy.ec.europa.eu/sustainable-and-optimal-use-biomass-energy-eu-beyond-2020_en

(FNR 2023) Fachverband Nachwachsende Rohstoffe (FNR), Biomasse Potenziale, Website besucht am 17.05.2023, https://bioenergie.fnr.de/bioenergie/biomasse/biomasse-potenziale/

(Glaesmann 2022) Glaesmann, N., Wärmepumpenheizungen, Springer Fachmedien Wiesbaden (2022), https://doi.org/10.1007/978-3-658-39031-0

(GRTgaz 2024) GRTgaz, Hydrothermal Gasification, Internet-Informations-Website besucht am 7.12.24, https://www.grtgaz.com/en/new-gas/hydrothermal-gasification sowie https://www.natrangroupe.com/en/new-gas/hydrothermal-gasification besucht am 12.09.2025.

(Kampker und Heimes 2024) Kampker, A., Heimes, H.H. (Hrsg.), Elektromobilität – Grundlagen einer Fortschrittstechnologie, 3. Auflage, Springer Vieweg (2024), https://doi.org/10.1007/978-3-662-65812-3

(UBA 2024) Umweltbundesamt und AGEE Stat, Erneuerbare Energien in Zahlen, Website besucht am 25.08.2024 https://www.umweltbundesamt.de/themen/klima-energie/erneuerbare-energien/erneuerbare-energien-in-zahlen#uberblick

WSK und Bioenergie – starke Allianz für hohe Flexibilität 4

Inhaltsverzeichnis

WSK werden seit 2018 am Institut für Technische Thermodynamik des Deutschen Zentrums für Luft- und Raumfahrt (DLR) entwickelt (Trieb und Thess 2018; Jäger et al. 2024). WSK sind thermische Kraftwerke, die so wie konventionelle Kohle- oder Gaskraftwerke einen Brennstoff zur Erzeugung von überhitztem Wasserdampf oder heißen Brenngasen einsetzen, um unter hohem Druck und hoher Temperatur Dampfturbinen und Gasturbinen und mit diesen wiederum elektrische Generatoren anzutreiben (Abb. 4.1). Mit deren Energie wird unser Stromnetz versorgt und trotz schwankendem Stromverbrauch und schwankender Beiträge aus Wind- und Sonnenenergie stabil gehalten. Von besonderer Bedeutung sind dabei die rotierenden Massen der Turbinen, die bei Lastschwankungen ähnlich wie Schwungräder ihre Rotation für kurze Zeit beibehalten, bevor sie abgebremst oder beschleunigt werden. Diese Trägheit der rotierenden Massen (Momentanreserve) erlaubt es den Betreibern der Netze und Kraftwerke für kurze Zeit, bei Bedarf die Brennerleistung zu erhöhen oder zu senken oder andere Maßnahmen zur Stabilisierung des Netzbetriebs wie das Zuschalten von Pumpspeichern oder Batterien zu treffen. Thermische Kraftwerke sind das Bindeglied zwischen den VRE wie Wind- und Sonnenenergie und der ebenfalls variablen elektrischen Last und bisher die einzige Alternative, um die Residuallast während langer Dunkelflauten zuverlässig zu decken.

WSK sind aber mehr als nur thermische Kraftwerke, denn sie enthalten zusätzlich einen Wärmespeicher, der Energie aus dem Stromnetz und aus einer ebenfalls angeschlossenen, in den Kraftwerksbetrieb integrierten PV-Anlage aufnehmen und als Hochtemperaturwärme bei etwa 560 °C in einer speziellen Salzschmelze oder bei noch

F. X. Trieb, *Perspektiven einer Kohlenstoffkreislaufwirtschaft im Energiebereich*, https://doi.org/10.1007/978-3-658-50551-6_4

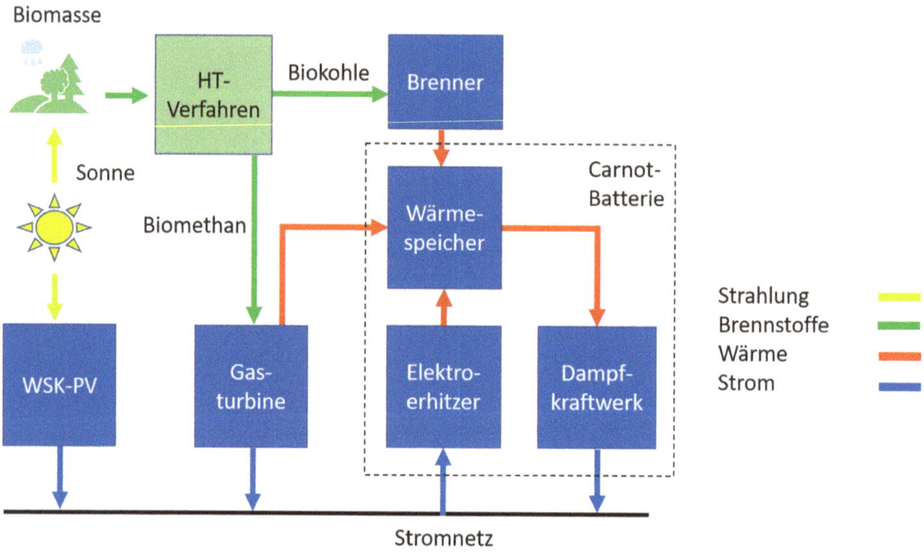

Abb. 4.1 Komponenten eines Wärmespeicherkraftwerks (*blaue Blöcke*): *rechts* im Bild das mit Biokohle und mit Wärme aus dem Speicher beheizte Dampfkraftwerk. Daneben ein Elektroerhitzer, der überschüssigen Strom aus einer integrierten Photovoltaikanlage (WSK-PV, *ganz links*) und aus dem Stromnetz *(unten)* aufnehmen, speichern und so Brennstoff einsparen kann. *Links* neben dem Elektroerhitzer eine Spitzenlastgasturbine, deren Abwärme ebenfalls zur Dampferzeugung verwendet wird. Die Kombination aus Elektroerhitzer, Wärmespeicher und Dampfkraftwerk entspricht einer sogenannten Carnot-Batterie, die Strom in Form von Wärme speichert (© Dr. Franz Trieb). Ein WSK benutzt Biobrennstoffe, Sonnenenergie und Netzüberschüsse als Primärenergiequellen für die bedarfsgerechte Stromerzeugung. Mehr Informationen zu den Grundlagen und Potenzialen der WSK finden sich bei Jäger et al. (2024). *HT* hydrothermale Umwandlung

höheren Temperaturen in Feststoffen speichern kann. Da die Dampfturbine vorzugsweise mit gespeicherter Energie aus dem Wärmespeicher angetrieben wird und die Gasturbine nur dann zum Einsatz kommt, wenn die Last im Stromnetz die Leistung der Dampfturbine übersteigt, wird auf diese Weise sehr viel Brennstoff eingespart. Trotz des geringen Verbrauchs kann ein WSK dank der verwendeten Brennstoffe jederzeit, auch während langer Dunkelflauten, seine volle Leistung – nämlich die der Dampfturbine plus die der Gasturbine – sicher zum Einsatz bringen (Trieb und Thess 2020; Trieb und Jäger 2022; Trieb, Liu und Koll 2022, Jäger et al. 2024).

Eine PV-Anlage als zusätzliche Energiequelle folgt der Logik, dass die Sonnenenergie weltweit im Durchschnitt einem täglichen Zwölf-Stunden-Rhythmus folgt, der von einem Wärmespeicher mit einer Speicherkapazität von zwölf Volllaststunden bestens verwertet werden kann.

Der typische Einsatz des Speichers besteht darin, tagsüber überschüssige Sonnenenergie aufzunehmen und diese nachts an die Turbine abzugeben. Da Wind- und Wasserkraftwerke über keinen vergleichbaren Rhythmus verfügen (s. Analyse im zweiten Teil), können entsprechende Überschüsse aus diesen Quellen nur sporadisch über das Stromnetz aufgenommen und verwertet werden, sind dann aber eine willkommene, weil in der Regel kostenlose Ergänzung. Die sichere Verfügbarkeit der vollen Leistung des Kraftwerks verdankt es aber ausschließlich den eingesetzten Brennstoffen. Strom aus der WSK-PV wird bei Nachfrage direkt ins Netz abgegeben. Gespeichert wird nur dann, wenn im Netz eine Überschusssituation vorliegt, weil der Zyklenwirkungsgrad (s. Glossar) der Umwandlung von Strom zu Wärme und zurück zu Strom im WSK mit etwa 40 % nicht besonders hoch ist.

Kraftwerke zur Deckung der Residuallast müssen extrem flexibel arbeiten, denn die Residuallast kann in kurzer Zeit von voller Leistung bis auf null zurückgehen, dort unterschiedlich lange Zeit verweilen und dann wieder in kurzer Zeit zu höherem Leistungsbedarf ansteigen, um dort während langer Dunkelflauten bis hin zu mehreren Wochen lang zu verharren. Die Kraftwerke müssen schnell und zuverlässig ihre volle Leistung abrufen können, aber auch gewisse Zeit ohne Leistungsabgabe in Bereitschaft verweilen und danach wieder schnell hochfahren. Dank des Wärmespeichers können WSK genau das. Damit sind sie eine Schlüsselkomponente für den zweiten, deutlich schwierigeren Teil der Energiewende, in dem es darum geht, die verbleibenden Residuallastlücken zuverlässig, aber trotzdem mit erneuerbarer Energie zu schließen. Bei Überschuss geht das WSK in Bereitschaftsbetrieb (engl. standby). Der Dampfkreislauf kann dann aus dem Speicher heraus warmgehalten werden, der gleichzeitig Überschussstrom aus dem Netz aufnehmen kann. Ein großer Vorteil gegenüber herkömmlichen Kraftwerken, die im Stand-by in der Regel Brennstoff verbrauchen oder keinen Bereitschaftsbetrieb erlauben.

Bis erneuerbare Brennstoffe wie Biomethan und Biokohle in ausreichender Menge verfügbar sind, kann übergangsweise auch mit fossilen Brennstoffen wie Erdgas und Kohle befeuert werden. Die Einsparungen durch die integrierte PV-Anlage und durch den Wärmespeicher kommen auch hier zum Tragen. Allerdings sind fossile Brennstoffe nicht CO_2-neutral und verändern die Zusammensetzung der Atmosphäre. Es wäre denkbar, WSK zeitnah auf der Basis fossiler Brennstoffe einzuführen. In diesem Zusammenhang wird zum Beispiel diskutiert, vorhandene Kraftwerke mit einem Wärmespeicher zu WSK umzurüsten (Geyer und Giuliano 2022). Auch nach einem späteren Umstieg auf Biobrennstoffe könnten fossile Brennstoffe durchaus noch zum Einsatz kommen und die Versorgung während eines Notfalls oder Engpasses sichern.

Ein WSK mit integrierter PV (Abb. 4.2) spart unter mitteleuropäischen Bedingungen etwa ein Drittel des Brennstoffs ein, den ein konventionelles Kraftwerk verbrauchen würde, wenn es denn genauso flexibel arbeiten könnte (Trieb und Thess 2020). WSK sind damit die denkbar effizientesten thermischen Kraftwerke überhaupt, was den Brennstoffverbrauch angeht. Trotz stark intermittierendem Betrieb zur Deckung der Residuallast können sie einen Wirkungsgrad, berechnet aus dem mit Brennstoff erzeugten Strom und dem Heizwert des eingesetzten Brennstoffs, von knapp 45 % erreichen. Dieser hohe Wirkungsgrad ist der Wärmerückgewinnung aus dem Abgas der Gasturbinen zu verdanken. Ähnlich hohe Wirkungsgrade erreichen die modernsten Kohlekraftwerke nur im kontinuierlichen Grundlastbetrieb und keinesfalls im intermittierenden Betrieb. Dazu kommt der Strom aus gespeicherter Sonnenenergie und Netzüberschüssen, der den effek-

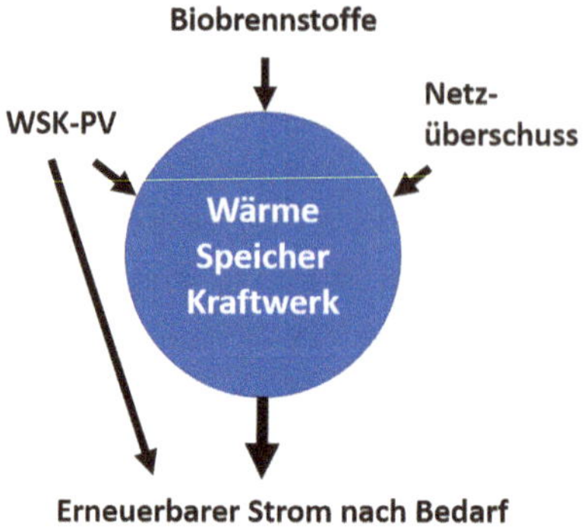

Abb. 4.2 Das *Wärmespeicherkraftwerk als Funktionseinheit* liefert erneuerbaren Strom bedarfsgerecht in das Netz und entfernt Überschüsse variabler regenerativer Energiequellen aus dem Netz. Der effektive Wirkungsgrad (Quotient aus erzeugtem Strom und Brennstoffverbrauch) erreicht dabei über 70 % (© Dr. Franz Trieb). *PV* Photovoltaik

tiven Wirkungsgrad auf über 55 % anheben kann. Rechnet man den direkt in das Stromnetz eingespeisten Strom aus den mit den WSK gekoppelten PV-Anlagen dazu,[1] dann steigt der auf den spezifischen Brennstoffverbrauch bezogene Wirkungsgrad der Kraftwerke sogar noch höher. Ein WSK ist völlig flexibel an jeden Bedarf anpassbar und kann trotzdem auf seinen Brennstoffverbrauch bezogen einen effektiven Wirkungsgrad von über 70 % erreichen.

Thermische Kraftwerke der Zukunft müssen zudem deutlich weniger Strom erzeugen als bisher, denn sie müssen nur die Residuallast decken, also noch etwa 25–35 % des elektrischen Gesamtverbrauchs (Trieb et al. 2023). Dabei ist der Betrieb stark intermittierend und erfordert hohe Flexibilität. Für konventionelle Kraftwerke bedeutet das in der Regel das wirtschaftliche Aus, denn teure Kraftwerke können sich trotz ihrer billigen Brennstoffe nicht mehr amortisieren, wenn ihre jährliche Auslastung und damit ihr Umsatz zu gering wird und wenn ihr Wirkungsgrad aufgrund der schwankenden Leistung sinkt. Infolgedessen haben einige Länder in den vergangenen Jahren schon einen Teil ihrer Kohlekraftwerke ausgemustert (WRI 2023).

Die Einführung von WSK hat noch zwei weitere wichtige Effekte für einen stabilen Betrieb des zukünftigen Stromnetzes und für den weiteren Ausbau erneuerbarer Energien: Stromüberschüsse können, wenn auch nur sporadisch und in kleinen Mengen, tatsächlich noch verwertet werden, wenn zum Zeitpunkt des Überschusses noch Platz im Wärmespeicher ist oder wenn sich das WSK im Stand-by befindet, weil der Speicher dann gleichzeitig beladen und entladen wird, um den Dampfkreislauf warm zu halten. Der Betrieb des Speichers eines WSK hängt allerdings im Gegensatz zum Betrieb reiner Speichertechno-

[1] Diese Sichtweise ist vertretbar, denn WSK inklusive der angeschlossenen PV-Anlagen werden als Einheit so gesteuert, dass sie gemeinsam ausschließlich Strom nach Bedarf liefern. WSK-PV ist ein integraler Bestandteil der WSK.

logien wie Batterien oder Pumpspeicher weder technisch noch wirtschaftlich von solchen Überschüssen ab. Der Wärmespeicher nimmt solche Überschüsse lediglich bei Gelegenheit als willkommene Ergänzung zu seinem normalen Betrieb auf. Ganz nebenbei wird dadurch auch das Netz entlastet und Abregelung reduziert.

Außerdem erlauben WSK den zusätzlichen Ausbau von PV-Anlagen auch in dem Fall, in dem das Netz schon längst mit VRE gesättigt ist und Strom abgeregelt werden muss, da die in den WSK integrierten PV-Anlagen keinerlei Schwankungen oder Überschuss im Netz verursachen. Der Strom aus der WSK-PV wird entweder gebraucht und direkt ins Netz eingespeist, oder er wird nicht gebraucht und als Wärme zwischengespeichert und erst später an den Dampfkreislauf abgegeben. Das Netz bekommt von einem WSK jederzeit ausschließlich Strom und Leistung nach Bedarf.

Abb. 4.3 zeigt anhand einer Zeitreihe des Modelljahrs 2050 die verschiedenen Betriebsmodi der WSK auf. Ein wichtiger Beitrag der WSK zur Deckung der Residuallast ist derjenige Anteil der WSK-PV, der in Stunden mit geringem erneuerbarem Angebot direkt ins Netz geliefert werden kann. Dieser Beitrag ist als rot-weiß schraffierte WSK-PV-Erzeugung zu erkennen, die unterhalb der schwarzen Linie der Nettolastkurve erscheint und damit direkt zur Lastdeckung beiträgt.

In Stunden mit hohem erneuerbaren Energieangebot wird überschüssiger PV-Strom zunächst durch Batterien und Pumpspeicher (blau) und WSK (gelb) gespeichert und nachts

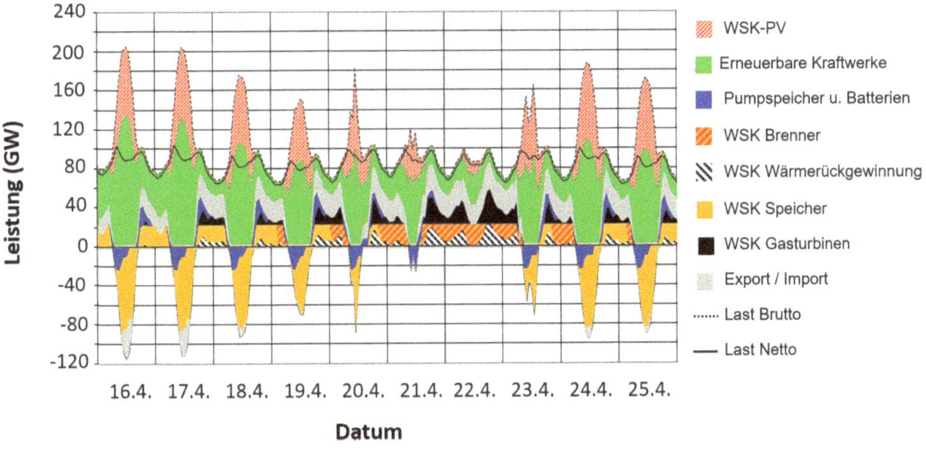

Abb. 4.3 Betrieb von Wärmespeicherkraftwerken zur Deckung der Residuallast, die im Bild als Differenz von Nettolast *(durchgezogene schwarze Linie)* und dem Angebot erneuerbarer Energie *(grün)* zu sehen ist. Stromspeicher *(blau)* und Stromimporte *(hellgrau)* schließen nur einen Teil der Versorgungslücke, während WSK den Restbedarf auch während längerer Dunkelflauten, wie vom 20.4. bis zum 23.4., decken. Energieproduktion erscheint auf der positiven Achse. Energieabflüsse zu den Speichern und für den Export erscheinen zusätzlich auf der negativen Achse. Die Nettolast entspricht dem Bedarf der Verbraucher, die Bruttolast *(gestrichelte Linie)* beinhaltet zusätzlich Energie für Speicher und Export. *PV* Photovoltaik

wieder abgegeben, um dann die Residuallast zu verringern. Die maximale Leistung, die WSK mithilfe von gespeichertem Strom abgeben können, entspricht der Nennleistung der Dampfturbinen, die im Beispiel bei etwa 20 GW liegt.

Reicht die im Wärmespeicher gespeicherte Energie nicht aus, zum Beispiel an den Tagen vom 19.4. bis zum 24.4. des Modelljahrs, dann decken die WSK-Brenner (gelb-rot schraffiert) den Wärmebedarf der Dampfturbinen, um ihre volle Leistung abrufen zu können. Reicht die maximale Leistung der WSK-Dampfturbinen allein nicht aus, um die Residuallast vollständig zu decken, dann werden die WSK-Gasturbinen (schwarz) mit bis zu 50 GW maximaler Leistung zugeschaltet und ihre Abwärme für die Dampferzeugung zurückgewonnen (schwarz-weiß schraffiert). Damit wird ein Teil der Befeuerung der WSK-Brenner für die Dampfturbinen eingespart. Am 21.4. und am 22.4. sind die Wärmespeicher der WSK leer, aber die Residuallast wird mithilfe von Brennern und Gasturbinen trotzdem zuverlässig gedeckt. Die Nacht vom 16.4. wird dagegen fast ausschließlich durch die Energie in den Wärmespeichern der WSK überbrückt, ohne dass Gasturbinen oder Brenner zum Einsatz kommen müssen. WSK sind im Gegensatz zu konventionellen Kraftwerken bestmöglich an den Residuallastbedarf angepasst: Ihre relativ teuren Dampfturbinen arbeiten mit einer wirtschaftlich akzeptablen Auslastung von über 5000 Volllastbetriebsstunden pro Jahr, während kurze intermittierende Spitzenlasten von den deutlich günstigeren Gasturbinen übernommen werden, die sich auf diese Weise ebenfalls bezahlt machen. Die unterschiedliche Auslastung der WSK-Dampfturbinen[2] und der WSK-Gasturbinen ist in dem gewählten Zeitabschnitt in Abb. 4.3 besonders gut zu erkennen.

Das Beispiel zeigt, dass ein WSK bei entsprechender Auslegung praktisch jede beliebige Residuallast auch im intermittierenden Betrieb zuverlässig decken und Pumpspeicher, Batterien und Stromimporte perfekt ergänzen kann, um eine jederzeit sichere Versorgung zu garantieren. Auch wird deutlich, dass die zusätzliche, integrierte WSK-PV-Leistung (rot-weiß schraffiert) ohne die Speichermöglichkeit in den WSK (gelb) nicht gebaut werden könnte, denn das würde massive Überschüsse und Abregelung produzieren. Das WSK ist das verbindende Element und Schlussstein der Energiewende in allen Sektoren, denn es ergänzt die VRE ebenso perfekt, wie es die knappen erneuerbaren Brennstoffe schont. Infolge des stark reduzierten Brennstoffverbrauchs wird es daher immer plausibler, für die Deckung der Residuallast mit WSK feste und gasförmige Biobrennstoffe aus HT-Umwandlungsverfahren einzusetzen.

Mehr Details zum Einsatz der WSK finden Sie in den Kap. 10 und 11 im zweiten Teil des Buches.

---

[2] Die Leistung der WSK-Dampfturbinen sehen Sie in dem Band von 0 bis 20 GW Leistung bestehend aus WSK Wärmerückgewinnung + WSK Brenner + WSK Speicher. Die Leistung der Gasturbinen darüber in Schwarz. Sind zur Lastdeckung ausreichend erneuerbare Kraftwerke (Wind-, Solar-, Wasserkraft – grün) im Einsatz, dann gehen die WSK in Bereitschaftsbetrieb.

Literatur

(Geyer und Giuliano 2022) Geyer, M., Giuliano, S., Conversion of Existing Coal Plants into Thermal Storage Plants, Encyclopedia of Energy Storage, Vol. 2, 2022, 122–132, https://doi.org/10.1016/B978-0-12-819723-3.00117-7

(Jäger et al. 2024) Jäger, J., Trieb, F., Roldan Serrano, M.I., Koll, G., Trompetter, P., Wärmespeicherkraftwerke – Ihre Rolle im Energiesystem & Roadmap für die Markteinführung in Deutschland, Projektbericht Kohleatlas, Deutsches Zentrum für Luft- und Raumfahrt (2024), https://elib.dlr.de/209639/

(Trieb et al. 2023) Trieb, F., Jäger, J., Geyer, M., Koll, G., Liu, P., Thermal Storage Power Plants – Key for transition to 100% renewable energy, Journal of Energy Storage (2023) 109275 https://doi.org/10.1016/j.est.2023.109275

(Trieb, Liu und Koll 2022) Trieb, F., Liu, P., Koll, G., Thermal Storage Power Plants (TSPP) – Operation modes for flexible renewable power supply, Journal of Energy Storage 50 (2022), https://doi.org/10.1016/j.est.2022.104282

(Trieb und Jäger 2022) Trieb, F., Jäger, J., Wärmespeicherkraftwerke – Ein Pfad zu einhundert Prozent erneuerbarer Stromversorgung, Energiewirtschaftliche Tagesfragen 72. Jg. (2022) Heft 5, https://elib.dlr.de/186886/

(Trieb und Thess 2018) Trieb, F., Thess, A., Wege zur regenerativen Stromversorgung IV – Kraftwerke der Zukunft, Energiewirtschaftliche Tagesfragen, Heft 12 (2018), https://emagazin.et-magazin.de/de/profiles/cb1a7fd451c4/editions/9f785ff8fbbf62dad6e2

(Trieb und Thess 2020) Trieb, F., Thess, A., Storage plants – a solution to the residual load challenge of the power sector? Journal of Energy Storage 31 (2020), https://doi.org/10.1016/j.est.2020.101626

(WRI 2023) Jaeger, J., World Resources Institute (2023), These 10 Countries Are Phasing Out Coal the Fastest, https://www.wri.org/insights/countries-phasing-out-coal-power-fastest

Was ändert sich bei der Nutzung von Bioenergie?

5

Inhaltsverzeichnis

Heute werden Biobrennstoffe in Biogasanlagen und in Dampfkraftwerken mit Holz- oder Strohfeuerung eingesetzt, oft im Zusammenhang mit der Kraft-Wärme-Kopplung (KWK, s. Glossar) oder direkt zur Wärmeversorgung. Biogasanlagen mit Motorgenerator erreichen im Durchschnitt Wirkungsgrade um die 35–40 % für die Erzeugung von Strom.[1] Werden sie für die KWK eingesetzt, steigt der Gesamtnutzungsgrad zwar auf bis zu 80 %, aber die Flexibilität wärmegeführter Kraftwerke geht für die Stromerzeugung weitgehend verloren. Biogasanlagen sind infolge der begrenzten Kapazität der Gasglocke über dem Gärbehälter gezwungen, das erzeugte Biogas mit einer gewissen Kontinuität abzugeben und zu verarbeiten. Bei mit Holz oder anderen biogenen Festbrennstoffen befeuerten Dampfkraftwerken geht im Fall von KWK zudem die Stromproduktion zurück, weil der Dampf für Fernwärme bei relativ hohen Temperaturen ausgekoppelt wird und die Turbinen an Wirkungsgrad einbüßen. Insofern sind die derzeitigen Bioenergie-Kraftwerke zwar zuverlässig, aber im Vergleich zu WSK nicht sehr flexibel und auch nicht besonders effizient.

Wärmepumpen (s. Glossar) bieten eine Alternative zur klassischen KWK. Sie werden mit Strom betrieben, schränken also die Flexibilität der Kraftwerke in keiner Weise ein, sondern erhöhen lediglich deren Auslastung (Trieb, Liu und Koll 2022). Dadurch, dass sie zusätzlich Umweltwärme für die Deckung des Wärmebedarfs einbinden, erlauben sie eine deutliche Senkung des Brennstoffverbrauchs im Wärmesektor. Außerdem können sie

[1] Wirkungsgrad = Strom/Heizwert des eingesetzten Brennstoffs. Nutzungsgrad = (Strom + Wärme)/Heizwert.

F. X. Trieb, *Perspektiven einer Kohlenstoffkreislaufwirtschaft im Energiebereich*,
https://doi.org/10.1007/978-3-658-50551-6_5

sporadische Stromüberschüsse aus dem Netz und Strom aus den in den WSK integrierten PV-Anlagen mit verwerten und erlauben damit ebenso wie Elektrowärme einen stärkeren Ausbau von VRE.

Im Stromsektor wird deshalb ein deutlicher Wandel des Einsatzes von Biobrennstoffen stattfinden, denn diese werden zunehmend für den Betrieb hochflexibler thermischer Kraftwerke reserviert, um die immer stärker intermittierende Residuallast zu decken. Es liegt nahe, in Zukunft vermehrt WSK für diesen Zweck zu nutzen, denn sie sind mit Abstand die flexibelste und effizienteste Alternative.

Die größte Veränderung im Einsatz von Bioenergiequellen besteht bei dem hier vorgestellten Konzept in der HT-Umwandlung von Rohbiomasse zu HT-Kohle, HT-Öl und HT-Gas (Kruse, Funke und Titirici 2013; Zhou et al. 2023; Vogel 2024). Die Vorteile dieses Ansatzes gegenüber herkömmlichen Bioenergieformen sind folgende:

- HT-Umwandlungsprozesse laufen bei niedrigeren Temperaturen ab als andere, „trockene" Verfahren wie die Pyrolyse und erreichen höhere Erträge.
- Bei den HT-Verfahren kann nasse Biomasse ohne vorangehende Trocknung direkt in den Umwandlungsprozess eingebracht werden.
- Kaliumsalze und andere Schlacke bildende und korrosive Bestandteile der Biomasse erzwingen in Dampfkraftwerken, die direkt mit Holz oder Stroh befeuert werden, niedrige Dampftemperaturen (um die 450 °C), wodurch die Wirkungsgrade sinken. Da sie bei der HT-Umwandlung im Prozesswasser bleiben, können HT-Brennstoffe bei höheren Temperaturen und mit besserem Wirkungsgrad verstromt werden.
- HT-Umwandlung kann auf Reststoffe aus der Agrar-, Forst- und Nahrungsmittelindustrie angewandt werden und damit das „Tank oder Teller"-Paradigma vermeiden. Die Rückführung von Pflanzennährstoffen wie Kaliumsalzen und Phosphaten aus dem Prozesswasser erlaubt außerdem, mehr Reststoffe aus der Landwirtschaft zu entnehmen und damit größere Potenziale zu erschließen.
- Die Infrastruktur der heutigen Öl-, Gas- und Kohlewirtschaft ist weltweit gut ausgebaut und kann von HT-Brennstoffen mit genutzt werden. Alle auf fossilen Brennstoffen basierenden Technologien können weiterhin, aber jetzt CO_2-neutral zum Einsatz kommen. Der Übergang zur Kohlenstoffkreislaufwirtschaft kann damit fließend und muss nicht disruptiv erfolgen.

Die Nutzung von Energiepflanzen kann in Zukunft umweltverträglicher als bisher gestaltet werden, wenn ökologisch wertvolle Sorten angebaut werden, zum Beispiel die durchwachsene Silphie in Abb. 5.1. Agrar-Forstwirtschaft, also die Kombination von Feldern und Baumreihen wie in Abb. 5.2, erweitert die verfügbaren Biomassepotenziale, spart Flächen und verbessert ebenfalls deren ökologischen Nutzen (DeFAF 2024). Agrar-PV wie in Abb. 5.3 erlaubt die integrierte Nutzung von landwirtschaftlichen Flächen und Freiland-PV (FhG-ISE 2024). Selbstverständlich muss die Landwirtschaft ganz allgemein auf umweltfreundliche und langfristig wirtschaftliche Anbaumethoden sowie auf nachhaltige Bodenpflege achten, wenn sie zunehmend an der Energieversorgung teilnehmen will (UBA 2024; BMEL 2024).

Abb. 5.1 Feldhäcksler bei der Ernte. Mehrjährige Energiepflanzen wie die durchwachsene Silphie sind attraktiv für Insekten, vermeiden Erosion, bilden große Mengen Humus und binden viel Kohlendioxid. Foto: Ralf Brodmann, https://www.donau-silphie.de/news-details/foerderprogramm-bluetenbauer-in-bayern

Abb. 5.2 Agroforstsystem auf Gut Märkisch Wilmersdorf. Foto: Michael Weitz, ©Lignovis GmbH

Abb. 5.3 Mahd zwischen den PV-Modulreihen im Solarpark Donaueschingen-Aasen. Agrar-Photovoltaik (Agri-PV) erlaubt die Doppelnutzung landwirtschaftlicher Flächen und verbessert die wirtschaftlichen Erträge. Die beidseitig wirksamen, nach Osten und Westen ausgerichteten PV-Module produzieren vormittags und nachmittags am meisten Strom, also genau dann, wenn handelsübliche, nach Süden ausgerichtete Anlagen am wenigsten liefern. Insgesamt ist der Energieertrag sogar geringfügig höher als bei normalen, nach Süden ausgerichteten Modulen. Foto: https://next2sun.com/agri-pv/

Ein besonders interessanter Aspekt ist, dass die in diesem Buch zugrunde gelegten technischen Bioenergiepotenziale näher an die – etwa doppelt so hohen – theoretischen Potenziale heranrücken, wenn es gelingt, die Nährstoffe aus den Pflanzen auf die Felder zurückzuführen und nicht mit zu verbrennen. Das Deutsche Biomasseforschungszentrum (DBFZ) schreibt dazu: „Für kreislauforientierte Nutzungsansätze (z. B. Biogasgewinnung in landwirtschaftlichen Betrieben) stellt das technische Potenzial[2] dann eine Unterschätzung dar, wenn z. B. der Gärrest in den Bodenkreislauf zurückgebracht wird und auf diese Weise zur Humusbilanz beiträgt. Dieser Effekt kommt insbesondere bei Stroh und anderen Ernterückständen zum Tragen, deren technisches Potenzial deutlich unter dem theoretischen Potenzial liegt" (DBFZ 2023).

Weil mit der HT-Umwandlung genau das realisiert werden kann, besteht die Möglichkeit, die technischen Bioenergiepotenziale gegenüber den bisherigen Schätzungen zu erweitern. Zum Beispiel wird Spreu, die nach der Ernte in der Regel auf dem Feld belassen wird, in den gängigen Statistiken als potenzieller Energierohstoff bisher noch nicht erfasst. Da das theoretische Biomassepotenzial in der Bundesrepublik Deutschland von insgesamt

[2] Derzeit werden die technischen Bioenergiepotenziale für Deutschland auf Werte zwischen 465 und 650 TWh_{th}/a laut FNR (2023) und ENSPRESO (2019) geschätzt, davon ca. 350–500 TWh_{th}/a aus Reststoffen. Das theoretische Potenzial, das im Fall einer Rückführung der Nährstoffe zum Teil erschlossen werden kann, ist deutlich größer.

etwa *200 Mt/a* Trockenmasse entsprechend einem Heizwert von knapp *1000* TWh_{th}/a etwa doppelt so groß ist wie das technische, besteht mithilfe HT-Umwandlungsverfahren eine Chance, die nutzbaren Bioenergiepotenziale in Deutschland und Europa gegenüber dem heutigen Status quo deutlich zu erweitern.

Details zur Bioenergie finden Sie in den Kap. 13 und 14 im zweiten Teil des Buchs.

Literatur

(BMEL 2024) Bundesministerium für Ernährung und Landwirtschaft, Ökologischer Landbau, Informations-Website, besucht am 19.12.24, https://www.bmleh.de/DE/themen/landwirtschaft/oekologischer-landbau/oekologischer-landbau_node.html

(DBFZ 2023) Brödner, R., Cyffka, K.F., Fais, A., Günther, S., Kalcher, J., Kazmin, S., Naegeli de Torres, F., Radtke, K.S., Selig, M., Sittaro, F., Thrän, D., Wilske, B., Biomassepotenziale aus Abfällen und Reststoffen – Hintergrundpapier Stand und Perspektiven der DBFZ Ressourcendatenbank und der aktuellen Datenlage (12/2023), Deutsches Biomasse-Forschungszentrum (2023); https://doi.org/10.5281/zenodo.10404436

(DeFAF 2024) Deutscher Fachverband für Agroforstwirtschaft (DeFAF) e.V., Informations-Website, besucht 19.12.24, https://agroforst-info.de/

(ENSPRESO 2019) Ruiz, P., Nijs, W., Tarvydas, D., Sgobbi, A., Zucker, A., Pilli, R., Jonsson, R., Camia, A., Thiel, C., Hoyer-Klick, C., Dalla Longa, F., Kober, T., Badger, J., Volker, P., Elberseng, B.S., Brosowski, A., Thrän, D., ENSPRESO – an open, EU-28 wide, transparent and coherent database of wind, solar and biomass energy potentials, Energy Strategy Reviews, Volume 26, November 2019, 100379 https://doi.org/10.1016/j.esr.2019.100379

(FhG-ISE 2024) Trommsdorff, M., et al., Agri-Photovoltaik: Chance für Landwirtschaft und Energiewende – Ein Leitfaden für Deutschland (2024), Fraunhofer Institut für Solare Energiesysteme (FhG-ISE), https://www.ise.fraunhofer.de/de/veroeffentlichungen/studien/agri-photovoltaik-chance-fuer-landwirtschaft-und-energiewende.html

(FNR 2023) Fachverband Nachwachsende Rohstoffe (FNR), Biomasse Potenziale, Website besucht am 17.05.2023, https://bioenergie.fnr.de/bioenergie/biomasse/biomasse-potenziale/

(Kruse, Funke und Titirici 2013) Kruse, A., Funke, A., Titirici, M.M., Hydrothermal conversion of biomass to fuels and energetic materials, Current Opinion in Chemical Biology, Volume 17, Issue 3, June 2013, Pages 515–521; https://doi.org/10.1016/j.cbpa.2013.05.004

(Trieb, Liu und Koll 2022) Trieb, F., Liu, P., Koll, G., Thermal Storage Power Plants (TSPP) – Operation modes for flexible renewable power supply, Journal of Energy Storage 50 (2022), https://doi.org/10.1016/j.est.2022.104282

(UBA 2024) Umweltbundesamt, Ökolandbau, Informations-Website besucht am 19.12.24 https://www.umweltbundesamt.de/themen/landwirtschaft/landwirtschaft-umweltfreundlich-gestalten/oekolandbau

(Vogel 2024) Vogel, F., Kapitel 8, Hydrothermale Verfahren, in Kaltschmitt, M., Hofbauer, H., Lenz, V., Energie aus Biomasse, Band 2: Thermo-chemische Konversion, Springer-Vieweg Wiesbaden (2024), ISBN 978-3-658-41215-9, https://doi.org/10.1007/978-3-658-41216-6

(Zhou et al. 2023) Zhou Y, Remón J, Pang X, Jiang Z, Liu H, Ding W. Hydrothermal conversion of biomass to fuels, chemicals and materials: A review holistically connecting product properties and marketable applications. Sci Total Environ. 2023 Aug 15; 886:163920, Epub 2023 May 6. PMID: 37156381 https://doi.org/10.1016/j.scitotenv.2023.163920

6 Herstellung von Brennstoffen wie in der Natur – ein Gedankenexperiment

Inhaltsverzeichnis

Es gibt einen fundamentalen Unterschied zwischen Biobrennstoffen und synthetischen Brennstoffen wie erneuerbarem Wasserstoff. Der Energiegehalt von Wasserstoff muss bei der Elektrolyse von Wasser vollständig in Form von elektrischem Strom zugeführt werden. Wasserstoff dient also analog einer Batterie als Energiespeicher. Allerdings hat dieser Speicher einen sehr schlechten Zyklenwirkungsgrad von 20–30 %, wenn der mit Strom hergestellte Wasserstoff wieder für die Stromerzeugung eingesetzt wird (s. Abb. 12.4 im zweiten Teil). Eine Lithiumbatterie inklusive Umwandlung in Gleichstrom und zurück in Wechselstrom erreicht im Vergleich dazu einen Zyklenwirkungsgrad von etwa 80–90 %,[1] um Wechselstrom aufzunehmen, zu speichern und wieder als Wechselstrom in das Netz abzugeben. Die Herstellung von Wasserstoff ist für die stoffliche Nutzung in der Industrie und als synthetischer Kraftstoff für den Verkehr durchaus vertretbar, aber für die Strom- und Wärmeerzeugung sollte er infolge der starken Rückkopplung mit dem Stromverbrauch möglichst nicht verwendet werden, denn dafür gibt es bessere Lösungen (Trieb et al. 2023).

Im Gegensatz zum *Energiespeicher* Wasserstoff, der mithilfe externer Energiequellen erst noch aufgeladen werden muss, ist Biomasse von Natur aus selbst eine *Energiequelle.* Um mit HT-Verfahren biogene Brennstoffe herzustellen, wird der natürliche Prozess der Entstehung fossiler Brennstoffe nachgeahmt. Bei der hydrothermalen Carbonisierung (HTC) entsteht aus Biomasse zum Beispiel Biokohle. Der große Vorteil gegenüber der Herstellung von Wasserstoff ist, dass dem HT-Prozess im Prinzip keine Energie mehr

[1] Bei angenommenen Wirkungsgraden der Batterie und des Wechselrichters von jeweils 90–95 %.

F. X. Trieb, *Perspektiven einer Kohlenstoffkreislaufwirtschaft im Energiebereich*,
https://doi.org/10.1007/978-3-658-50551-6_6

zugeführt werden muss, denn diese ist bereits infolge der Photosynthese in der Rohbiomasse enthalten. Es reicht aus, die Rohbiomasse ähnlichen Umgebungsbedingungen auszusetzen, die in der Natur bei der Entstehung fossiler Brennstoffe geherrscht haben: Einschluss der Biomasse in Wasser, hohe Temperatur und ausreichend hoher Druck, bei dem das Wasser noch flüssig bleibt. Der hohe Druck und die hohe Temperatur dienen aber nicht dazu, die Biomasse energetisch aufzuladen, sondern nur dazu, ihre chemische Struktur zu verändern. Die Energie, die dazu notwendig ist, die Prozessparameter Druck und Temperatur entsprechend einzustellen, kann deshalb zumindest teilweise zurückgewonnen werden. Ein Gedankenexperiment soll das erläutern (Abb. 6.1).

Man denke sich einen 250 m langen Doppelrohrwärmetauscher, der wie folgt modifiziert ist: Beide Rohre sind am oberen Ende offen, wobei die Öffnung des inneren Rohres etwas höher als die des äußeren Rohres liegt. Das äußere Rohr ist am unteren Ende verschlossen. Im unteren Teil des inneren Rohrs ist eine elektrische Heizung integriert und es ist unten offen. Dieser Doppelrohrwärmetauscher wird nun senkrecht in den Boden eingelassen. Über das Innenrohr wird der Apparat mit einer Biomasse-Wasser-Mischung kontinuierlich beschickt. Mit einer Pumpe oder durch einen ausreichenden Höhenunterschied zwischen den beiden Rohren am oberen Ende wird der Reibungsverlust der Flüssigkeit im Rohr überwunden. Verstopfungen werden durch eine vorhergehende sorgfältige mechanische Zerkleinerung der Rohbiomasse und gegebenenfalls durch eine zusätzliche Auflösung der Zellstrukturen mithilfe von Ultraschalldesintegration vermieden. In der Natur wird die Desintegration der

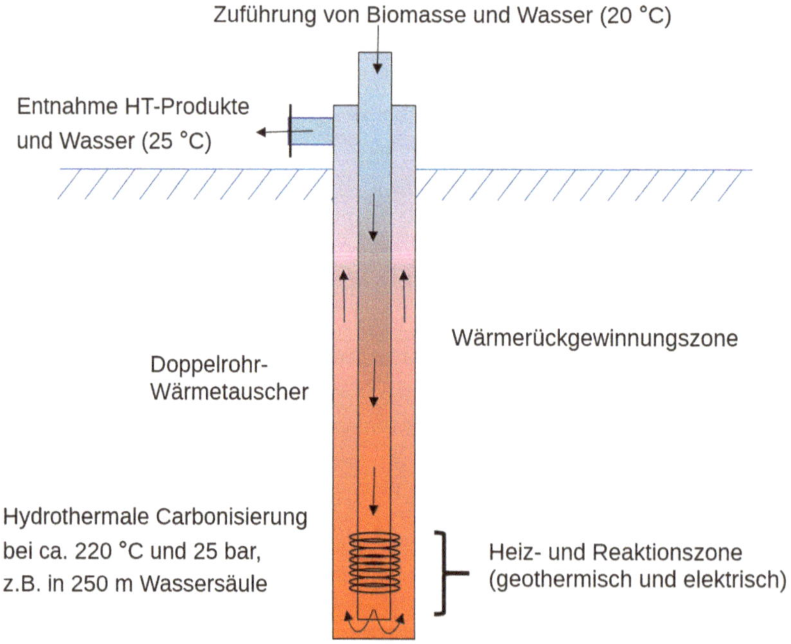

Abb. 6.1 Gedankliche Nachahmung des natürlichen Prozesses der hydrothermalen (HT) Carbonisierung

Zellstrukturen über sehr lange Zeit durch biologische Zersetzungsprozesse und durch den ersten Schritt der HT-Umwandlung, die Hydrolyse, erreicht.

Für die HT-Umwandlung der Biomasse zu Kohle ist eine Temperatur um die 220 °C und ein Druck von etwa 25 bar notwendig. Der notwendige Druck herrscht automatisch am Grund des Doppelrohrs infolge der darüber liegenden Wassersäule von 250 m. Die notwendige Temperatur könnte im Idealfall durch geothermale Randbedingungen (heiße Quellen, heißes Gestein, Vulkanismus, Abwärme aus der Industrie und Ähnliches) bereitgestellt werden. Ist dies nicht der Fall oder reicht die Temperatur der Wärmequellen nicht aus, dann muss entsprechend elektrisch nachgeheizt werden, bis die Umwandlungsbedingungen erfüllt sind.

Die Biomasse-Wasser-Mischung heizt sich im unteren Teil auf die Reaktionstemperatur auf, sodass die Umwandlung zu HT-Kohle dort stattfinden kann. Die HT-Produkte und das Prozesswasser fließen zusammen im äußeren Rohr wieder nach oben, wobei sie sich abkühlen und ihre Wärme an den Zustrom im inneren Rohr abgeben, der sich dadurch im Gegenstrom erhitzt. Im stationären Zustand dieses kontinuierlichen Umwandlungsprozesses muss die Elektroheizung nur noch eventuelle Energieverluste nach außen ausgleichen, die umso geringer sind, je höher die Umgebungstemperatur in der Tiefe entlang des Doppelrohres, je besser die Isolierung im Fall kälterer Umgebung und je besser der Wärmeaustausch zwischen Außen- und Innenrohr ist. Da HT-Prozesse leicht exotherm sind, also Reaktionswärme freisetzen, unterstützen sie die Beibehaltung der notwendigen Prozesstemperaturen. Nach dem Austritt aus dem Wärmetauscher können die HT-Produkte vom Prozesswasser getrennt und zu standardisierten Brennstoffen weiter veredelt werden (Abb. 6.2).

Details zur natürlichen Entstehung fossiler Brennstoffe und zur aktuellen HT-Technologie finden Sie in Kap. 13.

Abb. 6.2 Biomasse vor und nach der hydrothermalen Carbonisierung. Die Ähnlichkeit zu Rohbraunkohle ist im Bild gut zu erkennen. Foto: © Stefan Römerscheid/DBFZ, Quelle: https://www.dbfz.de/projektseiten/hydrothermale-prozesse-htp/anwendungen-produkte/htc-kohle

Literatur

(Trieb et al. 2023) Trieb, F., Jäger, J., Geyer, M., Koll, G., Liu, P., Thermal Storage Power Plants – Key for transition to 100% renewable energy, Journal of Energy Storage (2023) 109275 https://doi.org/10.1016/j.est.2023.109275

7 Import erneuerbarer Energie – Entlastung der heimischen Ressourcen

Inhaltsverzeichnis

Der Import von erneuerbarer Energie kann als elektrischer Strom aus Wind-, Solar- und Wasserkraft sowie in Form von Biobrennstoffen, synthetischen Kraftstoffen und Industriewasserstoff erfolgen. Der Import von Energieträgern dient zur Entlastung und Erweiterung der heimischen Ressourcen.

Strom kann per Hochspannungsgleichstromübertragung (HGÜ) mit geringen Verlusten über große Entfernungen transportiert werden. Je nach Bedarf werden dafür Hochspannungsmasten, Erdkabel und auch Seekabel verwendet. Die Spannungen zwischen Plus- und Minuspol liegen bei ± 400 bis über ± 1000 kV, die Leistungen pro Trasse können mehrere Gigawatt erreichen. Typische Verluste liegen bei 3–4 % pro 1000 km Transferleitung. Diese Technologie wird bereits seit Jahrzehnten auf fast allen Kontinenten angewandt, um erneuerbare Energie von besonders ergiebigen Standorten aus großer Ferne in die Ballungszentren mit hohem Energieverbrauch zu bringen (Abb. 7.1). Brasilien und China übertragen auf diese Weise Strom aus Wasserkraft aus dem bergigen Landesinneren in ihre Küstenstädte, Neuseeland und die Philippinen übertragen Strom aus Geothermie und Wasserkraft von einer Insel zur anderen und Europa nutzt die Technik zum Import von Wind- und Wasserkraft aus der Nordsee und Skandinavien (Alassi et al. 2019). Eine der ältesten HGÜ-Leitungen der Welt überträgt die Energie des aufgestauten Kongoflusses in Zentralafrika zu Kupferbergwerken in 1700 km Entfernung. Die deutsche und europäische Politik spielte um das Jahr 2010 herum mit dem Gedanken, Solarstrom auf diese Weise aus Nordafrika zu importieren, gab diese Idee aber ungeprüft wieder auf (Trieb 2021).

F. X. Trieb, *Perspektiven einer Kohlenstoffkreislaufwirtschaft im Energiebereich*,
https://doi.org/10.1007/978-3-658-50551-6_7

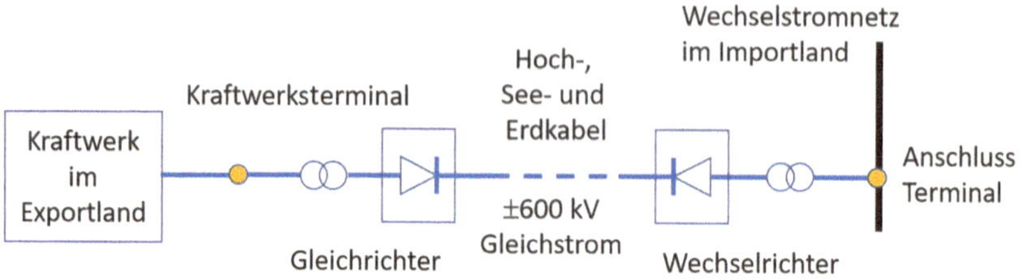

Abb. 7.1 Prinzip des Imports von erneuerbarem Strom via Hochspannungsgleichstromübertragung

Ein Vorteil elektrischer Energieübertragung in einem Kabel gegenüber dem Transport von Brennstoffen wie Kohle oder Erdgas besteht in dem geringen Aufwand für die notwendige Infrastruktur und in den geringen Energieverlusten. Strom ist außerdem die Energieform, die am einfachsten für praktisch alle Zwecke eingesetzt werden kann. Der Nachteil ist, dass Strom im Falle einer Störung schnell ausfällt und auch nicht wie Kohle für solche Fälle auf Vorrat gelagert werden kann. Aus diesem Grunde muss die elektrische Leistung solcher Übertragungskabel grundsätzlich durch heimische Kraftwerkskapazitäten abgesichert sein, die bei Störungen sofort einspringen und die volle Leistung übernehmen können. Dies gilt besonders dann, wenn Strom aus variablen erneuerbaren Energiequellen wie Wind, Sonne und Wasserkraft übertragen wird, die je nach Wetterlage jederzeit ausfallen können. Der erneuerbare Importstrom kann deshalb als effektive Sparmaßnahme für heimische Ressourcen, aber nicht als jederzeit sicher verfügbares und tragendes Element der heimischen Stromversorgung gewertet werden.

Eine Motivation für die Fernübertragung von erneuerbarem Strom kann darin liegen, dass die Energiequellen im Ursprungsland deutlich ergiebiger sind als hierzulande. Das gilt im Fall Deutschlands für Speicherwasserkraftwerke in Norwegen und der Schweiz ebenso wie für Solarkraftwerke in Nordafrika, die pro Quadratkilometer Landfläche nicht nur etwa doppelt so viel, sondern auch über das Jahr hinweg deutlich gleichmäßiger Strom liefern können als hierzulande. Ein weiterer wichtiger Grund für den Bau einer solchen Infrastruktur ist die Schaffung von attraktiven Wirtschaftszonen in den Erzeugerländern. Ein Sonnenkraftwerk in der Sahara liefert nicht nur Energie für den Export, sondern auch Energie für die Region. Es liefert nicht nur Strom, sondern auch Energie für die Meerwasserentsalzung und schafft damit eine solide Basis für Arbeit, Einkommen und Wohlstand in einer Region, deren Bevölkerung wächst und deren landwirtschaftliche Ressourcen aufgrund von Klimaveränderungen schwinden. Aufgrund fehlender Perspektiven wählen Teile dieser Bevölkerung bereits heute die Flucht nach Europa.

Die *Bioenergieressourcen* der Länder dieser Welt sind nicht zwingend genauso verteilt wie deren Energiebedarf. Industrieländer mit starker Wirtschaft müssen Biobrennstoffe gegebenenfalls importieren, Agrarländer können gegebenenfalls vom Export von Biobrennstoffen profitieren, ohne ihre Nahrungsversorgung infrage zu stellen. Die „Tank oder Teller"-Kontroverse muss zufriedenstellend beantwortet werden. Die energetische Nutzung landwirtschaftlicher Reststoffe macht eine „Tank und Teller"-Strategie möglich (Abb. 7.2). Im Fall der Nutzung von Agrarflächen für Energie ist in jedem Fall die Frage

Abb. 7.2 Mähdrescher einer modernen Landwirtschaft – Getreidekorn für den Teller, Stroh und Spreu als potenzielle Rohstoffe und für Energie. Heute noch kontrovers diskutiert, ist die energetische Nutzung von Restbiomasse morgen vielleicht schon Standard. Voraussetzungen dafür sind eine ausgewogene Entnahme der Reststoffe und die Rückführung der Pflanzennährstoffe auf das Feld, was mithilfe von HT-Verfahren möglich wird. Foto: https://www.claas.com/de-de/landmaschinen/maehdrescher/trion-700

zur Nachhaltigkeit und zum Wettbewerb mit Nahrungsmitteln zu stellen und auf Verträglichkeit zu prüfen. Für den Fall, dass Nahrungsmittel aufgrund fehlender Agrarflächen knapp sind, sollte sich die energetische Nutzung von Biomasse auf Reststoffe konzentrieren und weniger durch Energiepflanzen befriedigt werden. Allerdings könnte es sein, dass Hungersnöte und Armut in vielen Fällen andere Ursachen haben als den Mangel an landwirtschaftlich nutzbarer Fläche.[1]

Energie- und Landwirtschaft können in vielen Fällen so integriert werden, dass sie Chancen und Potenziale für beide Sektoren eröffnen. Biobrennstoffe schaffen zusätzliches Einkommen für Landwirte; und Energie – vor allem Sonnenenergie aus Agrar-PV, solarthermischen Kraftwerken (STKW) und WSK – eröffnet die Möglichkeit der Meer- oder Brackwasserentsalzung für die Landwirtschaft in ariden Zonen (Trieb 2021). Agrarflächen, die in den vergangenen Jahrzehnten der Ausbreitung von Wüsten zum Opfer gefallen sind, können durch Bewässerung regeneriert und wiederbelebt oder neu erschlossen werden. Bäume, Sträucher und PV sorgen für Erosionsschutz und Schatten und für einen sparsamen Wasserverbrauch von Feldern (FhG-ISE 2024). Agrar-Forstwirtschaft ermöglicht die inte-

[1] Dies ist eine nicht verifizierte Spekulation des Verfassers, der als Hauptgründe für chronische Nahrungsengpässe den Mangel an Wasser und/oder den Mangel an Frieden und weniger den Mangel an bearbeitbarer Landfläche vermutet. Mangel an Wasser und Mangel an Frieden könnten aber – ebenfalls vermutlich – im Rahmen des hier vorgeschlagenen Transformationspfades gelindert, wenn nicht sogar beseitigt werden (siehe Kap. 12 im zweiten Teil).

grierte Erzeugung von Nahrung zusammen mit energetisch und stofflich nutzbarem Holz und Reststoffen (DeFAF 2024). Auch hier kann die Kombination aus Solarstrom und erneuerbaren Brennstoffen zu einer bedarfsgerechten Energieversorgung führen, die eine wirtschaftliche Entwicklung arider Zonen überhaupt erst möglich macht. Der Begriff „Flächenverbrauch" bekommt eine ganz neue Bedeutung, wenn vormals ökonomisch und ökologisch wertlose oder sogar durch Klimaveränderungen verlorene Landflächen wieder für Nahrung, Energie und als Lebensraum erschlossen werden können.

Erneuerbarer Wasserstoff gilt als wichtiger Rohstoff für den zukünftigen Ersatz fossiler Brennstoffe. So soll er Koks für die Reduktion von Eisenerz in der Stahlindustrie ebenso ersetzen wie Wasserstoff in der Chemieindustrie für die Herstellung von Methanol oder Ammoniak, der bisher aus der Umwandlung von Erdgas stammte (BMWK 2023). Auch hierfür gilt das bereits oben erwähnte Argument, dass Länder mit deutlich höherem und gleichmäßigerem erneuerbarem Energieangebot durchaus als Exportländer für grünen Wasserstoff und synthetische Kraftstoffe infrage kommen, um den Energieverbrauch für deren Herstellung hierzulande zu entlasten.

Details zum Import erneuerbarer Energie sind im Kap. 12 im zweiten Teil dieses Buches zu finden.

Literatur

(Alassi et al. 2019) Alassi, A., Bañales, S., Ellabban, O., Adam, G., MacIver, C., HVDC Transmission: Technology Review, Market Trends and Future Outlook, Elsevier Renewable and Sustainable Energy Reviews, Volume 112, September 2019, Pages 530–554 https://doi.org/10.1016/j.rser.2019.04.062

(BMWK 2023) Bundesministerium für Wirtschaft und Klimaschutz (BMWK), Fortschreibung der Nationalen Wasserstoffstrategie NWS 2023, Berlin 2023 https://www.bmwk.de/Redaktion/DE/Wasserstoff/Dossiers/wasserstoffstrategie.html

(DeFAF 2024) Deutscher Fachverband für Agroforstwirtschaft (DeFAF) e.V., Informations-Website, besucht 19.12.24, https://agroforst-info.de/

(FhG-ISE 2024) Trommsdorff, M., et al., Agri-Photovoltaik: Chance für Landwirtschaft und Energiewende – Ein Leitfaden für Deutschland (2024), Fraunhofer Institut für Solare Energiesysteme (FhG-ISE), https://www.ise.fraunhofer.de/de/veroeffentlichungen/studien/agri-photovoltaik-chance-fuer-landwirtschaft-und-energiewende.html

(Trieb 2021) Trieb, F., DESERTEC: Europe – Middle East – North Africa cooperation for sustainable energy, peer reviewed book chapter in: Climate and Culture: Eckart Ehlers and Katajun Amirpur (Editors), Volume 6, Part 4, Chapter 9, p. 233 (2021), https://brill.com/display/title/57215

8 Energieinfrastrukturen in einer Kohlenstoffkreislaufwirtschaft

Inhaltsverzeichnis

In einer Kohlenstoffkreislaufwirtschaft, in der atmosphärisches Kohlendioxid auf der Basis von Biomasse rezykliert wird, können die Verteilinfrastrukturen für Strom, Kraftstoffe, Methan und Kohle, also Stromnetze, Pipelines und Transport per Schiff, Bahn und Straße, weitgehend beibehalten werden (Abb. 8.1).

Die größten infrastrukturellen Veränderungen finden bei der dezentralen Beschaffung der Biobrennstoffe in Form von HT-Öl, HT-Gas und HT-Kohle statt. Diese werden durch HT-Verfahren in der Nähe größerer agrar- und forstwirtschaftlicher sowie industrieller und kommunaler Zentren mit ausreichender Produktion von biogenen Reststoffen hergestellt und veredelt, bevor sie in die vorhandenen Infrastrukturen zur Energieverteilung eingespeist werden.

HT-Anlagen können dezentral durch land- und forstwirtschaftliche Genossenschaften und auf kommunaler Ebene betrieben werden. Die HT-Produkte einer größeren Region können anschließend von spezialisierten Betrieben gesammelt, zu Biokraftstoffen, Biomethan und Biokohle veredelt und in die entsprechenden Verteilnetze eingespeist werden (GRTgaz 2024). Ähnlich wird auf europäischer Ebene schon heute mit Biomethan aus Biogasanlagen verfahren (BIP 2022).

Klimaneutrales Kohlendioxid, das zum Beispiel in Biogasanlagen oder bei der Herstellung und Verbrennung von HT-Brennstoffen anfällt, kann gesammelt und zusammen mit grünem Wasserstoff zu erneuerbaren Kraftstoffen synthetisiert werden, die den Verkehrssektor dekarbonisieren helfen (Trieb 2017).

F. X. Trieb, *Perspektiven einer Kohlenstoffkreislaufwirtschaft im Energiebereich*, https://doi.org/10.1007/978-3-658-50551-6_8

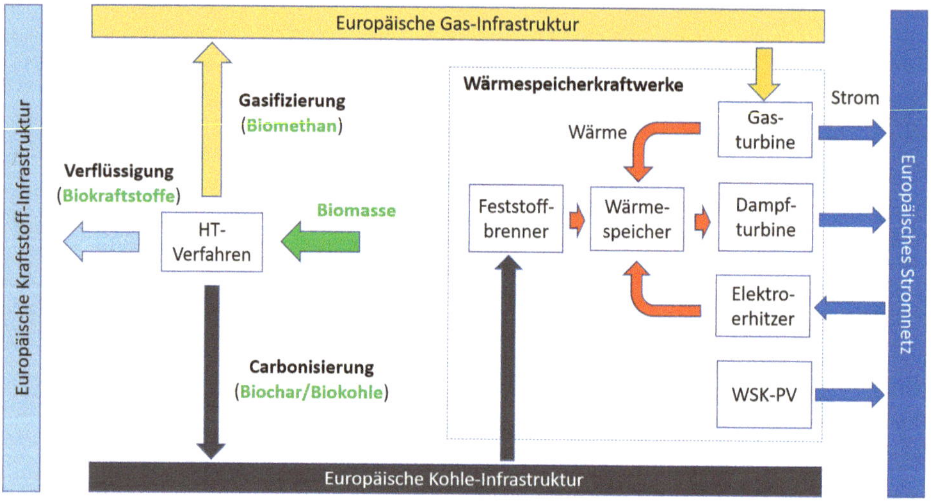

Abb. 8.1 Energieinfrastrukturen in einer europäischen Kohlenstoffkreislaufwirtschaft für Kraftstoffe, Brenngase, Kohlen und Strom. *HT* hydrothermal, *WSK-PV* in Wärmespeicherkraftwerke integrierte Photovoltaik

Im Bereich der Stromversorgung muss dafür gesorgt werden, dass die Residuallast – die Differenz zwischen variabler Erzeugung aus Sonnen-, Wind- und Wasserkraft und der stark zunehmenden Stromlast – jederzeit sicher, flexibel und mit geringstmöglichem Brennstoffverbrauch gedeckt werden kann. WSK können Biomethan und Biokohle extrem effizient und sparsam zur Deckung der Residuallast einsetzen und sind damit eines der Schlüsselelemente einer erfolgreichen Energiewende. Das hier vorgestellte Konzept erlaubt einen fließenden Übergang von der heutigen, überwiegend auf fossilen Brennstoffen basierenden Versorgung hin zu einer CO_2-neutralen Kohlenstoffkreislaufwirtschaft. Mehr Infos dazu gibt es im zweiten Teil des Buchs.

Literatur

(BIP 2022) Biomethane Industrial Partnership, Teaming up to achieve 35 bcm of sustainable biomethane by 2030, Website besucht am 17.05.2023, https://bip-europe.eu/

(GRTgaz 2024) GRTgaz, Hydrothermal Gasification, Internet-Informations-Website besucht am 7.12.24, https://www.grtgaz.com/en/new-gas/hydrothermal-gasification sowie https://www.natrangroupe.com/en/new-gas/hydrothermal-gasification besucht am 12.09.2025.

(Trieb 2017) Trieb, F., Moser, M., Kern, J., Liquid Solar Fuel – Liquid hydrocarbons from solar energy and biomass, Energy 153 (2018), 1-11, https://doi.org/10.1016/j.energy.2018.04.027

Zusammenfassung des ersten Teils 9

Inhaltsverzeichnis

Eine Kohlenstoffkreislaufwirtschaft basiert auf dem konsequenten technischen und natürlichen Recycling von atmosphärischem Kohlendioxid und löst damit den Abbau fossiler Brennstoffe zur energetischen Verwertung ab. Der in diesem Buch vorgestellte Transformationspfad zeigt, wie fossile Brennstoffe in einer Kohlenstoffkreislaufwirtschaft vollständig ersetzt werden können.

Biomasse ist der zweitbeste Energiespeicher für Sonnenenergie und eine nachhaltige Energiequelle. Nur fossile Brennstoffe sind noch leistungsfähigere Solarenergiespeicher, aber die mit ihrer Nutzung einhergehende Anreicherung von Kohlendioxid führt zu einer Destabilisierung der Erdatmosphäre. Insofern ist der Gedanke konsequent, Biomasse durch HT-Verfahren in klimaneutrale Brennstoffe umzuwandeln, die fossile Brennstoffe direkt ersetzen können, ohne zusätzliches Kohlendioxid in die Atmosphäre zu bringen. HT-Öl, HT-Gas und HT-Kohle können in die vorhandenen Strukturen ihrer fossilen Vorgänger integriert werden. Das erfordert keinen radikalen Umbau der Energiewirtschaft, sondern lediglich eine intelligente Anpassung an neue Beschaffungsstrukturen für die biogenen Energierohstoffe.

Die in Deutschland und Europa verfügbaren Bioenergiepotenziale reichen unter den folgenden Voraussetzungen aus, um den Brennstoffbedarf langfristig in allen Sektoren CO_2-neutral zu decken:

F. X. Trieb, *Perspektiven einer Kohlenstoffkreislaufwirtschaft im Energiebereich*, https://doi.org/10.1007/978-3-658-50551-6_9

- Entlastung des Brennstoffverbrauchs durch einen starken Ausbau des Stromanteils im Wärme- und Verkehrssektor mithilfe von Wärmepumpen, Elektroheizungen und Elektromobilität.
- Verstärkter Ausbau von VRE wie der Wind-, Solar- und Wasserkraft in Kombination mit flexibel einsetzbaren WSK und Bioenergie zur zuverlässigen Deckung des wachsenden Strombedarfs.
- Markteinführung und Ausbau von HT-Verfahren zur effizienten Umwandlung biogener Reststoffe in hochwertige Brennstoffe wie HT-Öl, HT-Gas und HT-Kohle.
- Zusammenarbeit mit Ländern mit leistungsfähigen und kostengünstigen erneuerbaren Energieressourcen für den Import von Biobrennstoffen, erneuerbarem Strom und Industriewasserstoff.
- Wasserstoff wird vorrangig als Rohstoff für die Grundstoffindustrie und für synthetische Kraftstoffe und nur in seltenen Ausnahmefällen zur Strom- und Wärmeerzeugung eingesetzt, da seine Herstellung mit einem sehr hohen Stromverbrauch einhergeht und zu einer Rückkopplung im Energiebedarf führt.

Die HT-Veredelung biogener Reststoffe ist ein wichtiger Bestandteil der hier vorgestellten Strategie. Biomasse enthält Kaliumsalze, Phosphor, Schwefel und andere Substanzen, die sich negativ auf die Verbrennung und damit auf die energetische Nutzung auswirken. Verschlackung und Korrosion und aus diesem Grund begrenzte Verbrennungstemperaturen führen zu deutlichen Abstrichen im Wirkungsgrad von Kraftwerken, die Biomasse wie Holz oder Stroh direkt als Brennstoffe einsetzen. Bei der vorhergehenden HT-Umwandlung können den fossilen Brennstoffen ähnliche Endprodukte produziert werden, die diese Probleme nicht aufweisen. Nährstoffe werden mit dem Wasser von den HT-Produkten getrennt und können auf die Felder zurückgeführt werden. Auf diese Weise können größere Biomassepotenziale erschlossen und energetisch effizienter genutzt werden als bisher.

Der effizienten und umweltgerechten Nutzung von Agrarflächen kommt in einem Land mit sehr hohem Energiebedarf wie Deutschland eine besondere Bedeutung zu. Innovative, integrale Formen der Landwirtschaft wie die Agrar-Forstwirtschaft, die Agrar-PV und die Nutzung ökologisch wertvoller Energiepflanzen können im Zusammenspiel mit nachhaltiger Bodenpflege die verfügbaren Biomassepotenziale erweitern, Treibhausgasemissionen der Landwirtschaft mindern und den ökologischen Wert der Agrarflächen verbessern.

Die Tatsache, dass das vergleichsweise ungünstige Verhältnis von Energiebedarf zu Bioenergiepotenzialen in Deutschland für eine Kohlenstoffkreislaufwirtschaft ausreicht, deutet darauf hin, dass das Konzept mit entsprechenden Anpassungen auch in anderen Ländern Europas und der Welt angewandt werden kann. Natürlich muss das im Einzelfall geprüft und verifiziert werden.

Die energiepolitischen Strategien (BMWK 2023; BMEL 2022) im Zusammenhang mit der Energiewende stimmen zum Teil mit den oben genannten Punkten überein, können aber vor allem im Bereich der Bioenergie- und der Wasserstoffnutzung mithilfe des vorliegenden Konzeptes konkretisiert und feinjustiert werden. Mängel der bisherigen Energiepolitik (Bundesrechnungshof 2024) lassen sich damit wirkungsvoll korrigieren.

Literatur

(BMEL 2022) Bundesministerium für Ernährung und Landwirtschaft (BMEL), Die Nationale Biomassestrategie, Berlin 2022, Website besucht am 30.08.2024, https://www.bmleh.de/SharedDocs/Downloads/DE/_Landwirtschaft/Nachwachsende-Rohstoffe/eckpunkte-nationale-biomassestrategie-nabis.html

(BMWK 2023) Bundesministerium für Wirtschaft und Klimaschutz (BMWK), Fortschreibung der Nationalen Wasserstoffstrategie NWS 2023, Berlin 2023 https://www.bmwk.de/Redaktion/DE/Wasserstoff/Dossiers/wasserstoffstrategie.html

(Bundesrechnungshof 2024) Großer Senat des Bundesrechnungshofs, Bericht §99 BHO zur Umsetzung der Energiewende im Hinblick auf die Versorgungssicherheit, Bezahlbarkeit und Umweltverträglichkeit der Stromversorgung, Berlin, 7.März 2024, https://www.bundesrechnungshof.de/SharedDocs/Downloads/DE/Berichte/2024/energiewende-volltext.pdf?__blob=publicationFile&v=4

Teil II

Details einer Kohlenstoffkreislaufwirtschaft

Der zweite Teil des Buches beschreibt im Detail und auf der Basis der bisher bekannten wissenschaftlichen Grundlagen einen möglichen Pfad und die erforderlichen Veränderungen, um die Perspektive einer CO_2-neutralen Kohlenstoffkreislaufwirtschaft im Energiebereich Realität werden zu lassen.

Szenarioanalyse: ein Transformationspfad der Energieversorgung 10

Inhaltsverzeichnis

Die in diesem Buch vorgestellte Szenarioanalyse wurde mit einem Simulationsmodell durchgeführt, das die stündliche Bilanz aus Energieangebot und -nachfrage eines Stromversorgungssystems für ausgewählte Modelljahre abbildet (Trieb et al. 2023). Das Modell nimmt vereinfachend an, dass Stromproduktion und Stromlast aller Kraftwerke in einem Punkt bilanziert werden, wobei die unterschiedlichen Kraftwerkskategorien (Kohlekraftwerke, PV-Kraftwerke usw.) wie ein einzelnes durchschnittliches Kraftwerk des jeweiligen Typs abgebildet werden. Die Reihenfolge (Merit Order), in der die Leistung der Kraftwerke abgerufen wird, beginnt mit den VRE und endet mit den thermischen Kraftwerken mit dem teuersten fossilen Brennstoff. Biobrennstoffe werden im Modell auch dann vorrangig eingesetzt, wenn sie teurer als fossile Brennstoffe sind (Trieb und Thess 2020). Auf diese Weise wird das Ziel einer CO_2-neutralen Energieversorgung im Modell konsequent verfolgt.

Für die vom Nutzer eingestellte installierte Leistung der jeweiligen Systemkomponenten und der Stromlast liefert das Programm eine unmittelbare Rückmeldung über die in diesem Fall zu erwartenden Auswirkungen auf der Basis einer Vielzahl von Indikatoren, zum Beispiel dem CO_2-Ausstoß, der Höhe und Dauer potenzieller Stromausfälle, der zu er-

F. X. Trieb, *Perspektiven einer Kohlenstoffkreislaufwirtschaft im Energiebereich*, https://doi.org/10.1007/978-3-658-50551-6_10

wartenden Stromkosten und dem Verbrauch fossiler und erneuerbarer Brennstoffe in einem definierten Modelljahr. Eine MIB jedes Szenarios erlaubt es dem Nutzer zu entscheiden, ob er mit dem Ergebnis im Sinne seiner Zielfunktion zufrieden ist oder ob er eine weitere Iteration der zu verwendenden Komponenten durchführen möchte, um das Ergebnis zu verbessern.

Bei diesem Vorgang handelt es sich nicht um eine – im Bereich der Szenarioanalyse weitverbreitete – Optimierung,[1] sondern um eine Simulation und iterative Suche nach Kompromissen, um ein vorgegebenes Ziel im Rahmen einer Modellanalyse kalkulatorisch zu erreichen. Dieses Ziel kann zum Beispiel – so wie hier – eine CO_2-neutrale Energieversorgung sein, zu deren Erreichen typischerweise Kompromisse im Bereich der Kosten, des Landflächenverbrauchs für Wind- und Solaranlagen und der Abregelung von Stromüberschüssen aus VRE eingegangen werden müssen. Keine Kompromisse sind bei unzureichender Versorgungssicherheit (Stromausfälle) und bei der Übernutzung natürlicher Ressourcen (Überschreiten von Potenzialgrenzen) erlaubt.

Die Modellparameter zur Beschreibung der Systemkomponenten umfassen Informationen wie Wirkungsgrade, spezifische Kosten, spezifischen Flächenverbrauch und spezifische Emissionen. Diese Parameter werden nach dem aktuellen Stand der Technik so eingestellt, dass möglichst realitätsnahe Ergebnisse erzielt werden (s. Modellparameter im Anhang). Ein Referenzjahr, in diesem Fall das Jahr 2020, dient dazu, die Ergebnisse mit historischen Daten abzugleichen, um ihre Belastbarkeit zu prüfen und die Modellannahmen zu kalibrieren. Modellergebnisse sind in Abb. 3.3 und in Tab. 10.1 dargestellt.

Die Systemkosten der Stromversorgung in Tab. 10.1 (Zeile 12) steigen in etwa proportional zum Stromverbrauch (Zeile 11), während die mittleren Stromgestehungskosten pro Kilowattstunde (Zeilen 13 und 14) langfristig unter den Ausgangswert des Jahres 2020 fallen. Das hier vorgestellte Szenario ist damit eine vergleichsweise kostengünstige Option zur Gestaltung der Energiewende.

Der Flächenbedarf erneuerbarer Energiequellen wie der Windkraft, der PV und der Energiepflanzen (Zeilen 6–9) steigt im Modell von 10 auf knapp 12 % der Fläche der Bundesrepublik Deutschland.[2] Der Einsatz von Energiepflanzen (Zeile 23) und deren Flächenverbrauch (Zeile 9) wird gegenüber dem Jahr 2020 nicht ausgeweitet, da bei der Bioenergie mithilfe der HT-Verfahren zunehmend auf Reststoffe zurückgegriffen wird (Zeile 24). Zusätzlicher Flächenbedarf entsteht außerhalb der Landfläche Deutschlands durch Offshore-Windparks sowie durch den Import von Speicherwasserkraft aus Skandinavien und von Solarstrom aus dem Mittelmeerraum (Zeile 10). Insgesamt steigt der Flächen-

---

[1] Der Autor ist der Meinung, dass sich die Zukunft aufgrund zu vieler unbekannter Randbedingungen nicht einfach so wie eine Maschine optimieren lässt. Bestenfalls können denkbare Möglichkeiten der Zukunft durch Simulationsverfahren grob modelliert werden (zur Diskussion „Simulation versus Optimierung" siehe auch Lund et al. (2017)).

[2] Zum Vergleich: Gesamtfläche der Bundesrepublik: 357.592 km^2, Verkehrsflächen nehmen 2020 etwa 5 % ein.

Tab. 10.1 Entwicklung ausgewählter Szenarioindikatoren zwischen den Modelljahren 2020 und 2070. Treibhausgasemissionen, Brennstoffbedarf, Importe und Landflächenbedarf beziehen sich auf alle Sektoren. Landflächen für Energie enthalten unter anderem den Flächenbedarf für Photovoltaik (PV), Windkraft und Energiepflanzen. Die Landnutzung für Stromimporte enthält die Flächen für Offshore-Windparks, Wasserkraftimporte aus Skandinavien und solarthermische Kraftwerke in Nordafrika sowie deren Übertragungsleitungen. Systemkosten, Netzausbau, Abregelung und Spitzenlast beziehen sich auf den Stromsektor

	A	B	C	D	E	F	G	H
1	**Szenarioindikatoren/Modelljahr**		**2020**	**2030**	**2040**	**2050**	**2060**	**2070**
2	Treibhausgasemissionen (CO_2-Äquivalente)	Mio. t/a	608	483	325	209	104	0
3	… davon Stromsektor	Mio. t/a	200	114	44	16	7	0
4	… davon Wärmesektor	Mio. t/a	263	238	193	135	65	0
5	… davon Verkehrssektor	Mio. t/a	146	131	88	59	32	0
6	Landflächen für erneuerbare Energie	1000 km^2	34,8	33,9	36,5	38,1	40,4	41,8
7	… davon Windenergie	1000 km^2	4,2	5,9	9,5	10,8	12,8	14,3
8	… davon Photovoltaik	1000 km^2	0,8	2,1	2,9	3,9	4,5	5,0
9	… davon Energiepflanzen	1000 km^2	22,3	21,9	21,3	21,3	21,1	20,6
10	Flächen für Stromimporte und Offshore-Wind	1000 km^2	1,0	2,0	5,1	7,2	9,6	11,4
11	Stromverbrauch	TWh/a	529	575	708	819	963	1085
12	Systemkosten Erzeugung, Speicher und Netz	Mrd. €/a	88	105	118	135	155	173
13	Stromgestehungskosten	€/MWh	125	117	102	102	103	104
14	Stromgestehungskosten zzgl. Netzkosten	€/MWh	167	183	167	165	161	159
15	Installierte Leistung (Kraftwerke und Speicher)	GW	245	355	481	605	712	788
16	Abregelung	TWh/a	7,8	8,3	8,8	10,6	12,9	13,8
17	Energieimporte (Strom, Brennstoffe, H_2)	TWh/a	2452	1936	1199	618	400	446
18	Netzausbau	TW•km	66	85	100	114	128	142
19	Biobrennstoffe	TWh_{th}/a	340	373	425	511	564	630
20	… davon Biomethan	TWh_{th}/a	96	99	109	128	158	196
21	… davon Biokraftstoffe	TWh_{th}/a	39	42	52	60	61	63
22	… davon feste Biobrennstoffe	TWh_{th}/a	205	233	264	323	345	372
23	… davon Energiepflanzen	TWh_{th}/a	98	99	99	99	100	100
24	… davon biogene Reststoffe und Holz	TWh_{th}/a	241	274	326	412	463	530
25	Synthetische Kraftstoffe	TWh_{th}/a	0	2	17	51	91	150
26	Industriewasserstoff	TWh_{th}/a	0	2	42	81	121	160
27	Fossile Brennstoffe	TWh_{th}/a	2183	1834	1268	819	407	0
28	Spitzenlast netto	GW	82	90	114	137	167	192
29	Nettoengpassleistung inkl. Reserve	GW	129	130	144	180	208	226
30	Verfügbare Reservekraftwerke	GW	6,6	17,0	19,0	25,0	30,0	30,0
31	… davon benötigte Reserveleistung	GW	0,0	0,0	0,0	0,0	0,0	0,0

bedarf bis 2070 von 36.000 auf 53.000 km^2 (Zeile 6 + 10). Andererseits entfällt der (hier nicht ermittelte) Flächenbedarf für Förderung, Transport und Verarbeitung importierter fossiler Brennstoffe im In- und Ausland (siehe dazu Fthenakis und Kim 2009).

Synthetische Kraftstoffe und Industriewasserstoff aus Import und eigener Produktion steigen bis 2070 auf ein Volumen von 150 TWh_{th}/a (Zeile 25) und 160 TWh_{th}/a (Zeile 26). Die Beschaffung ausreichender Mengen an Bioenergieressourcen stellt eine Herausforderung dar. Der Einsatz von Biomethan (Zeile 20) verdoppelt sich, der von Biokraftstoffen steigt um 50 % (Zeile 21) und der Verbrauch fester Biobrennstoffe nimmt um etwa 80 % zu (Zeile 22). Hier müssen Kompromisse zwischen der Verwendung von Energiepflanzen und der Verfügbarkeit biogener Reststoffe gefunden werden. Insbesondere muss die Nutzbarkeit vorhandener biogener Reststoffe durch innovative Verfahren wie durch HT-Umwandlung verbessert werden, um den Bedarf an Energiepflanzen möglichst konstant zu halten. Natürlich können auch Importe (im Jahr 2020 waren es 18 TWh_{th}/a) zur Deckung des Biobrennstoffbedarfs beitragen.

Die Sicherheit der Stromversorgung wird grundsätzlich eingehalten, da die verfügbare Nettoengpassleistung aller flexiblen, jederzeit abrufbaren Kraftwerke (Zeile 29) immer über der maximalen Spitzenlast liegt, die mindestens einmal im Jahr auftritt (Zeile 28). Die Verfügbarkeit aller thermischen Kraftwerke, in der Ausfälle, Wartungszeiten und Generalüberholungen berücksichtigt sind, wurde im Modell pauschal mit 95 % angenommen. Da Angebot und Nachfrage im Stundentakt bilanziert werden und die verwendeten stündlichen Zeitreihen nur grob die unvorhersehbaren Zeitreihen des Solar- und Windenergieangebots in der Zukunft abbilden können, wurde zusätzlich eine nennenswerte Leistung an Reservekapazität in Form „eingemotteter" älterer Kraftwerke vorgesehen (Zeile 30), die im Bedarfsfall rechtzeitig aktiviert werden müssten. Im Modell, das auf historischen Zeitreihen von Stromangebot und -nachfrage basiert, werden sie allerdings in keiner Stunde des Jahres tatsächlich gebraucht (Zeile 31).

Im Modelljahr 2070 werden fossile Brennstoffe erstmals vollständig durch erneuerbaren Strom und erneuerbare Brennstoffe abgelöst (Zeile 27). Entsprechend sinken die Treibhausgasemissionen aller Sektoren von über 600 Mio. t im Jahr 2020 auf null im Jahr 2070 (Zeilen 2–5).

Die Abhängigkeit von Energieimporten (Zeile 17) nimmt stark ab und erreicht 2070 nur noch rund 20 % des Wertes von 2020. Importe von Uran und fossilen Brennstoffen werden durch Stromimporte aus erneuerbaren Quellen, Biobrennstoffimporte und den Import von grünem Wasserstoff für Industrie und synthetische Kraftstoffe ersetzt. Damit bleiben große Spielräume gegenüber der bisherigen Importabhängigkeit Deutschlands, die eine ständige Balance zwischen Eigenproduktion und Import erneuerbarer Energie erlauben. Transport- und Verteilnetz des Stromsektors werden stark erweitert, um die Durchlässigkeit innerhalb des Landes und zu den Nachbarn hin zu verbessern (Zeile 18). Dadurch entstehen zusätzliche Kosten, die sich auch in den Stromgestehungskosten widerspiegeln. Der Anteil der Netzkosten an den Stromkosten steigt dabei von 34 % im Modelljahr 2020 auf 53 % im Jahr 2070 (vgl. Zeilen 13 und 14).

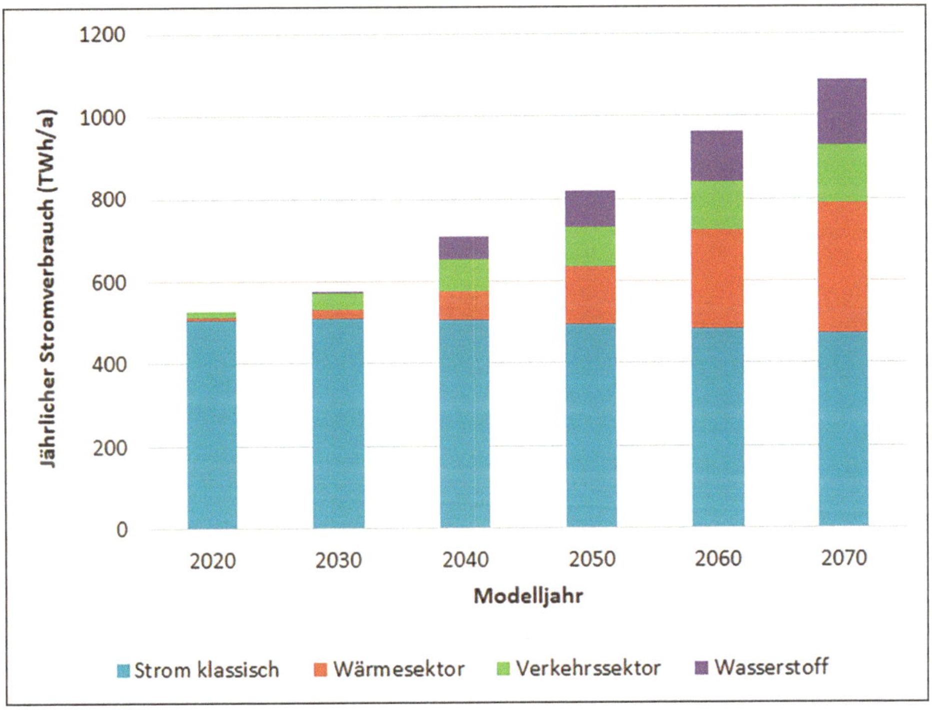

Abb. 10.1 Jährlicher Stromverbrauch in allen Sektoren der Kohlenstoffkreislaufwirtschaft

Der hier beschriebene Transformationspfad ist das Ergebnis einer iterativen Suche nach Kompromissen zwischen den angegebenen Indikatoren (insbesondere Flächenverbrauch, Kosten und Abregelung). Die Iteration hat das Ziel, die Treibhausgasemissionen im Energiebereich sozial- und umweltverträglich auf null zu reduzieren und dabei die Grenzen der technischen und wirtschaftlichen Machbarkeit einzuhalten sowie die Versorgungssicherheit jederzeit zu gewährleisten. Eine grundlegende Strategie hinter dem hier vorgestellten Szenario ist der konsequente Einsatz von Strom als Energieträger in allen Sektoren der Energiewirtschaft, zum Beispiel durch den Ausbau von Elektromobilität, Elektroheizungen und Wärmepumpen (Abb. 10.1).

Eine erhöhte Nutzung von Strom als Energieträger in allen Sektoren lässt einen verstärkten Ausbau der variablen erneuerbaren Energiequellen Wind und Sonne zu, reduziert den Brennstoffverbrauch und ermöglicht neue Maßnahmen des Lastmanagements, zum Beispiel die Anpassung der Wasserstoffproduktion an das aktuelle Angebot erneuerbarer Energie im Stromnetz.

Unter dem Begriff „Power-to-X" (PtX) gibt es eine große Anzahl von Optionen, um Strom in allen Sektoren der Energiewirtschaft zum Einsatz zu bringen (Götz et al. 2016; PtX 2023; Dahiru et al. 2022). Die Ausweitung des Stromverbrauchs in allen Sektoren führt dazu, dass immer weniger fossile Brennstoffe gebraucht werden und dass erneuerbare Brennstoffe immer größere Anteile an der Versorgung einnehmen können. Die Men-

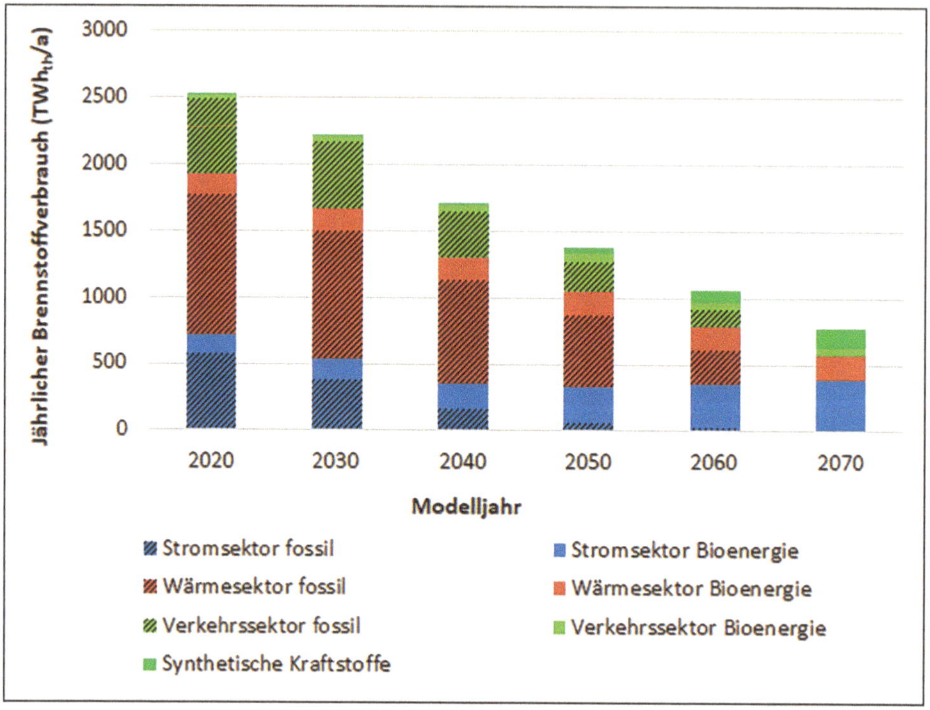

Abb. 10.2 Jährlicher Brennstoffverbrauch in allen Sektoren der Kohlenstoffkreislaufwirtschaft. Aufgrund des zunehmenden Stromanteils in allen Sektoren nimmt der Brennstoffverbrauch langfristig so weit ab, dass er zu 100 % durch Biobrennstoffe und synthetische erneuerbare Kraftstoffe gedeckt werden kann. Durch den zunehmenden Einsatz von variablen regenerativen Energiequellen (VRE) sinkt der Brennstoffverbrauch auch im wachsenden Stromsektor, aber nicht so deutlich wie in den anderen Sektoren

gen, die gebraucht werden, um den gesamten verbleibenden Brennstoffverbrauch in allen Sektoren zu decken, nähern sich dabei Schritt für Schritt immer mehr den verfügbaren Bioenergiepotenzialen an (Abb. 10.2).

Eine Strategie, wie sie hier beschrieben wird, kann nur dann funktionieren, wenn der Brennstoffverbrauch auch in dem stark wachsenden Stromsektor nicht übermäßig ansteigt. Dies wird größtenteils durch den Ausbau von Windkraftanlagen, PV und Wasserkraft erreicht, die durch Stromimporte aus STKW in Nordafrika und durch Wasserkraft aus Skandinavien ergänzt und entlastet werden (Tab. 10.2). Diese Kraftwerke sind allerdings nur begrenzt flexibel und können ihre Leistung nur in engen Grenzen verändern oder müssen sogar abgeschaltet werden, wenn der aktuelle Strombedarf geringer als das Angebot ist. Sichere Leistung liefern sie wegen ihrer variablen Primärenergiequellen – Wind, Wasser und Sonne – nicht. Eine Ausnahme stellt die Geothermie dar, die zwar sichere, aber relativ unflexible Leistung liefert.

Aus diesem Grund werden im Modell hochflexible WSK eingeführt, die die verbleibenden, sehr unregelmäßigen Versorgungslücken – die sogenannte Residuallast – zu-

Tab. 10.2 Installierte Leistung und Stromerzeugung aller Systemkomponenten sowie Kapazitäten für den Stromaustausch mit den europäischen Nachbarstaaten. Netztransferleistung und -energie (Zeilen 31, 32, 64 und 65) sowie Stromspeicher (Zeilen 28, 29, 61 und 62) können mit den Angaben von entso-e (2021) für die Bundesrepublik verglichen werden. Die notwendigen zu installierenden Leistungen für Windkraft und Photovoltaik (PV) sind deutlich geringer als die aktuell diskutierter Langfristszenarien. (Vergl. BMWK 2024)

	A	B	C	D	E	F	G
1	**Modelljahr**	**2020**	**2030**	**2040**	**2050**	**2060**	**2070**
2	**Leistung erneuerbar (GW)**						
3	Photovoltaik	54,4	105,0	125,0	140,0	159,0	175,0
4	Wind onshore	54,3	76,0	120,0	135,0	158,0	175,0
5	Wind offshore	7,9	11,0	16,0	21,0	25,0	29,5
6	Laufwasserkraft	5,5	5,6	5,6	5,8	5,9	6,0
7	Holz, Müll	2,6	2,0	1,7	0,5	0,0	0,0
8	Energiepflanzen, Biogas	7,2	4,5	0,0	0,0	0,0	0,0
9	Geothermie	0,0	0,5	1,5	2,5	3,0	3,5
10	Import Wasserkraft	0,0	1,0	2,5	3,5	4,0	4,5
11	Import Solarstrom	0,0	0,0	9,0	15,0	24,0	29,5
12	**Leistung Wärmespeicherkraftwerke (GW)**						
13	WSK-PV	0,0	35,0	70,0	117,5	140,0	157,5
14	WSK-Dampfturbinen	0,0	7,0	14,0	23,5	28,0	31,5
15	WSK-Gasturbinen	0,0	17,5	35,0	58,8	70,0	78,8
16	WSK-Elektroerhitzer	0,0	23,1	46,2	77,6	98,0	94,5
17	WSK-Wärmespeicherkapazität (GWh_{th})	0,0	194,6	389,3	653,4	778,5	875,9
18	**Leistung Fossil (GW)**						
19	Kohlekraftwerke	23,8	7,5	0,0	0,0	0,0	0,0
20	GuD Erdgas	31,7	37,5	11,5	0,0	0,0	0,0
21	Ölkraftwerke	4,8	2,5	0,0	0,0	0,0	0,0
22	Kernkraft	8,1	0,0	0,0	0,0	0,0	0,0
23	Braunkohlekraftwerke	20,7	2,5	0,0	0,0	0,0	0,0
24	Andere konventionell	4,6	2,5	0,0	0,0	0,0	0,0
25	Back-up-Gasturbinen	0,0	2,5	28,0	32,0	35,0	35,0
26	Reservekraftwerke	6,6	17,0	19,0	25,0	30,0	30,0
27	**Leistung Speicher (GW)**	12,4	17,9	21,9	24,9	29,9	31,9
28	Pumpspeicher	9,8	9,9	9,9	9,9	9,9	9,9
29	Batteriespeicher	2,6	8,0	12,0	15,0	20,0	22,0
30	**Netztransferkapazität (GW)**						
31	Netzimport	23,3	30,0	35,0	40,0	45,0	50,0
32	Netzexport	23,3	30,0	35,0	40,0	45,0	50,0
33	**Stromerzeugung erneuerbar (TWh/a)**						
34	Photovoltaik	48,9	96,2	116,8	133,3	154,2	172,9
35	Wind onshore	104,4	148,7	237,4	270,0	319,4	357,6
36	Wind offshore	27,5	38,4	55,9	73,4	87,4	103,1
37	Laufwasserkraft	18,8	19,4	19,4	20,0	20,3	20,5
38	Holz, Müll	15,6	13,3	11,0	3,1	0,0	0,0

(Fortsetzung)

Tab. 10.2 (Fortsetzung)

	A	B	C	D	E	F	G
39	Energiepflanzen, Biogas	32,9	21,2	0,0	0,0	0,0	0,0
40	Geothermie	0,2	3,2	9,4	14,8	17,3	20,0
41	Import Wasserkraft	0,0	4,4	10,1	11,5	11,8	12,9
42	Import Solarstrom	0,0	0,0	38,0	63,0	97,5	117,4
43	**Stromerzeugung WSK (TWh/a)**						
44	WSK-PV	0,0	32,1	65,4	111,9	135,8	155,6
45	WSK-Elektroerhitzer	0,0	17,1	30,1	53,6	67,6	77,8
46	WSK-PV direkt	0,0	9,9	26,1	41,7	48,9	54,9
47	WSK-Gasturbinen	0,0	42,1	57,9	46,6	45,4	47,9
48	WSK-Wärmerückgewinnung	0,0	21,3	33,1	29,7	29,1	30,6
49	WSK-Brenner	0,0	7,7	26,6	61,9	77,5	92,1
50	WSK-Speicher	0,0	6,7	11,9	21,4	27,1	31,2
51	**Stromerzeugung Fossil (TWh/a)**						
52	Kohlekraftwerke	41,8	15,4	0,0	0,0	0,0	0,0
53	GuD Erdgas	95,0	88,8	25,5	0,0	0,0	0,0
54	Ölkraftwerke	4,8	2,8	0,0	0,0	0,0	0,0
55	Kernkraft	64,1	0,0	0,0	0,0	0,0	0,0
56	Braunkohlekraftwerke	89,8	13,2	0,0	0,0	0,0	0,0
57	Andere konventionell	18,2	7,7	0,0	0,0	0,0	0,0
58	Back-up-Gasturbinen	0,0	0,0	0,8	0,1	0,0	0,0
59	Reservekraftwerke	0,0	0,0	0,0	0,0	0,0	0,0
60	**Stromlieferung Speicher (TWh/a)**						
61	Pumpspeicher	9,9	11,7	10,7	10,5	10,8	10,9
62	Batteriespeicher	0,6	3,2	5,7	8,4	11,4	12,8
63	**Stromtransport Netz (TWh/a)**						
64	Netzimport	47,3	64,8	67,7	61,8	61,3	61,7
65	Netzexport	69,5	43,7	36,5	36,0	37,1	42,4

WSK, Wärmespeicherkraftwerk; *GuD*, kombiniertes Gas- und Dampfturbinenkraftwerk

verlässig und darüber hinaus mit erneuerbarer Energie schließen können. Ab 2030 werden im Modell konventionelle Biomassekraftwerke und konventionelle Gas- und Dampfturbinenkraftwerke zu WSK umgebaut und durch neue WSK und Back-up-Gasturbinen ergänzt, um die Flexibilität des thermischen Kraftwerksparks deutlich zu verbessern. Darüber hinaus sparen WSK mithilfe ihrer integrierten PV-Anlagen auch bei der Deckung der Residuallast zusätzlich große Mengen Brennstoff ein.

Die notwendige Kraftwerks- und Speicherleistung (Abb. 10.3) und die damit verbundene Stromerzeugung (Abb. 10.4) machen die gewaltigen Herausforderungen deutlich, die mit dem hier vorgestellten Ausbaupfad einhergehen. Die installierte Kraftwerks- und Speicherleistung muss verdreifacht werden und die benötigte Elektrizitätsmenge beträgt das Doppelte des heutigen Stromaufkommens.

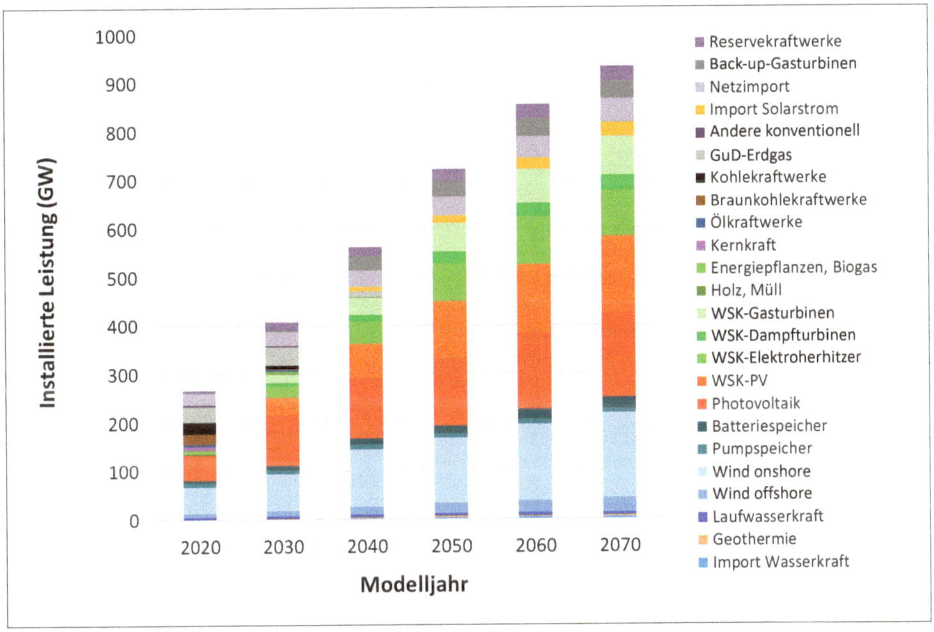

Abb. 10.3 Installierte Leistung aller Kraftwerke, Energiespeicher und Importkapazitäten im Modellszenario. *GuD* kombiniertes Gas- und Dampfturbinenkraftwerk, *WSK* Wärmespeicherkraftwerk, *PV* Photovoltaik

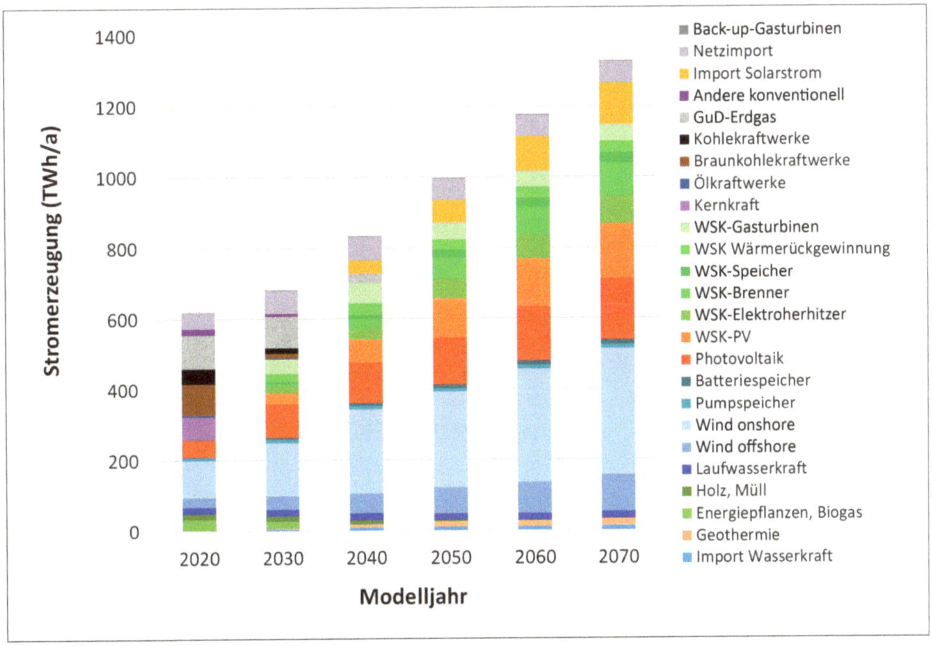

Abb. 10.4 Struktur und Wandel der Stromerzeugung und Importe im Modellszenario

Die im Modell ab 2040 eingesetzten zusätzlichen Back-up-Gasturbinen (Tab. 10.2, Zeilen 25 und 58) sind nur eine von mehreren denkbaren Lösungen zur Abdeckung seltener extremer Lastspitzen. Sie stehen hier technisch und wirtschaftlich stellvertretend für eine ganze Reihe von Maßnahmen, die für diesen Zweck eingesetzt werden können, zum Beispiel Notstromaggregate mit Batteriespeichern, Lastmanagement oder Zwangsabschaltungen, um nur einige zu nennen. Welche dieser Maßnahmen tatsächlich zum Einsatz kommen, hängt von zukünftigen Entscheidungen der Energiewirtschaft und -politik ab und soll hier nicht diskutiert werden.

Theoretisch könnten die zusätzlichen Back-up-Gasturbinen auch Teil der WSK werden. Grundsätzlich muss aber gesagt werden, dass sie mit nur wenigen Volllaststunden pro Jahr für sich allein gesehen keinesfalls wirtschaftlich arbeiten können, sondern lediglich dazu dienen, während hoher Lastspitzen potenziell eintretende Stromausfälle zu vermeiden, die allerdings noch teurer werden könnten. Da diese Gasturbinen aber im Systembetrieb wenig kosten und wegen ihrer geringen Auslastung kaum Brennstoff verbrauchen, fallen ihre hohen spezifischen Stromgestehungskosten im Gesamtsystem kaum ins Gewicht (dazu mehr weiter hinten in Tab. 16.1). Im Prinzip können diese Kosten im Modell pauschal als eine Art Versicherungsprämie gegen Stromausfälle betrachtet werden.

Das „European Network of Transmission System Operators for Electricity (entso-e)“ beschreibt in mehreren Berichten die bisher noch ungelösten Probleme in Verbindung mit Abregelung und Residuallast beim Umbau der europäischen Stromversorgung entsprechend gängiger Energieszenarien (entso-e 2021 und entso-e 2025). Wichtige Maßnahmen sind die verbesserte Durchlässigkeit der Stromnetze und der Zubau von Energiespeichern. Trotzdem steht der europäische Stromverbund vor großen Herausforderungen bei der Stabilisierung der Stromversorgung angesichts des notwendigen weiteren Ausbaus der VRE; denn konventionelle Kraftwerke sind nicht flexibel genug, um die Residuallast zuverlässig zu decken und die gesetzten Transformationsziele mit erneuerbarer Energie zu erreichen. Im Gegensatz dazu sind WSK zusammen mit Biobrennstoffen und integrierter PV durchaus in der Lage, diese Herausforderungen zu meistern.

Der hier vorgestellte Transformationspfad lässt einige Schlussfolgerungen zu, die während seiner Realisierung beachtet werden müssen:

- Der starke Ausbau und der damit verbundene Flächenbedarf der erneuerbaren Energiequellen setzt voraus, dass allerhöchste Umweltstandards eingehalten werden und dass die existierenden Standards im Zuge des Ausbaus regelmäßig überprüft und gegebenenfalls verschärft werden. Das ist nicht zuletzt deshalb unverzichtbar, weil die Bevölkerung andernfalls das Vertrauen in die Energiewende verlieren könnte. Besonders hervorzuheben ist dabei die Durchsetzung von ökologischem Anbau in der Agrar- und Forstwirtschaft sowie effektive Schutzmaßnahmen für alle Arten, die den von der Windenergie stark beeinträchtigten Lebensraum Luft besiedeln. Auf der anderen Seite bestehen Chancen für Innovationen wie die Integration von Energie- und Landwirtschaft mittels Agrar-PV und Agrar-Forstwirtschaft und die Schaffung von Oasen und Wirtschaftszonen mithilfe von Solarkraftwerken und WSK in ariden Regionen des Mittelmeerraums.

- Wasserstoff ist als Industrierohstoff und als Basis für synthetische Kraftstoffe von großer Bedeutung und kann mit erneuerbarem Strom klimaneutral hergestellt werden. Wird er aber ähnlich wie eine Batterie zur Stromspeicherung und -erzeugung verwendet, dann steigt der Stromverbrauch aufgrund des geringen Strom-zu-Strom-Zyklenwirkungsgrads[3] von 20–25 % mit jeder aus Wasserstoff erzeugten Kilowattstunde um 4–5 kWh an (Trieb et al. 2023). Eine solche Rückkopplung im Verbrauch sollte auf jeden Fall vermieden werden.
- Biomasse ist nicht nur eine wichtige erneuerbare Energiequelle, sondern gleichzeitig ein perfekter Energie- und Kohlenstoffspeicher. Daher sind Biobrennstoffe in Kombination mit WSK und PV ein Schlüsselelement für die Flexibilisierung der Stromversorgung und für die jederzeit zuverlässige Deckung der Residuallast.

Der Transformationspfad sollte nicht als Prognose interpretiert werden, sondern als potenzielles Szenario. Noch ist er nicht in der deutschen Energiepolitik verankert. Wird er allerdings beschritten, dann besteht die begründete Hoffnung, fossile Brennstoffe innerhalb eines halben Jahrhunderts in Deutschland und langfristig auch weltweit im Rahmen einer Kohlenstoffkreislaufwirtschaft vollständig ablösen zu können.

Bisher haben vor allem politische Vorgaben einen solchen Pfad behindert. Die Etablierung eines sogenannten freien Strommarktes im Jahr 1998, der in Wirklichkeit billige fossile Brennstoffe bevorzugte, erschwerte lange Zeit die Einführung erneuerbarer Energien im Stromsektor und verzögerte das Durchlaufen ihrer kostensenkenden Lernkurven.[4] Die kostendeckende Vergütung erneuerbarer Energiequellen durch das Erneuerbare-Energien-Gesetz (EEG) ab dem Jahr 2000 kompensierte das zum Teil, wurde aber unglücklich gehandhabt und so früh zurückgefahren (BMJ 2023), dass der größte Teil der Hersteller von PV-Anlagen nach Durchlaufen der von deutschen Stromkunden finanzierten Lernkurve ins Ausland abwanderte oder die Produktion einstellte. Bioenergie wurde wegen politischer Vorgaben in Verbindung mit der Förderung vorrangig in der KWK eingesetzt, was die für die Energiewende notwendige Flexibilität der entsprechenden Kraftwerke und damit den eigentlichen Mehrwert biogener Brennstoffe eliminierte. In jüngster Zeit kamen die Biomassestrategie und die Wasserstoffstrategie der Bundesregierung (BMWK 2023; BMEL 2022) hinzu, die Biomasse für Energiezwecke als nachrangig deklarieren und Wasserstoff zum Schwerpunkt der Energiewende erheben. Dabei wird vernachlässigt, dass die Herstellung von Wasserstoff – ohne Vorteile gegenüber der Bioenergie zu bringen – massiv den Stromverbrauch erhöht. Zudem entmutigen diese Vorgaben den Forst- und Agrarsektor bezüglich der Erzeugung von Biobrennstoffen. Wären die Politik und die Gesellschaft bereit, diese Mängel zu korrigieren, dann wäre eine Entwicklung hin zu einer aus-

[3] Angenommener Speicherzyklus: Strom – Elektrolyse – H_2-Speicher und Transport – GuD – Strom.

[4] Unter Lernkurve wird hier die schrittweise Kostensenkung durch Serienproduktion und technische Entwicklung über mehrere Jahrzehnte verstanden, die nach Einführung einer neuen Technologie in der Regel stattfindet. Eine Ausnahme bildet die Kernenergie, die seit ihrer Einführung immer teurer wird und deshalb Teile ihrer Kosten externalisieren muss.

gewogenen und kreislauforientierten Energieversorgung weniger beeinträchtigt. In den folgenden Detailanalysen wird deutlich sichtbar, dass grüner Wasserstoff ein wichtiges Element einer nachhaltigen Grundstoffindustrie, aber bei Weitem kein zentrales Element der Energiewende ist.

Ein besonderes Merkmal des hier vorgestellten Transformationspfades ist die Vielzahl und Flexibilität von interdisziplinär ineinandergreifenden Maßnahmen und die daraus resultierenden großen Handlungsspielräume, die zum Ziel einer CO_2-neutralen Energieversorgung führen können. Neben einer umfangreichen Palette an Möglichkeiten zur Erweiterung der heimischen Bioenergieressourcen gibt es eine große Bandbreite sozial- und umweltverträglicher Möglichkeiten zur Beschaffung von erneuerbarer Energie aus dem In- und Ausland. Flächenintensive Ressourcen der Energie-, Land- und Forstwirtschaft können platzsparend und ökologisch verträglich miteinander kombiniert werden und eröffnen neuartige Synergien gegen den Klimawandel. Beispielhaft genannt seien die Beschattung von Feldern durch Agrar-PV und Agrar-Forstwirtschaft und der damit verbundene Schutz vor Austrocknung, sowie die Rückführung von Pflanzennährstoffen zusammen mit dem aufbereiteten Prozesswasser aus HT-Umwandlungsverfahren.

10.1 Der Wärmesektor

Der Wärmesektor zeichnet sich durch ein relativ großes Einsparpotenzial aus. Wärmedämmung, Verbraucherverhalten und Erderwärmung führen langfristig zu einer Senkung des Endenergiebedarfs um etwa 10–15 % gegenüber 2020. Der Umstieg auf Elektrowärme und Wärmepumpen spart nicht nur entsprechende Mengen an Brennstoffen, sondern vermeidet auch die Verluste bei deren Beschaffung und Verbrennung (Abb. 10.5). Durch den starken Ausbau von Wärmepumpen für Haushalte und Industrie sowie in Kombination mit Fernwärme wird ein großer Teil des Bedarfs mit Umweltwärme aus Wasser, Luft und dem Erdreich abgedeckt. Im Modell wird angenommen, dass die durchschnittliche Leistungszahl (Jahresarbeitszahl) elektrischer Wärmepumpen von 3 im Jahr 2020 infolge technischer Verbesserungen auf 3,5 im Jahr 2070 ansteigt, sodass pro Stromeinheit entsprechend mehr Umweltwärme hinzugewonnen werden kann. Besitzern von Hauswärmepumpen mag dieser Wert zu niedrig erscheinen, denn diese erreichen bereits heute Leistungszahlen zwischen 4 und 5. Allerdings sind Wärmepumpen im Modell nicht auf den häuslichen Bereich und die entsprechenden niedrigen Temperaturen begrenzt, sondern werden auch in der Industrie für Prozesswärme bei höheren Temperaturen mit niedrigeren Leistungszahlen eingesetzt. Trotzdem sind die hier getroffenen Annahmen als eher konservativ einzuschätzen.

Erneuerbare Wärme aus Sonnenkollektoren nimmt im Modell einen kleinen, aber wichtigen Teil der Versorgung ein und entlastet die anderen Energieressourcen. Durch den zusätzlichen Einsatz von überwiegend aus Holz und Reststoffen stammenden Biobrennstoffen können die anfangs dominierenden fossilen Brennstoffe auf lange Sicht vollständig abgelöst werden. In Tab. 10.3 in den Zeilen 6–11 und in den Zeilen 41–43 sind die entsprechenden Zahlenwerte für den Wärmesektor zusammengestellt.

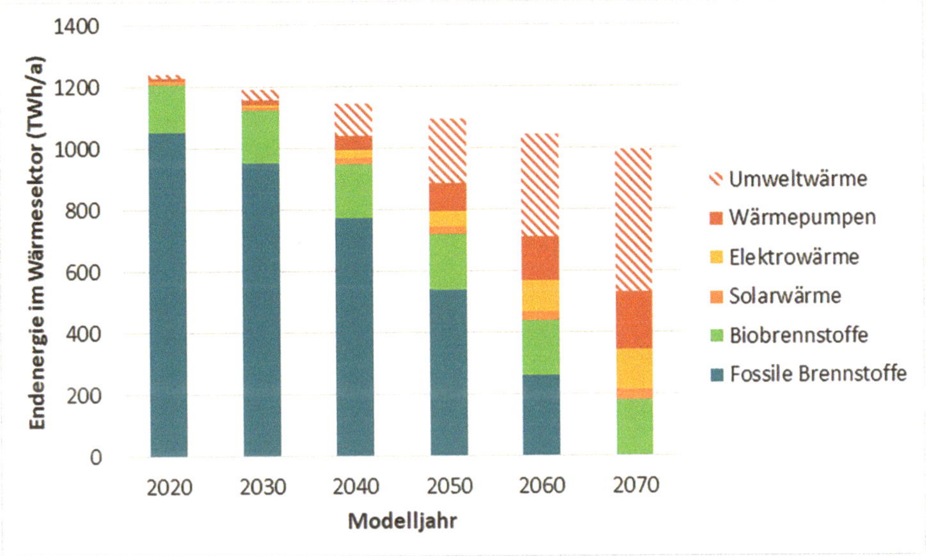

Abb. 10.5 Bereitstellung der Endenergie im Wärmesektor

Tab. 10.3 Zusammenfassende Darstellung des Transformationspfades in allen Energiesektoren. Erläuterungen im Text

	A	B	C	D	E	F	G
1	**Modelljahr**	**2020**	**2030**	**2040**	**2050**	**2060**	**2070**
2	**Energiebedarf Verkehr in TWh/a**	**635**	**616**	**597**	**578**	**559**	**540**
3	… davon Strom	15	40	76	96	117	139
4	… davon Kraftstoffe	599	549	408	337	275	213
5	… davon Einsparung durch E-Mobilität	21	28	113	145	167	188
6	**Energiebedarf Wärme/Kälte in TWh/a**	**1241**	**1192**	**1143**	**1094**	**1044**	**995**
7	… davon Elektrowärme	0	5	25	50	100	130
8	… davon WP-Strom	8	16	47	91	140	186
9	… davon WP-Umweltwärme	15	34	103	209	335	464
10	… davon Brennstoffe	1207	1122	948	719	439	180
11	… davon Solarwärme	11,3	15	20	25	30	35
12	**Strombedarf klassisch in TWh/a**	**507**	**510**	**505**	**495**	**485**	**475**
13	**Strombedarf für Industriewasserstoff in TWh/a**	**0**	**4**	**55**	**86**	**121**	**155**
14	**Strombilanz Angebot in TWh/a**	**620**	**662**	**803**	**941**	**1106**	**1247**
15	Strom aus VRE und Geothermie	200	306	439	511	599	674
16	Strom aus Bioenergiekraftwerken	49	34	11	3	0	0
17	Strom aus thermischen Kraftwerken (fossil)	314	128	26	0,1	0,0	0,0
18	Strom aus WSK-Brennern und WSK-Gasturbinen	0	71	118	138	152	171
19	Strom aus WSK-PV	0	32,1	65	112	136	156
20	… davon PV direkt zur Last	0	10	26	42	49	55

(Fortsetzung)

Tab. 10.3 (Fortsetzung)

	A	B	C	D	E	F	G
21	… davon PV zum WSK-Speicher	0	17	30	54	68	78
22	… davon PV zu Batterien und Pumpspeichern	0	5	9	14	16	20
23	Strom aus Batterien, Pump- und WSK-Speichern	10,6	22	28	40	49	55
24	Stromimport Solar- und Wasserkraft	0	4	48	74	109	130
25	Stromimport Netz	47,3	65	68	62	61	62
26	**Strombilanz Nachfrage in TWh/a**	**620**	**662**	**803**	**941**	**1106**	**1247**
27	Stromverbrauch brutto	529	575	708	819	963	1085
28	Stromexport Netz	69,5	43,7	36,5	36,0	37,1	42,4
29	Strom für Batterien, Pump- und WSK-Speicher	13,1	35,3	49,7	76,0	93,7	105,7
30	… davon Strom aus WSK-PV	0,0	22,1	38,8	67,9	83,8	97,8
31	… davon Netzüberschuss	13,1	13,2	10,9	8,1	9,9	7,9
32	Abregelung	7,8	8,3	8,8	10,6	12,9	13,8
33	**Brennstoff gesamt in TWh/a**	**2523**	**2210**	**1710**	**1381**	**1062**	**780**
34	… davon Biobrennstoffe	340	373	425	511	564	630
35	… davon synthetische Kraftstoffe	0	2	17	51	91	150
36	… davon fossile Brennstoffe	2183	1834	1268	819	407	0
37	**Brennstoffbedarf Verkehr**	**599**	**549**	**408**	**337**	**275**	**213**
38	… davon Biokraftstoffe	39	42	52	60	61	63
39	… davon synthetische Kraftstoffe	0	2	17	51	91	150
40	… davon fossile Kraftstoffe	560	505	339	226	124	0
41	**Brennstoffbedarf Wärme**	**1207**	**1122**	**948**	**719**	**439**	**180**
42	… davon Biobrennstoffe	155	168	175	180	180	180
43	… davon fossile Brennstoffe	1053	954	772	539	259	0
44	**Brennstoffbedarf Strom**	**717**	**539**	**354**	**326**	**347**	**387**
45	… davon Biobrennstoffe	146	163	198	271	323	387
46	… davon fossile Brennstoffe	571	375	157	54	24	0
47	**Strom aus WSK in TWh/a**	**0**	**93**	**164**	**215**	**244**	**277**
48	… Brenner für DT und GT	0	71	118	138	152	171
49	… WSK-PV über den Speicher	0	7	12	21	27	31
50	… WSK-PV zu Batterien und Export	0	5	9	14	16	20
51	… WSK-PV direkt zur Last	0	10	26	42	49	55

WP, Wärmepumpe; *VRE*, variable regenerative Energiequelle; *WSK*, Wärmespeicherkraftwerk; *PV*, Photovoltaik; *DT*, Dampfturbine; *GT* Gasturbine

Wärme bei Verbrennungstemperaturen von mehreren Hundert Grad Celsius zu erzeugen, um damit Räume bis 25 °C zu beheizen, ist und bleibt ein Luxus, den man sich am Kaminfeuer durchaus mal gönnen kann. Holz im Kamin ist ja immerhin erneuerbar, aber umweltfreundlich ist diese Form zu heizen wegen der hohen Schadstoffemissionen nur dann, wenn der Kamin mit einer katalytischen Nachverbrennung der Abgase ausgerüstet ist. Erdgas und Erdöl, die heute in vielen Zentralheizungen verbrannt werden, tragen darüber hinaus auch noch zur Anreicherung von CO_2 in der Atmosphäre bei.

Bei der Raumheizung ist es besonders wichtig, eine angenehm warme Hülle zu haben, denn was zählt, ist die gefühlte Wärme, und die hängt deutlich mehr von der Temperatur der umgebenden Wände als von der Lufttemperatur ab. Die Luft darf gerne kühl beziehungsweise frisch sein, wenn die Wände Wärme abstrahlen. Sind die Wände dagegen kalt, zum Beispiel weil sie schlecht isoliert sind, dann kann man mit einem Heizlüfter so viel heizen, wie man will, es wird einfach nicht angenehmer[5] – bis sich auch die Wände aufheizen. Das wird allerdings mit hohen Energieverlusten bezahlt, sowohl beim Lüften als auch direkt durch die Wand hindurch nach draußen.

Eine gute Raumheizung heizt vorrangig über große warme Flächen, also über die Wände oder mit einer *Fußbodenheizung*. Warm heißt in diesem Fall um die 25 °C beziehungsweise mit einer Oberflächentemperatur, die als angenehm empfunden wird.

Eine Wand lässt sich mit *elektrisch beheizten Wandelementen* als Heizfläche nutzen. Dann entsteht für die Bewohner eine warme Hülle. Strahlt die Wand angenehme Wärme ab, fühlen wir uns auch bei kühler Luft wohl. Der Trick dabei ist, einen Raum großflächig mit Strahlungswärme zu heizen anstatt mit warmer Luft. Dann gehen die Energieverluste stark zurück. Es gibt auch *elektrische Heizpaneele* mit höheren Oberflächentemperaturen, die man wie ein Bild an die Wand oder sogar an die Decke hängen kann und die dann gefühlt so wie die Sonne aus einer bestimmten Richtung Wärme in den Raum abstrahlen. Selbst mit *Lampen* heizen ist im Winter keine schlechte Idee, denn Lampen liefern zwei nützliche Dinge gleichzeitig: Strahlungswärme und Licht. Im Winter unter einer Stehlampe mit einem 200 W Halogenleuchtkörper sitzen kann angenehm sein und die Heizung kann entsprechend heruntergefahren oder sogar ausgeschaltet werden, wenn das Haus gut isoliert ist. Im Gegensatz zu den gängigen Heizpaneelen haben viele Lampen einen Dimmer, mit dem man eine angenehme, konstante Leistung einstellen kann. Wer auch an einem heißen Sommertag an derselben Stelle ein Buch lesen möchte, wechselt den 200-W-Halogenleuchtkörper einfach gegen eine passende 15-W-LED-Sparlampe mit etwa gleicher Lichtstärke aus, die dann praktisch nur noch Licht liefert und den Raum nicht unnötig beheizt.

Wer sein Heizsystem mit Zentralheizung und Heizkörpern im Haus beibehalten will, kann das über eine *Wärmepumpe* im eigenen Haus oder über *Fernwärme* aus einer zentralen Großwärmepumpe erreichen, die sich zu ihrem Stromverbrauch noch mindestens zwei weitere Drittel an Energie aus der Umwelt, meistens aus der Außenluft, dazu holt. Heizen mit Strom ist also keine schlechte Idee und in jedem Fall viel effizienter, als irgendetwas zu verbrennen. Das funktioniert natürlich nur, wenn Elektrizität nicht aus herkömmlichen thermischen Kraftwerken stammt, bei denen Verbrennungstemperaturen bis über 1000 °C vorkommen und in denen vergleichsweise viel Brennstoff pro Stromeinheit verbrannt wird. Wenn der Strom aber überwiegend aus Wind-, Sonnen- und Wasserkraft stammt, dann spricht nichts dagegen, ihn auch zum Heizen zu nutzen. In einem kalten Winter in Norwegen ist das schon heute ganz normal, denn dort kommt der Strom zu über 98 % aus Wasserkraft und Wind-, Solar- und Bioenergie (LCP, 2025).

---

[5] Was wir als von einer Wand abgestrahlte Kälte empfinden, ist in Wirklichkeit die Wärme, die wir selbst gegen die kalte Wand abstrahlen und auf diese Weise aus unserem Körper verlieren.

Ein weiterer Vorteil des Heizens mit Strom ist die sehr gute zeitliche Korrelation des Stromangebots aus Windenergie und der Stromnachfrage für das Heizen: Immer dann, wenn der Wind im Winter um die Ecken pfeift, kühlt er verstärkt die Häuser und treibt gleichzeitig die Windturbinen an. Das hier vorgestellte Szenario nutzt diese Effekte konsequent und zeigt damit, wie Elektrowärme den Brennstoffverbrauch im Wärmesektor effektiv senken kann.

10.2 Der Verkehrssektor

Zu den erneuerbaren und insbesondere den biogenen Kraftstoffpotenzialen für den Verkehrssektor wurde im Jahr 2025 ein umfassender Bericht des DBFZ herausgegeben (Schröder und Görsch 2025). Der Bericht enthält auch allgemeine Informationen zu den geschätzten Biomassepotenzialen und dem verfügbaren Technologiespektrum in Deutschland, Europa und weltweit sowie eine Übersicht existierender Modellszenarien für den Verkehrssektor bis 2050. Das im vorliegenden Buch verwendete Modell orientiert sich bezüglich der erschließbaren Stoff- und Energiemengen sowie der Einschätzung von Energiesparpotenzialen an den jeweils zitierten Quellen, folgt aber bei der Entwicklung des Transformationspfads einem eigenen Ansatz, der mit den anderen Arbeiten aus der Fachliteratur verglichen werden kann.

Im Verkehrssektor führt vor allem der konsequente Umstieg auf Elektromobilität zu einer deutlichen Minderung des Kraftstoffbedarfs inklusive der Energieverluste durch die Beschaffung und die Verbrennung im Motor (Abb. 10.6). Auf der anderen Seite bleiben Brennstoffe überall dort im Einsatz, wo sie nicht einfach durch Elektrizität ersetzt

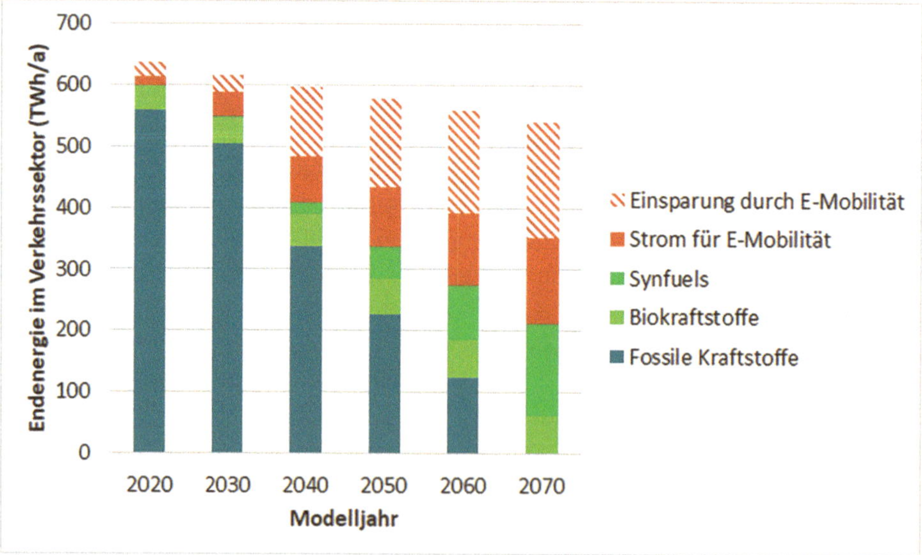

Abb. 10.6 Endenergiebedarf im Verkehrssektor. Elektromobilität beinhaltet Straßen- und Schienenverkehr

werden können, zum Beispiel im Flug- und Schiffsverkehr sowie bei Maschinen und Fahrzeugen, die fern von Stromnetzen arbeiten müssen. Der Treibstoffverbrauch nimmt auf diese Weise langfristig so weit ab, dass er durch Biokraftstoffe und durch synthetische Kraftstoffe auf der Basis von erneuerbarem Wasserstoff und biogenem Kohlendioxid oder biogenem Synthesegas gedeckt werden kann. Der Verbrauch an Biokraftstoffen stagniert im Modell nach 2050 bei etwas mehr als 60 TWh_{th}/a, während synthetische Kraftstoffe langfristig bis auf 150 TWh_{th}/a zunehmen.

Elektrofahrzeuge werden im Modell zunehmend mit *Range Extender* ausgestattet und verwenden synthetische Kraftstoffe oder Biokraftstoffe, um im Bedarfsfall ihre Reichweite zu erhöhen (Hommen 2021). Das verbessert die Attraktivität der E-Mobilität und führt im Szenario nach 2030 zu einem deutlichen Anstieg der Verkaufszahlen. Der Brennstoffverbrauch der Elektrofahrzeuge mit Range Extender deckt im Modell etwa 20 % ihrer Fahrleistung ab. Etwa die Hälfte des Kraftstoffverbrauchs im Verkehrssektor ist langfristig auf Elektrofahrzeuge mit Range Extender, der Rest auf Flug- und Schiffsverkehr sowie auf Land- und Forstmaschinen zurückzuführen. Zahlenwerte zum Verkehrssektor sind in Tab. 10.3 in den Zeilen 2–5 und in den Zeilen 37–40 angegeben.

Die Rolle der Elektromobilität besteht in dem hier vorgestellten Szenario in erster Linie darin, Kraftstoffe einzusparen. Dem steht ein erhöhter Verbrauch seltener Erden für Batterien und Elektronik auf einem zumindest in der derzeitigen Lernphase immer stärker umkämpften Rohstoffmarkt gegenüber. Durch die Elektromobilität wird die wachsende Konkurrenz um Rohstoffe im Fall fossiler Brennstoffe zwar reduziert, jedoch im Fall von Lithium und anderen Metallen verstärkt. Mit erheblichem Konfliktpotenzial. Aus diesem Dilemma heraus ergibt sich der Wunsch, die verfügbaren Ressourcen so einzusetzen, dass sie ihre jeweilige Rolle im System bestmöglich erfüllen können. Für die Elektromobilität ergeben sich aus diesem Gedanken folgende Schlussfolgerungen:

- Für den Personen- und Güterverkehr über Land sind Fern- und Stadtbahnen unabhängig von der Entfernung die erste Wahl, da sie Energie über Stromleitungen beziehen und für ihren Normalbetrieb keine besonderen Energiespeicher benötigen. Im Modell wird die Bahn modernisiert und mehr als doppelt so stark genutzt wie bisher (siehe auch Tab. 10.4).
- Batteriebetriebene Elektrofahrzeuge aller Art einschließlich Fahrräder, Pkw, Transporter, Busse und Lastwagen können als Ergänzung dort eingesetzt werden, wo die Bahn nicht oder nur schwer erreichbar ist. Sie brauchen einen Energiespeicher, der auf kurze Strecken von weniger als 150 km ausgelegt sein kann und so die knappen Batterierohstoffe schont. Diese Fahrzeuge können effektiv im Personen- und Güternahverkehr innerhalb von Städten, Ballungsgebieten und ländlichen Kommunen zum Einsatz kommen.
- Eine Fahrzeugflotte, die auf den Nahverkehr beschränkt ist, wäre allerdings selbst eine ineffiziente Ressourcennutzung, da in diesem Fall eine zweite Flotte für den Fernverkehr gebraucht würde. Daraus ergibt sich die Notwendigkeit, batteriebetriebene Elektrofahrzeuge mit einer Vorrichtung auszustatten, die ihre Reichweite über die der Batterie hin-

Tab. 10.4 Maximale Stromlast (oben), Stromverbrauch (Mitte) und daraus generierte Dienstleistungen (unten) in den Sektoren Wärme, Industriewasserstoff und Elektromobilität inklusive modernisierter Bahn

Maximale Stromlast/Modelljahr		**2020**	**2030**	**2040**	**2050**	**2060**	**2070**
Elektroheizungen	GW	0	1	7	14	28	37
Wärmepumpen	GW	2	5	13	26	40	53
Elektromobilität	GW	4	12	25	33	42	50
Elektrolyse	GW	0	1	10	15	20	25
Stromverbrauch/Modelljahr		**2020**	**2030**	**2040**	**2050**	**2060**	**2070**
Elektroheizungen	TWh/a	0	5	25	50	100	130
Wärmepumpen	TWh/a	8	16	47	91	140	186
Elektromobilität	TWh/a	15	40	76	96	117	139
Elektrolyse	TWh/a	0	4	55	86	121	155
Dienstleistungen/Modelljahr		**2020**	**2030**	**2040**	**2050**	**2060**	**2070**
Wärme aus Elektroheizungen	TWh_{th}/a	0	5	25	50	100	130
Wärme aus Wärmepumpen	TWh_{th}/a	23	50	150	300	475	650
Anzahl Elektrofahrzeuge	Mio. EFZ	1	9	27	38	48	58
Fahrleistung der Bahn	Mio. km/a	1400	1413	1541	1927	2569	3211
Wasserstoffproduktion	TWh_{th}/a	0	3	33	52	73	93

aus deutlich erhöht. Diese Vorrichtung kommt dann – und nur dann – zum Einsatz, wenn die Batterie nicht im normalen Fahrzyklus geladen werden kann. Ein solcher Range Extender ist ein automatisch zuschaltbarer Motorgenerator, der mit Treibstoff betrieben wird und die Batterie auflädt, bevor sie leerzulaufen droht. Wie das WSK im Stromsektor bedient so ein Gerät nur die Residuallast, also den Teil des Energieverbrauchs, der nicht durch den in der Batterie gespeicherten erneuerbaren Strom gedeckt werden kann. Hierfür kommen idealerweise Biokraftstoffe und synthetische Kraftstoffe zum Einsatz, die während des Kurzstreckenverkehrs der Fahrzeuge im Tank bleiben und nur für den Fernverkehr eingesetzt werden. Die Reichweite der Fahrzeuge hängt dann nur noch von der Größe des Kraftstofftanks ab. Ein großer Vorteil neben der Schonung der verfügbaren Ressourcen ist der emissionsfreie Betrieb der Fahrzeuge im Stadtverkehr, da Kraftstoffe nur bei Langstrecken zum Einsatz kommen, und auch nur dann, wenn unterwegs Lademöglichkeiten fehlen. Der technische Aufwand, das Gewicht und der Platzbedarf von kompakten Motorgeneratoren, die mit konstanter Drehzahl eine Batterie laden, ist deutlich geringer, der Wirkungsgrad dafür deutlich höher als der von intermittierenden Verbrennungs- und Plug-in-Hybrid-Motoren, die Stop-and-Go-Betrieb genauso meistern müssen wie Höchstgeschwindigkeiten.

- Segelschiffe und Segelflugzeuge und solche mit Elektroantrieb können ebenfalls Treibstoff sparen. Für den Fernverkehr mit Schiff und Flugzeug sind Kraftstoffe aber voraussichtlich unverzichtbar. Kombinierte energiesparende Schiffantriebe mit konventionellem Treibstoff und Flettner-Rotoren sind bereits im Einsatz (Airbus 2023). Passagierflugzeuge mit Elektro-Hybrid-Antrieb sind in Planung (Heart 2025).

Als erneuerbare Treibstoffe kommen für den Fern-, Luft- und Schiffsverkehr Biodiesel und Bio-Jet-Fuel aus Raps und anderen Energiepflanzen, Biokraftstoffe aus HT-Verflüssigung von Reststoffen und synthetische Kraftstoffe aus Fischer-Tropsch-Verfahren in Frage.

10.3 Der Stromsektor

Im stark wachsenden Stromsektor lässt sich der Brennstoffverbrauch hauptsächlich durch die Nutzung von VRE wie Wind, Wasserkraft und Solarstrom aus in- und ausländischer Produktion reduzieren (Abb. 10.7). Energiespeicher nehmen einen kleinen, aber wichtigen Anteil der Versorgung ein, da sie Schwankungen von Angebot und Nachfrage glätten und auf diese Weise harmonisieren können. Jederzeit sichere Versorgung kann mithilfe von thermischen Kraftwerken – insbesondere WSK – garantiert werden, die wegen des zunehmenden Einsatzes von VRE immer weniger Betriebsstunden und Brennstoffbedarf aufweisen. Ab 2070 kommen nur noch Biobrennstoffe zum Einsatz.

Die Zusammensetzung der Stromversorgung und deren Veränderung im Zeitraum von 2020 bis 2070 ist im Detail in Tab. 10.3 aufgelistet. Zeile 12 beschreibt den Stromverbrauch im klassischen Stromsektor, zu dem die für die Elektrolyse notwendige Energie in Zeile 13 hinzukommt. Die Zeilen 14–25 beschreiben die Zusammensetzung des Stroms für alle Sektoren aus der Sicht der Stromquellen, die Zeilen 26–32 aus der Sicht der Stromsenken. Am stärksten werden VRE wie PV, Wind- und Wasserkraft und in geringerem

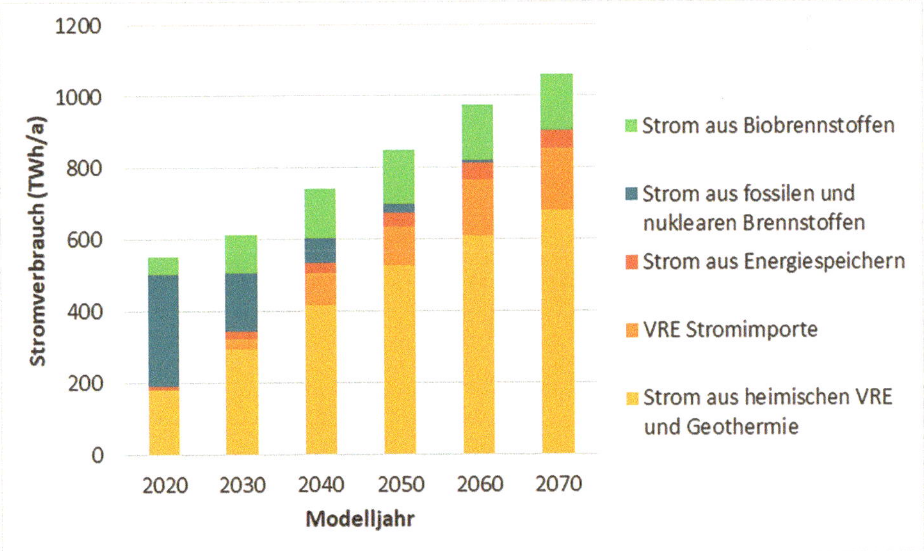

Abb. 10.7 Bereitstellung der notwendigen Energiemengen im stark wachsenden Stromsektor. *VRE* variable regenerative Energiequelle

Maße Geothermie ausgebaut (Zeile 15). Bioenergiekraftwerke (Zeile 16) und thermische Kraftwerke auf der Basis fossiler Brennstoffe (Zeile 17), die für die Sicherung der Versorgung während Dunkelflauten notwendig sind, werden zunehmend in flexiblere WSK umgebaut oder stillgelegt und als Reserve vorgehalten. Der Strom, der WSK zum Beladen der Wärmespeicher zugeführt oder von diesen nach Bedarf abgeführt wird, ist ebenso wie der Strom aus den in den WSK verwendeten Biobrennstoffen detailliert in den Zeilen 18–23 sowie in den Zeilen 47–51 aufgelistet. Der Anteil der VRE, der über Hochspannungsgleichstromkabel oder über das konventionelle Transportnetz aus dem Ausland importiert wird, ist in den Zeilen 24 und 25 aufgeführt. Die Zeilen 44–46 dokumentieren, wie sich der Brennstoffverbrauch für die gesamte Stromerzeugung im Lauf der Jahre entlang des Transformationspfades verändert. Die Zeilen 29–31 in Tab. 10.3 belegen die geringe Bedeutung von Netzüberschüssen für den Betrieb von Speichertechnologien, während der starke Zubau von WSK-PV für eine relativ gute Auslastung der Speicher sorgt.

Um das Zusammenspiel der einzelnen Systemkomponenten der Stromversorgung zu erläutern, wurden zwei Ausschnitte aus der stündlichen Simulation von Stromangebot und -nachfrage für das Modelljahr 2070 ausgewählt, in dem das Ziel einer CO_2-freien Energieversorgung erstmals erreicht wird. Abb. 10.8 zeigt den Verlauf der Stromlast, die sich aus der Nachfrage des klassischen Stromsektors, des Wärmesektors, des Verkehrssektors und der industriellen Wasserstoffproduktion ergibt. Der klassische Stromsektor (blau) weist in der Bundesrepublik im Sommer (oben in Abb. 10.8) eine typische Mittagsspitze auf, während im Winter (unten in Abb. 10.8) eine zweite Abendspitze dazukommt. Typisch ist auch der geringere Verbrauch am Wochenende, der in beiden Jahreszeiten zu verzeichnen ist, zum Beispiel vom 27.6. bis 28.6. und vom 1.2. bis zum 2.2. des Modelljahres. Weiterhin ist der Stromverbrauch im Winter insgesamt tendenziell höher als im Sommer.

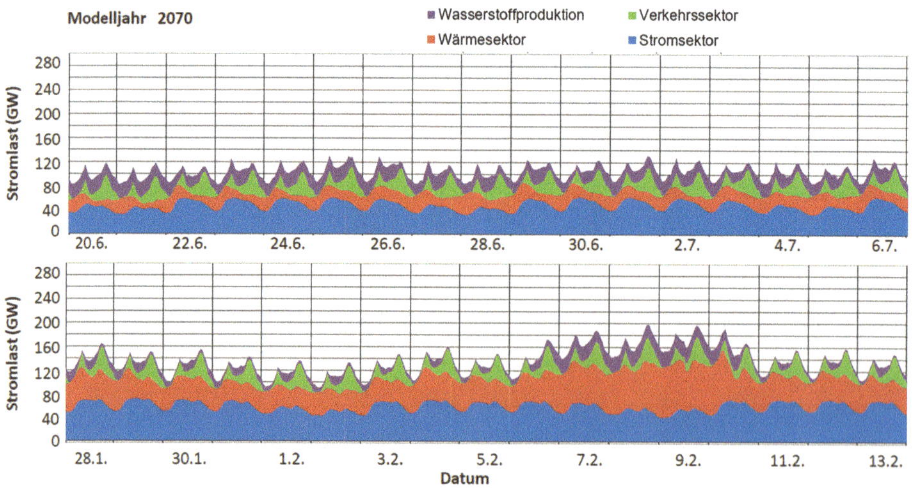

Abb. 10.8 Zeitreihen der Stromlast im klassischen Stromsektor und in den Sektoren Wärme, Verkehr und Wasserstoffproduktion für das Modelljahr 2070

Der Wärmesektor (rot) zeigt im Winter eine deutlich höhere Stromnachfrage als im Sommer, was dem verstärkten Einsatz von Elektroheizungen und Wärmepumpen geschuldet ist. Der Bedarf steigt besonders in Starkwindperioden wie der Zeit vom 6.2. bis zum 10.2. spürbar an, was der intensiveren Gebäudeheizung zuzuschreiben ist. Die gute zeitliche Korrelation von Windenergieangebot und Stromnachfrage im Wärmesektor ist tatsächlich ein großer Vorteil des Umstiegs auf Wärmepumpen und Elektroheizungen, der sehr effektiv Stromüberschüsse und Abregelung von Windstrom vermeiden hilft, die heute ein relativ großes Problem darstellen. Derzeit werden noch über 95 % der Abregelungen durch übermäßiges Angebot von Windenergie verursacht. Elektroheizungen aller Art stellen anders als in der Vergangenheit kein ökologisches Problem dar, da der Strom nun überwiegend aus erneuerbaren Quellen stammt.

Die Stromnachfrage des Verkehrssektors (grün) wurde mit einem typischen täglichen Lade- und Verbrauchsverhalten modelliert, das sich nur wenig mit den Jahreszeiten ändert. Dabei wurde angenommen, dass der größte Teil der Fahrzeugflotte tagsüber unterwegs ist und spät abends oder vormittags wieder aufgeladen wird, während die Bahn vor allem tagsüber Strom verbraucht.

Die Wasserstoffproduktion (violett) wurde so modelliert, dass sie bei geringem Angebot erneuerbarer Energie zurückgefahren werden kann und bei hohem Angebot auf volle Leistung geht. Die Produktion von Wasserstoff in Elektrolyseuren wird auf diese Weise für ein effektives Lastmanagement eingesetzt, das zusätzlich Abregelungen vermeiden und Dunkelflauten überbrücken hilft. Über das Jahr hinweg werden die Elektrolyseure trotzdem mit durchschnittlich über 6000 äquivalenten Volllaststunden gut ausgelastet. Die heimische Wasserstoffproduktion (93 TWh_{th}/a) entspricht etwa einem Drittel des erwarteten zukünftigen Bedarfs für industrielle Zwecke und Kraftstoffe und erhöht den Stromverbrauch um etwa 155 TWh pro Jahr. Zwei Drittel (217 TWh_{th}/a) des insgesamt benötigten Wasserstoffs werden im Modell zusätzlich importiert (mehr dazu im Kap. 12). Tab. 10.4 dokumentiert die Verbrauchskenndaten und die daraus erbrachten Energiedienstleistungen für die Modelljahre 2020–2070.

Abb. 10.9 zeigt den Verlauf der Gesamtstromlast über die Zeit als durchgezogene schwarze Linie im Vordergrund und dahinter als gestapelte Flächen das Angebot aus den verschiedenen variablen wie auch den bedarfsorientierten erneuerbaren Energiequellen. Im gewählten Modelljahr 2070 wird die Last ausschließlich mit erneuerbarer Energie gedeckt. Den größten Anteil stellen variable Quellen wie Wind-, Sonnen- und Wasserkraft, während die Residuallast durch Pumpspeicher, Batterien, Importe und vor allem durch WSK gedeckt wird. Bei der Betrachtung der Grafik fällt sofort auf, dass Sonnenenergie tagsüber regelmäßig verfügbar ist, während Windenergie das ganze Jahr über starken und unregelmäßigen Schwankungen unterworfen ist.

Da die Windenergie keinen regelmäßigen Zyklus aufweist, gibt es auch keinen entsprechenden Lade-Entlade-Zyklus für Stromspeicher und damit auch keine Möglichkeit, einen Speicher passend zum Windenergieangebot auszulegen. Auf der anderen Seite ist die Windenergie hervorragend dafür geeignet, Brennstoff einzusparen: Immer, wenn der Wind weht, geht die Residuallast stark zurück und die thermischen Kraftwerke, die für die

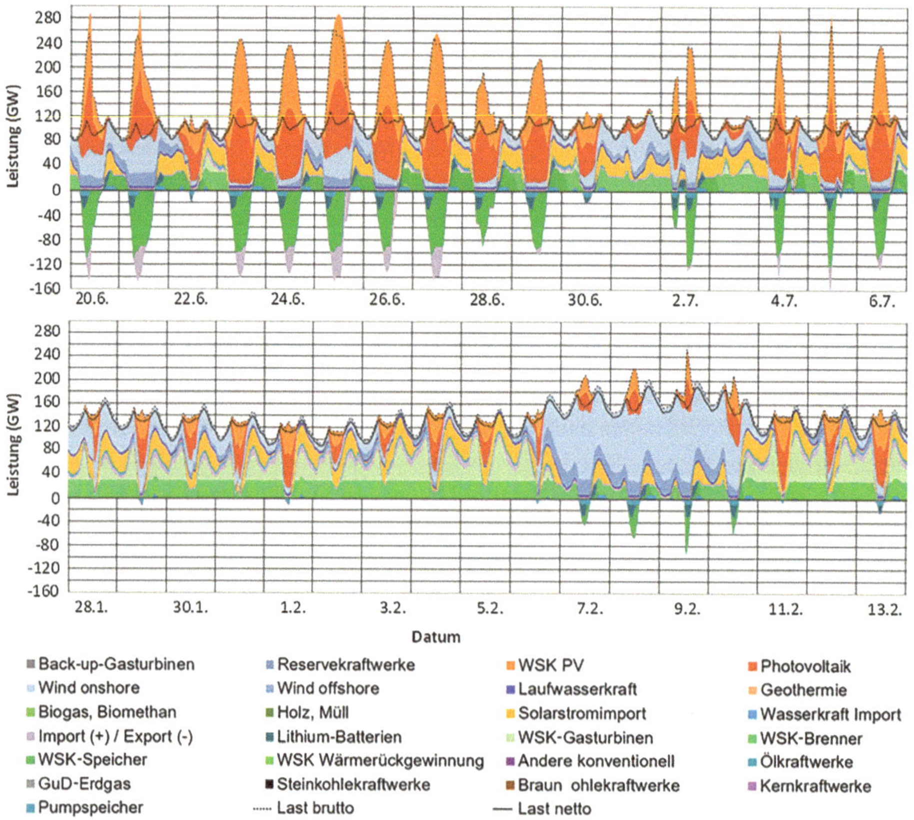

Abb. 10.9 Zeitreihen des Stromangebots und der Stromnachfrage für das Modelljahr 2070. Die positive Achse zeigt die Nettolast *(durchgezogene schwarze Linie)* und den Strom aus Kraftwerken, Speichern und Import. Die negative Achse zeigt Strom für den Export und zum Beladen der Speicher. Bruttolast *(gestrichelte schwarze Linie)* beinhaltet die Nettolast und die Strommengen für den Export und das Beladen der Speicher. Der Teil der Erzeugung am 21.6., 26.6. und am 27.6., der über die Bruttolast hinausgeht, muss abgeregelt werden, da er nicht in den Speichern verarbeitet werden kann. Zu erkennen ist der Grundlastbeitrag der Wärmespeicherkraftwerk-Dampfturbinen (WSK-Dampfturbinen) von etwa 30 GW während der langen Dunkelflaute vom 28.1. bis zum 5.2. In dieser Periode arbeiten die WSK-Dampfturbinen ausschließlich mit Energie aus der WSK-Wärmerückgewinnung und aus den WSK-Brennern, während die WSK-Gasturbinen die Residuallastspitzen übernehmen. Back-up-Gasturbinen kommen im Modell nur sehr selten (in diesem Abschnitt nicht) als Notfallreserve zum Einsatz. *GuD* kombiniertes Gas- und Dampfturbinenkraftwerk, *PV* Photovoltaik

Deckung der Residuallast zuständig sind, können ihre Leistung und damit den Brennstoffverbrauch reduzieren. Der Kompromiss, der in dem vorliegenden Szenario gefunden wurde, besteht darin, dass die Windenergie nur so weit ausgebaut wurde, dass ihre installierte Leistung in etwa der jährlichen Spitzenlast entspricht. Damit kommt es über das Jahr hinweg nur selten zu windbedingten Überschüssen und Abregelung und gleichzeitig zu einer wirkungsvollen Reduktion des Brennstoffverbrauchs im Stromsektor.

Die weiter oben erwähnte Korrelation von Windenergieangebot und Wärmebedarf ist in Abb. 10.9 besonders gut im Zeitraum vom 6.2. bis zum 10.2. zu sehen, in dem viel Windenergie verfügbar ist und gleichzeitig der Stromverbrauch für Wärmepumpen und Elektroheizungen steigt. Weiterhin ist in diesem Zeitraum zu beobachten, dass trotz des geringen winterlichen Solarenergieangebots tagsüber regelmäßig Überschüsse auftreten, die effektiv durch die verfügbaren Pumpspeicher, Batterien und WSK aufgenommen und nachts wieder abgegeben werden können. Hier kommt der regelmäßige Tag-Nacht-Zyklus der Solarenergie zum Tragen, der einen regelmäßigen Lade-Entlade-Zyklus und damit einen wirtschaftlichen Betrieb für Stromspeicher erst ermöglicht. Im oberen Teil von Abb. 10.9 ist deutlich zu sehen, dass sich diese Regelmäßigkeit speicherbarer Stromüberschüsse aus PV vor allem im Sommer durchsetzt, während die PV-Leistung im Winter überwiegend direkt ins Netz eingespeist wird.

Die großen thermischen Speicher der WSK erlauben an guten Tagen die vollständige Überbrückung der Nacht mit gespeichertem Solarstrom, zum Beispiel in den Nächten vom 24. bis zum 30. Juni. Reicht die gespeicherte Energie wie am 1.7. und 3.7. oder während der langen Dunkelflaute im Winter nicht aus, dann muss in den WSK mit Biobrennstoffen nachgeholfen werden, um die Dampfturbinen und bei höherer Last zusätzlich auch die Gasturbinen weiterhin bedarfsgerecht betreiben zu können. Kommen die Gasturbinen zum Einsatz, dann steigt einerseits der Verbrauch von Biomethan, andererseits aber auch der Wirkungsgrad der WSK, da die Abwärme der Gasturbinen für den Betrieb der Dampfturbinen zurückgewonnen werden kann. Das ist auch der Grund, weshalb während der langen Dunkelflaute im Winter weniger in den WSK-Brennern gefeuert wird als während der kurzen Schlechtwetterperioden am 1.7. und 3.7. im Sommer, in denen nur die Dampfturbinen zum Einsatz kommen.

Laufwasserkraft, Geothermie und Wasserkraftimporte aus Skandinavien haben aufgrund ihrer begrenzten Potenziale nur einen relativ geringen Anteil an der Stromversorgung. Trotzdem sind diese Energiequellen aufgrund ihrer relativ gleichmäßigen zeitlichen Verfügbarkeit ein wichtiger Bestandteil der Stromversorgung, der ebenfalls Überschüsse und Residuallast reduzieren hilft. Das Gleiche gilt für den Stromimport und -export über das europäische Verbundnetz. Solarstromimporte sind ebenso wie hierzulande Wind- und PV-Anlagen variable Energiequellen, die keine sichere Leistung bieten. Die aufgrund der guten Einstrahlungsverhältnisse im Mittelmeerraum extrem hohe und regelmäßige Verfügbarkeit des Solarstroms erlaubt es allerdings, die Dunkelflauten hierzulande über das ganze Jahr hinweg deutlich zu verkleinern.

Die zeitliche Entwicklung des Transformationspfades ist in Abb. 10.10 für die Jahre 2020, 2030, 2040 und 2050 zu sehen. Da das reale Wetter der Zukunft nicht vorhersehbar ist, sind diese Zeitreihen nicht als Prognose, sondern als Modell zu verstehen, das jedes Jahr den gleichen meteorologischen Bedingungen unterliegt.

Abb. 10.10 zeigt eine Periode im März mit anfangs niedrigem und später hohem Windenergieangebot. An Tagen mit wenig Wind und Sonne wird das Netz zunächst so wie vor dem Jahr 2000 betrieben, mit Grund-, Mittel- und Spitzenlastkraftwerken, die gemeinsam die Last decken, wie vom 16.3. bis zum 20.3. des Modelljahres 2020, an dem sich ein für

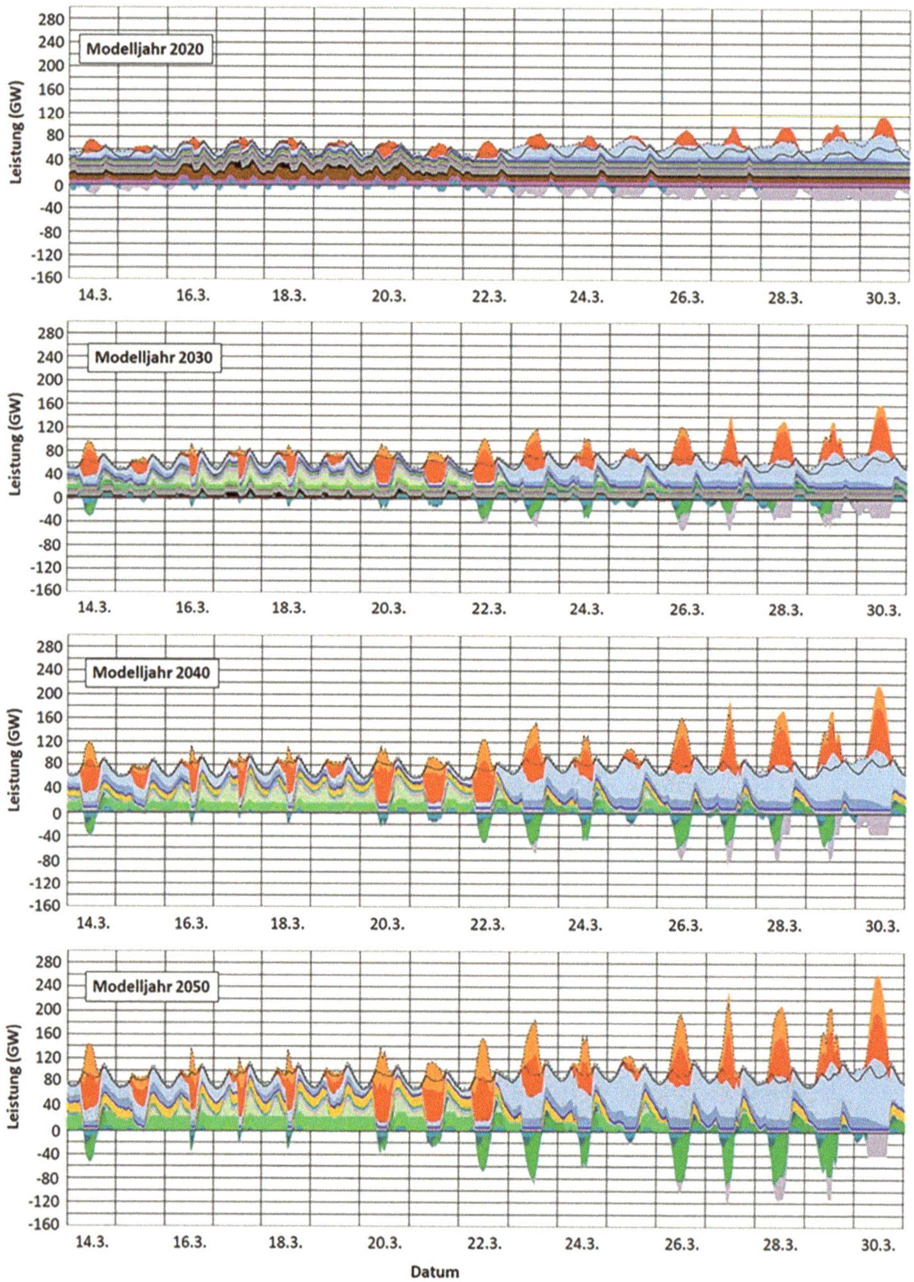

Abb. 10.10 Zeitreihen für die Übergangszeit im Frühjahr vom 14. bis 30. März für die Modelljahre 2020, 2030, 2040 und 2050. Links eine Periode mit niedrigem Solar- und Windangebot. Vom 20.3. bis 22.3. gibt es ein hohes Solarenergieangebot und wenig Wind. Ab dem 23.3. herrscht hohes Wind- und Solarenergieangebot. Überschüsse, die abgeregelt werden müssen, z. B. am 30.3., liegen über der gestrichelten Linie der Bruttolast. Abregelung wird durch Grundlastkraftwerke erhöht und durch Wärmespeicherkraftwerke (WSK) verringert. Legende wie in Abb. 10.9

die Stromversorgung vor der Energiewende typisches, horizontales Versorgungsmuster ergibt. Dagegen sieht man in den darauffolgenden Modelljahren, wie verschiedene Kraftwerkstypen abwechselnd die Last decken. Das neue vertikale, intermittierende Versorgungsmuster ist einer der Paradigmenwechsel der Energiewende.

Pumpspeicher werden im Jahr 2020 zur Glättung von Schwankungen am Vormittag und Nachmittag eingesetzt und durchlaufen zwei Ladezyklen pro Tag. Auf diese Weise erzielen sie zwar einen attraktiven jährlichen Umsatz, nehmen in diesem Betriebsmodus aber auch dann Strom aus dem Netz, wenn keine erneuerbaren Überschüsse vorhanden sind, sodass die dabei entstehenden Versorgungslücken durch konventionelle thermische Kraftwerke aufgefüllt werden müssen.

Langfristig übernehmen WSK die Netzbalance und Pumpspeicher können dann vorrangig zur Speicherung und Verwertung von Stromüberschüssen eingesetzt werden. Besonders kritisch ist der Zeitraum bis 2040 während der Ausmusterung der konventionellen thermischen Kraftwerke, deren sichere Leistung vollständig und mit ausreichend Reserve durch WSK und zusätzliche Back-up-Gasturbinen ersetzt werden muss, um die maximale Residuallast jederzeit vollständig abdecken zu können.

Abb. 10.10 verdeutlicht die große Herausforderung, die mit der Bewältigung der immer höher werdenden Stromspitzen im täglichen Netzbetrieb einhergeht. Der starke Zubau von Wind- und Solarkraft führt nur deshalb nicht vermehrt zu Überschüssen und Abregelung, weil die elektrische Last infolge der Sektorenkopplung ebenfalls zunimmt und die WSK flexibel Ausgleich schaffen.

Die Strommenge, die von den WSK zur Deckung der Residuallast generiert werden muss, steigt bis zum Jahr 2070 auf 277 TWh/a (s. auch Tab. 10.3, Zeile 45). Würde die gleiche Menge Strom von kombinierten Gas- und Dampfturbinenkraftwerken (GuD) mit Wasserstoff erzeugt, dann würde bei einem hypothetisch angenommenen Wirkungsgrad dieser Kraftwerke von 50 %[6] etwa die doppelte Energiemenge in Form von Wasserstoff verbraucht, also etwa 550 TWh_{th}/a. Wiederum unter der Annahme eines Wirkungsgrades von 50 % für Herstellung, Speicherung und Transport des Wasserstoffs müssten dafür zusätzlich 1100 TWh/a Strom für die Beschaffung des Wasserstoffs im In- und Ausland aufgewandt werden. Das wäre das Doppelte des gesamten heute in Deutschland pro Jahr verbrauchten Stroms. Und das wäre in etwa die Energie, die der hier vorgestellte Transformationspfad gegenüber einem Szenario einspart, das versucht, die Residuallast im Stromsektor mit Wasserstoffkraftwerken abzudecken.

Möglicherweise ist der überzogene Energieverbrauch für Wasserstoff einer der Gründe dafür, dass Bioenergiepotenziale in einigen Szenarien als unzureichend eingeschätzt werden. Für ein Versorgungsmodell, in dem 1100 TWh/a Strom für Wasserstoff zusätzlich aufgebracht werden müssten, würden die verfügbaren Bioenergiepotenziale tatsächlich nicht ausreichen. Import von Wasserstoff löst dieses Problem nicht, sondern verschiebt es lediglich auf die internationale Ebene. Folgten alle Länder der deutschen Wasserstoffstrategie,

[6] Optimistischer Durchschnittswert bei hypothetischer Deckung des stark schwankenden Residuallastbedarfs.

würde der globale Stromverbrauch extrem ansteigen. Eine der wichtigsten Effizienzmaßnahmen des vorliegenden Transformationspfades ist deshalb der Verzicht auf Wasserstoff für die Strom- und Wärmeerzeugung beziehungsweise die exklusive stoffliche Nutzung von Wasserstoff und Wasserstoffprodukten für industrielle Zwecke und Kraftstoffe. Dann reichen die Bioenergiepotenziale für die Deckung der Residuallast aus.

Literatur

(Airbus 2023) Airbus, Building a lower emission maritime transport fleet, Oktober 2023, Website besucht am 26.04.2025, https://www.airbus.com/en/newsroom/stories/2023-10-building-a-lower-emission-maritime-transport-fleet

(BMEL 2022) Bundesministerium für Ernährung und Landwirtschaft (BMEL), Die Nationale Biomassestrategie, Berlin 2022, Website besucht am 30.08.2024, https://www.bmleh.de/SharedDocs/Downloads/DE/_Landwirtschaft/Nachwachsende-Rohstoffe/eckpunkte-nationale-biomassestrategie-nabis.html

(BMJ 2023) Bundesministerium der Justiz (BMJ) Gesetz für den Ausbau erneuerbarer Energien (Erneuerbare-Energien-Gesetz – EEG 2023), § 4 Ausbaupfad, https://www.gesetze-im-internet.de/eeg_2014/

(BMWK 2023) Bundesministerium für Wirtschaft und Klimaschutz (BMWK), Fortschreibung der Nationalen Wasserstoffstrategie NWS 2023, Berlin 2023 https://www.bmwk.de/Redaktion/DE/Wasserstoff/Dossiers/wasserstoffstrategie.html

(BMWK 2024) Bundesministerium für Wirtschaft und Klimaschutz, Neue Langfristszenarien für die Energiewende, Online Version, März 2024, https://www.bmwk.de/Redaktion/DE/Schlaglichter-der-Wirtschaftspolitik/2024/04/05-neue-langfristszenarien-fuer-die-energiewende.html sowie Präsentation auf https://langfristszenarien.de/enertile-explorer-wAssets/docs/LFS3_T45_Webinar_Feb_2024_Dezentral_final_presented.pdf

(Dahiru et al. 2022) Dahiru, A.R., Vuokila, A., Huuhtanen, M., Recent development in Power-to-X: Part I – A review on techno-economic analysis, Journal of Energy Storage, Volume 56, Part A, 2022, 105861, ISSN 2352-152X, https://doi.org/10.1016/j.est.2022.105861

(entso-e 2021) European Network of Transmission System Operators for Electricity (entso-e), Completing the map – Power system needs in 2030 and 2040, Ten Year Network Development Plan 2020 (TYNDP) August 2021 · Final version after ACER opinion, https://eepublicdownloads.blob.core.windows.net/public-cdn-container/tyndp-documents/TYNDP2020/FINAL/entso-e_TYNDP2020_IoSN_Summary_2108.pdf

(entso-e 2025) European Network of Transmission System Operators for Electricity (entso-e), The reference for the future European electricity system, website: https://tyndp.entsoe.eu/

(Fthenakis und Kim 2009) Fthenakis, V., Kim, H.C., Land use and electricity generation: A life-cycle analysis, Renewable and Sustainable Energy Reviews, Volume 13, Issues 6–7, August–September 2009, Pages 1465–1474, https://doi.org/10.1016/j.rser.2008.09.017

(Götz et al. 2016) M. Götz, J. Lefebvre, F. Mors, A. McDaniel Koch, F. Graf, S. Bajohr, R. Reimert, T. Kolb, Renewable power-to-gas: a technological and economic review, Renew. Energy 85 (2016) 1371–1390, https://doi.org/10.1016/j.renene.2015.07.066

(Heart 2025) Heart Aerospace, Introducing the ES-30 – A clean-sheet hybrid-electric design engineered to reignite regional aviation, Website besucht am 26.04.2025, https://heartaerospace.com/es-30/

(Hommen 2021) Hommen, M., Elektroautos mit Range Extender: Das leise Comeback des Verbrenners, Artikel im Handelsblatt, 30.09.2021, Quelle: Spotpress, https://www.handelsblatt.com/mobilitaet/motor/auto-technologie-elektroautos-mit-range-extender-das-leise-comeback-des-verbrenners/27664586.html

(LCP 2025) Low Carbon Power, Elektrizität in Norwegen im Jahr 2024, Website besucht am 02.05.2025, https://lowcarbonpower.org/de/region/Norwegen

(Lund et al. 2017) Lund, H., Arler, F., Østergaard, P.A., Hvelplund, F., Connolly, D., Mathiesen, B.V., Karnøe, P., Simulation versus Optimisation: Theoretical Positions in Energy System Modelling, Energies 2017, 10, 840; https://doi.org/10.3390/en10070840

(PtX 2023) International Power-to-X Hub, besucht am 17.05.2023, https://ptx-hub.org/

(Schröder und Görsch 2025) Schröder, J., Görsch, K. (Hrsg.), Erneuerbare Energien im Verkehr. Monitoringbericht. Leipzig (2025): DBFZ. 205 S. ISBN:978-3-949807-23-7. DOI: 10.48480/w11j-9w27, www.dbfz.de/Monitoring-EE-im-Verkehr

(Trieb et al. 2023) Trieb, F., Jäger, J., Geyer, M., Koll, G., Liu, P., Thermal Storage Power Plants – Key for transition to 100% renewable energy, Journal of Energy Storage (2023) 109275 https://doi.org/10.1016/j.est.2023.109275

(Trieb und Thess 2020) Trieb, F., Thess, A., Storage plants – a solution to the residual load challenge of the power sector? Journal of Energy Storage 31 (2020), https://doi.org/10.1016/j.est.2020.101626

WSK

11

Inhaltsverzeichnis

Dieses Kapitel beschreibt die Art und Weise, wie WSK im Modellszenario für die Stromversorgung eingesetzt werden.

11.1 Technik und Komponenten

Das Kernstück des WSK ist ähnlich wie beim konventionellen Dampfkraftwerk ein Dampfkreislauf bestehend aus Dampferzeuger, Dampfturbine mit angeschlossenem Generator (G), Kondensator und Speisewasserpumpe (Abb. 11.1). Der Dampferzeuger wird hier allerdings nicht wie ein mit Brennstoff befeuerter Dampfkessel eines Großkraftwerks, sondern als Wärmetauscher ausgeführt, der durch ein Speichermedium aus dem Wärmespeicher beheizt wird.

Durch den Wärmespeicher ist das Kraftwerk in der Lage, auf schnelle Schwankungen des Stromverbrauchs ebenso wie auf schnelle Schwankungen des erneuerbaren Energieangebots aus dem Netz oder aus der eigenen PV-Anlage reagieren zu können. Damit können andere Speichertechnologien wie Batterien oder Pumpspeicher beim Glätten solcher Schwankungen unterstützt und ergänzt werden.

Ein WSK ist praktisch Kraftwerk und Batterie in einem und genau deshalb sehr flexibel einsetzbar. Die Batterie des Kraftwerks, auch Wärmebatterie oder Carnot-Batterie genannt,

F. X. Trieb, *Perspektiven einer Kohlenstoffkreislaufwirtschaft im Energiebereich*,
https://doi.org/10.1007/978-3-658-50551-6_11

besteht aus einem Elektroerhitzer, der Strom in Hochtemperaturwärme umwandelt, einem Speichermedium, das erhitzt und in einem Behälter zwischengelagert wird, sowie einem Dampferzeuger, der mit der gespeicherten Wärme eine Dampfturbine mit Generator antreibt. Der Elektroerhitzer kann bei entsprechender zukünftiger Entwicklung durch eine Hochtemperaturwärmepumpe ergänzt werden, um zusätzlich Umweltwärme einzubinden und damit den Zyklenwirkungsgrad der Carnot-Batterie zu erhöhen (Nicke 2023).

Der Wärmespeicher besteht aus einem oder mehreren großen, gut isolierten Behältern, in denen sich das eigentliche Speichermedium befindet. Bei einem Speichersystem mit nur einem Behälter wie in Abb. 11.1 arbeitet dieser ähnlich wie ein Schichtenspeicher für Heißwasser. Beim Entladen wird das heiße Medium oben aus dem Tank entnommen und nach der Abkühlung im Dampferzeuger wieder unten zugeführt. Beim Laden wird das abgekühlte Speichermedium unten aus dem Behälter entnommen, im Elektroerhitzer oder im Brenner erwärmt und oben in den Tank zurückgeführt. Ein Wärmespeicher kann auch als Zwei-Tank-System mit einem heißen und einem kalten Tank ausgeführt werden, zwischen denen das Speichermedium beim Laden/Aufheizen und Entladen/Abkühlen zirkuliert. Der größere Aufwand für den zweiten Tank und die komplexere Verrohrung wird durch die räumliche Trennung von heißem und kaltem Speichermedium gerechtfertigt, die jegliche Rückvermischung unterbindet und damit einen besseren Wirkungsgrad ermöglicht (Geyer und Prieto 2022).

Seit Jahrzehnten wird in der Industrie und in solarthermischen Kraftwerken Nitratsalz als Speichermedium für Wärme verwendet (Geyer und Prieto 2022). Dieses wird bei

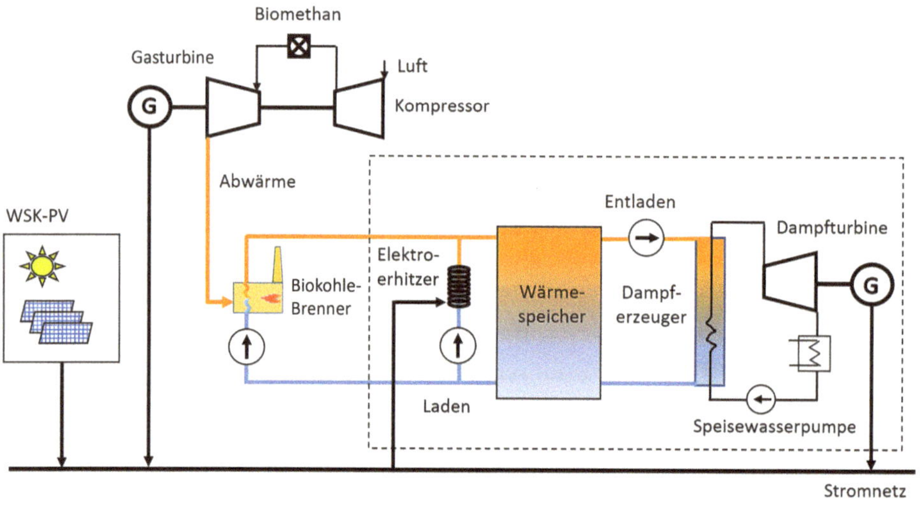

Abb. 11.1 Skizze eines voll ausgebauten Wärmespeicherkraftwerks (WSK) mit einer Wärmebatterie bestehend aus Elektroerhitzer, Wärmespeicher und Dampfkraftwerk, einem zusätzlichen Feststoffbrenner, einer integrierten Photovoltaikanlage (PV-Anlage) und einer Gasturbine für Spitzenlastbetrieb inklusive Wärmerückgewinnung (© Dr. Franz Trieb). Mehr Informationen zu den Grundlagen und Potenzialen der WSK finden sich bei Jäger et al. (2024). *G* Generator

Temperaturen über 240 °C aufgeschmolzen und in flüssiger Form aufbewahrt. Der Schmelzpunkt definiert die tiefste Temperatur im Speicherkreislauf, die nicht unterschritten werden darf. Steht überschüssige Energie aus dem Netz oder aus der eigenen PV-Anlage zur Verfügung, wird das Salz durch den Elektroerhitzer hindurch in den Wärmespeicher gepumpt, der dadurch auf eine Temperatur von etwa 560 °C erhitzt und auf diese Weise aufgeladen wird. Es wird auch an Salzmischungen geforscht, die noch höhere Temperaturen bis 650 °C erlauben, ohne sich zu zersetzen.

Wird die gespeicherte Wärme zur Stromerzeugung gebraucht, um eine Residuallastlücke zu schließen, wird das flüssige Salz durch den Dampferzeuger gepumpt und gibt seine Energie an das Speisewasser des Dampfkreislaufs ab. Das Wasser verdampft und treibt über die Turbine den Generator an. Nachdem der Dampf die Turbine durchlaufen und sich dabei entspannt und abgekühlt hat, wird er kondensiert und über die Speisewasserpumpe und den Dampferzeuger wieder auf Betriebsdruck und Betriebstemperatur gebracht. Der thermodynamische Kreislauf ist dann geschlossen.

Alternativ zur Salzschmelze werden Systeme mit Steinfüllungen und keramischen Speichermaterialien angeboten, die Luft als Transportmedium verwenden (STORASOL 2022). Damit sind im unteren Bereich deutlich niedrigere und im oberen Bereich deutlich höhere Temperaturen als mit der Salzschmelze realisierbar, was zu besseren Wirkungsgraden des Dampfkraftprozesses führen kann.

11.2 Betriebsweisen

WSK bieten folgende Vorteile gegenüber herkömmlichen thermischen Kraftwerken:

1. WSK entfernen mithilfe des Elektroerhitzers und des Wärmespeichers Stromüberschüsse aus dem Netz und verringern damit die Abregelung.
2. WSK können im warmen Bereitschaftsbetrieb ohne Brennstoffverbrauch arbeiten und bieten damit ununterbrochen Momentanreserve entsprechend der Massenträgheit ihrer Turbinen.
3. WSK haben wegen ihrer integrierten PV-Anlage und ihres Speichers einen deutlich geringeren spezifischen Brennstoffverbrauch als konventionelle thermische Kraftwerke.
4. WSK nutzen mehrere Primärenergiequellen (Sonne, Netzüberschuss, verschiedene Brennstoffe) und bieten dadurch redundante Versorgung auch in beliebig langen Dunkelflauten.
5. WSK kommen im Gegensatz zu konventionellen Kraftwerken mit sukzessiv reduzierter Auslastung im Verlauf der Energiewende und mit intermittierendem Betrieb zur Deckung der Residuallast ohne technische und wirtschaftliche Probleme gut zurecht.

Die Einführung von WSK motiviert sich vor allem aus der Flexibilisierung der Stromversorgung. Die thermische Trägheit konventioneller Kraftwerke ist Hauptursache für deren eingeschränkte Flexibilität und ihre nicht unterschreitbare Mindestleistung. Trägheit beim Anfahren kommt dadurch zustande, dass alle Kesselbestandteile ebenso wie der Turbinensatz und der Schmierölkreislauf zunächst auf Betriebstemperatur gebracht werden müssen, bevor die Turbine anlaufen darf, da sonst Materialprobleme entstehen und die Lebensdauer reduziert wird. Kann die thermische Trägheit der Kraftwerkskomponenten dadurch kompensiert werden, dass sie ständig auf Betriebstemperatur gehalten werden, dann kann die Verbrennung besser an schnelle und starke Veränderungen des Strombedarfs angepasst werden.

Das Kraftwerk ständig auf Betriebstemperatur zu halten, auch wenn kein Strom produziert wird, würde viel Brennstoff verbrauchen, und beim Anfahren müsste der Verbrennungsprozess ebenso schnell reagieren können wie die elektrischen Komponenten. Deshalb produzieren konventionelle Kraftwerke auch bei Stromüberschuss mit ihrer Mindestleistung weiter Strom, was unweigerlich zur Abregelung anderer Stromerzeuger führt. Auch konventionelle thermische Kraftwerke könnten wegen ihrer Trägheit für Netzüberschüsse verantwortlich gemacht und abgeregelt werden, aber sie ganz abzuschalten würde bedeuten, auf ihre sichere Leistung zu verzichten. Der zunehmend intermittierende Betrieb zur Deckung der Residuallast stellt also eine zentrale Herausforderung dar, die die Energiewende noch zu meistern hat. Genau diese in Zukunft unverzichtbare Funktionalität bietet der Wärmespeicher eines WSK: Läuft der Brenner bei voller Leistung und sinkt der Strombedarf rapide, kann der Wärmespeicher vorübergehend Energie aufnehmen, bis die Verbrennung ausreichend zurückgefahren wurde. Steigt der Strombedarf bei abgeschalteter Verbrennung, wird solange Wärme aus dem Speicher entnommen, bis die Brennerleistung die elektrische Last übernehmen kann.

Ein wichtiges Alleinstellungsmerkmal der WSK ist die Möglichkeit eines Bereitschaftsbetriebs ohne Brennstoffverbrauch. Herrscht Stromüberschuss im Netz, kann der Dampfkreislauf mit Energie aus dem Speicher warmgehalten werden, ohne dass Brennstoff verbraucht und Strom erzeugt werden muss. Die dem Speicher entnommene Wärme kann bei Überschuss immer wieder aus dem Netz nachgefüllt und auf diese Weise Abregelung reduziert werden. Aus dem warmen Stand-by heraus kann die Leistung eines WSK ohne Verzögerung hochgefahren werden, sobald der Bedarf wieder steigt. Die Fähigkeit der WSK, ihre elektrische Leistung vollständig herunterzufahren, ohne ganz abschalten zu müssen, zusammen mit der Entnahme von Stromüberschüssen aus dem Netz und der schnellen Reaktion auf zurückkehrenden Bedarf, verbessern die Netzdienlichkeit und Flexibilität im Vergleich zu konventionellen thermischen Kraftwerken aller Art enorm (Abb. 11.2).

Während konventionelle Kraftwerke aufgrund ihrer eingeschränkten Flexibilität dem weiteren Ausbau variabler erneuerbarer Energien quasi im Wege stehen, erlauben WSK ganz im Gegenteil einen zusätzlichen starken Ausbau der PV als Teil ihrer eigenen Primärenergieversorgung. In dem hier beschriebenen Ausbaupfad können bis zum Modelljahr 2070 etwa 157 GW PV-Leistung als fester Bestandteil der WSK zugebaut werden, die ohne WSK keinerlei wirtschaftliche Grundlage hätten, denn über 50 % des Solarstroms müssten ohne die Speichermöglichkeit der WSK abgeregelt werden. Nur als integraler Be-

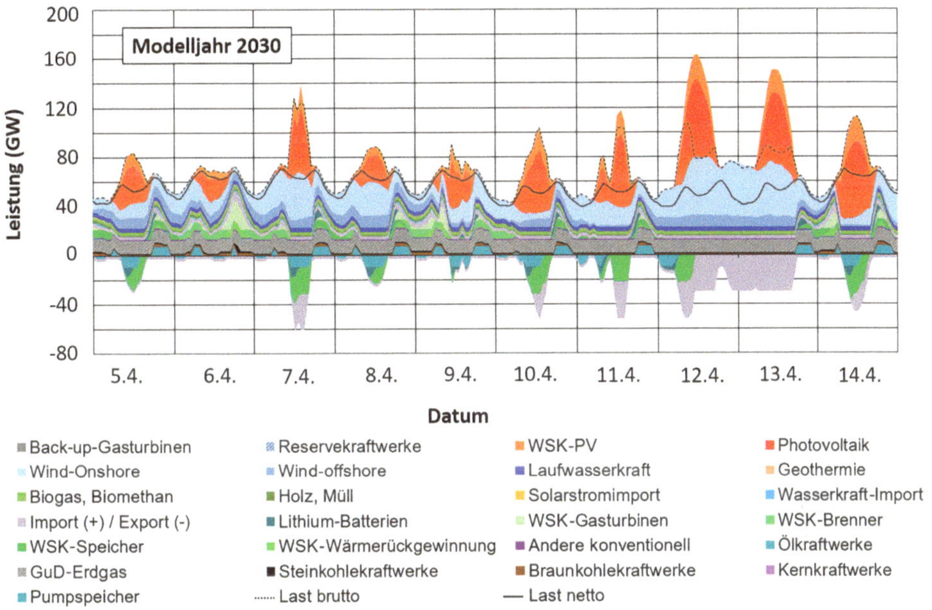

Abb. 11.2 Ausschnitt aus einer Zeitreihe des Strombedarfs und -angebots des Modelljahres 2030, in dem sowohl konventionelle Kraftwerke als auch Wärmespeicherkraftwerke (WSK) am Netz sind. Bei Wind- und Solarstromüberschuss tagsüber vom 12.4. bis zum 13.4. können Kohlekraftwerke und kombinierte Gas- und Dampfturbinenkraftwerke (GuD-Kraftwerke) nur teilweise ihre Leistung reduzieren und verursachen deshalb Überschuss, während WSK in Stand-by gehen, ihren Speicher mit überschüssigem Strom aus dem Netz laden und mit der gespeicherten Energie später die Residuallast bedienen. *PV* Photovoltaik

standteil der WSK ist es möglich, diese große PV-Leistung zuzubauen, ohne massive Stromüberschüsse und Abregelung zu produzieren (Tab. 11.1, Zeilen 17 und 20). Gleichzeitig ist die WSK-PV ein preisgünstiges und kostensenkendes Element der WSK, abgesehen davon, dass sie eine große Menge teuren Brennstoff einspart.

Die WSK-PV-Anlagen können, aber müssen nicht zwingend am gleichen Standort oder in der unmittelbaren Nähe der WSK errichtet werden. Entscheidend ist, dass sie als fester Bestandteil der WSK aus einer Hand gebaut und betrieben werden, um eine optimale Integration zu ermöglichen. Auch wirtschaftlich ist diese Integration von großer Bedeutung: Strom aus eigener PV-Produktion, der direkt ins Netz geliefert werden kann, ist das kostengünstigste WSK-Produkt überhaupt und deutlich wirtschaftlicher als PV-Strom, der eingekauft und dann unter Verlusten als Wärme zwischengespeichert werden muss, bevor er wiederverkauft werden kann. Details zu den Kosten der Energieversorgung werden in Kap. 16 erläutert.

Wie bei allen Kraftwerken, die die Residuallast decken müssen, nimmt die Auslastung der WSK mit der Zeit ab (Tab. 11.1, Zeile 21). Ein besonderes Merkmal der WSK ist der

Tab. 11.1 Entwicklung von Brennstoffverbrauch, Stromerzeugung und Wirkungsgraden der Wärmespeicherkraftwerke (WSK) in den Modelljahren 2030–2070. Der WSK-Bruttostromertrag (Zeile 7) ist die Summe aus den Zeilen 8, 9 und 13. Der für die Berechnung der Wirkungsgrade entscheidende WSK-Nettostromertrag (Zeile 6) ist die Summe aus den Zeilen 8, 9, 14 und 16. In den Einzelposten sind die Energieverluste der Wärmebatterie und die Abregelung bereits berücksichtigt

	A	B	C	D	E	F	G
1	**WSK-Energieumsatz/Modelljahr**		**2030**	**2040**	**2050**	**2060**	**2070**
	Strom aus Brennstoffen (DT + GT)	**TWh/a**	**71**	**118**	**138**	**152**	**171**
2	**Brennstoffverbrauch**	**TWh_{th}/a**	**164**	**266**	**315**	**347**	**387**
3	… Brennstoffverbrauch WSK-Gasturbinen	TWh_{th}/a	140	193	155	151	160
4	…… Anteil Erdgas in WSK-Gasturbinen	%	75	55	35	16	0
5	… Brennstoffverbrauch WSK-Brenner	TWh_{th}/a	23	73	160	196	228
6	**WSK-Nettostromertrag**	**TWh/a**	**93**	**164**	**215**	**244**	**277**
7	**WSK-Bruttostromertrag**	**TWh/a**	**110**	**194**	**270**	**314**	**358**
8	**… Strom aus WSK-Gasturbinen (GT)**	**TWh/a**	**42**	**58**	**47**	**45**	**48**
9	**… Strom aus WSK-Dampfturbinen (DT)**	**TWh/a**	**36**	**72**	**113**	**134**	**154**
10	…… Strom aus WSK-Brenner (DT)	TWh/a	8	27	62	78	92
11	…… Strom aus WSK-Wärmerückgewinnung (DT)	TWh/a	21	33	30	29	31
12	…… Strom aus WSK-Speicher (DT)	TWh/a	7	12	21	27	31
13	**… Strom aus WSK-PV**	**TWh/a**	**32**	**65**	**110**	**135**	**156**
14	…… Strom aus WSK-PV direkt zur Last	TWh/a	10	26	42	49	55
15	…… Strom aus WSK-PV zum Elektroerhitzer	TWh/a	17	30	54	68	78
16	…… Strom aus WSK-PV zu Batterien und Export	TWh/a	5	9	14	16	20
17	…… Abregelung WSK-PV	TWh/a	0,0	0,0	0,4	2,2	3,1
18	Installierte Leistung der WSK-Dampfturbinen	GW	7,0	14,0	23,5	28,0	31,5
19	Installierte Leistung der WSK-Gasturbinen	GW	17,5	35,0	58,8	70,0	78,8
20	Installierte Leistung der WSK-PV	GW	35,0	70,0	117,5	140,0	157,5
21	**Auslastung der WSK (DT + GT)**	**Vbh/a**	**3786**	**3354**	**2620**	**2492**	**2510**
22	… Auslastung der WSK-Dampfturbinen	Vbh/a	5100	5110	4806	4773	4888
23	… Auslastung der WSK-Gasturbinen	Vbh/a	2407	1655	792	649	608
24	… Auslastung der WSK-PV	Vbh/a	916	928	937	964	989
25	**Brennstoffbezogener Wirkungsgrad der WSK**	%	**43**	**44**	**44**	**44**	**44**
26	**Effektiver Wirkungsgrad der WSK**	%	**57**	**62**	**68**	**70**	**72**
27	**Zyklenwirkungsgrad der Wärmebatterie**	%	**39**	**39**	**40**	**40**	**40**
28	**Strom-zu-Strom-Wirkungsgrad für WSK-PV**	%	**68**	**72**	**70**	**68**	**68**
29	**PV-Anteil am WSK-Nettostromertrag**	%	**23**	**28**	**36**	**38**	**38**

PV, Photovoltaik

unabhängige Betrieb der Dampfturbinen und der nur für Spitzenlast reservierten Gasturbinen. Im Gegensatz zu GuD arbeiten beim WSK normalerweise nur die Dampfturbinen, während die Gasturbinen nur dann ans Netz gehen, wenn der Strombedarf die Leistung der Dampfturbinen übersteigt. Die Gasturbinen der WSK, die mit Erdgas und Biomethan befeuert werden, erreichen auf diese Weise als typische Spitzenlastaggregate nur etwa 600–2400 Volllaststunden pro Jahr (Tab. 11.1, Zeile 23). Die Dampfturbinen der WSK, die mit Energie aus dem Speicher, dem Brenner und der Wärmerückgewinnung aus dem Abgas der Gasturbinen betrieben werden, erreichen dagegen deutlich höhere Werte um die 4700–5100 Volllaststunden pro Jahr[1] (Tab. 11.1, Zeile 22). Die getrennte Betriebsweise erlaubt eine wirtschaftlich optimale Auslastung sowohl der kostengünstigen Gasturbinen als auch der deutlich teureren Dampfkraftprozesse. Ein weiterer Vorteil der getrennten Betriebsweise ist die Möglichkeit, die Dampfturbinen der WSK mit biogenen Festbrennstoffen zu befeuern und das Biomethan für die Gasturbinen zu reservieren, sodass die in der Bundesrepublik knappen und relativ teuren Biomethanressourcen entlastet werden. Da der kostengünstige PV-Anteil am Nettostromertrag (Tab. 11.1, Zeile 29) mit sinkender Auslastung ansteigt, sind die WSK wirtschaftlich deutlich besser für die Deckung der Residuallast geeignet als herkömmliche thermische Kraftwerke, bei denen die Kosten mit sinkender Auslastung stark eskalieren (s. Kosten der Erdgas-GuD-Kraftwerke in Tab. 16.1 und in Abb. 16.1).

Ein besonderer Aspekt der WSK ist deren niedriger spezifischer Brennstoffverbrauch beziehungsweise ihr hoher effektiver Wirkungsgrad, also das Verhältnis des pro Jahr erzeugten Stroms (in TWh) zum Brennstoffverbrauch (in TWh_{th}). In Tab. 11.1 sind Stromerzeugung, Brennstoffverbrauch und der daraus berechnete Gesamtwirkungsgrad der WSK für die Modelljahre 2030–2070 aufgelistet. Der angesichts der stark intermittierenden Last sehr hohe effektive Wirkungsgrad von 57 bis 72 % wird von keinem anderen thermischen Kraftwerk erreicht (Tab. 11.1, Zeile 26). Der hohe Wert wird beim WSK durch den Beitrag von gespeicherter und direkt ins Netz eingespeister Sonnenenergie aus den WSK-PV-Anlagen (Tab. 11.1, Zeilen 12, 14, 16) und durch die Wärmerückgewinnung aus dem Abgas der Gasturbinen ermöglicht (Zeile 11). Berücksichtigt man nur den mithilfe von Brennstoffen erzeugten Strom aus der Gasturbine (Zeile 8), dem Brenner (Zeile 10) und der Wärmerückgewinnung (Zeile 11), dann kommt das WSK trotz des intermittierenden Betriebs immerhin noch auf einen brennstoffbezogenen Wirkungsgrad von bis zu 44 % (Zeile 25). Das liegt daran, dass die Dampfturbine gut ausgelastet ist und der Wärmespeicher starke Lastschwankungen abpuffern und so Effizienzverluste des Brenners vermeiden kann.

Der Strom-zu-Strom-Wirkungsgrad (Tab. 11.1, Zeile 28) bezogen auf den insgesamt generierten Strom aus WSK-PV (Zeile 13) erreicht mit dem gespeicherten Strom (Zeile

[1] Äquivalente Volllastbetriebsstunden (Vbh) der einzelnen Technologien können aus der jährlichen Stromerzeugung (bitte von TWh in GWh umrechnen) dividiert durch die installierte Leistung (in GW) aus Tab. 10.2 berechnet werden. Ein Jahr hat 8760 h, in denen aber oft mit reduzierter Leistung oder nicht produziert wird.

12) und dem direkt ins Netz abgegebenen Strom (Zeilen 14 und 16) abzüglich Abregelung (Zeile 17) bis über 70 %. Dieser Wert liegt in derselben Größenordnung wie der Zyklenwirkungsgrad anderer Speichertechnologien, obwohl die Wärmebatterie allein nur einen Zyklenwirkungsgrad[2] von 40 % erreicht (Zeile 27). Aus diesem Grund wird Strom aus dem WSK-PV vorrangig direkt vermarktet und nur dann dem Wärmespeicher zugeführt, wenn das Netz bereits gesättigt ist.

Die Gasturbinen der WSK können teilweise mit Erdgas betrieben werden, bis ausreichend Biomethan zur Verfügung steht (Tab. 11.1, Zeile 4). Das passt zu der Vorstellung, Biomethan in Erdgaspipelines einzuspeisen und so im Lauf der Jahrzehnte den biogenen Anteil sukzessiv auf bis zu 100 % zu erhöhen. Die Möglichkeit, anfangs fossile Brennstoffe zu verwenden und diese später durch gleichwertige Bioenergieträger zu ersetzen, besteht natürlich auch beim Feststoffbrenner im Wärmespeicherkreislauf (Trieb, Liu und Koll 2022; Liu und Trieb 2022; Jäger et al. 2024).

Zudem können bereits heute thermische Kraftwerke aller Art mithilfe von Wärmespeichern, Elektroerhitzern und PV-Anlagen zu WSK umgerüstet und damit flexibler und netzdienlicher gemacht werden (Geyer und Giuliano 2022; Roldán Serrano 2024). So können Teile der existierenden Infrastruktur und viele Arbeitsplätze erhalten werden.

Ein WSK liefert jederzeit sichere Leistung, und je mehr Sonnenenergie verfügbar ist, desto weniger Brennstoff wird dafür gebraucht. In der Atacama-Wüste im Norden Chiles wird derzeit ein Kohlekraftwerk zu einer Wärmebatterie mit Elektroerhitzer, Salzwärmespeicher und Dampfkraftwerk umgebaut. Unter den hervorragenden Einstrahlungsbedingungen dieser Region ist geplant, aus der Kombination sehr großer PV-Anlagen und der Wärmebatterie einen Kraftwerksbetrieb zu ermöglichen, der das ehemalige Kohlekraftwerk weitgehend ersetzen kann (Murray 2023; AES 2023).

Während ein WSK in Deutschland etwa ein Drittel des normalerweise von thermischen Kraftwerken benötigten Brennstoffs durch den Beitrag von Sonnenenergie einspart (Tab. 11.1, Zeile 29), kann es unter außergewöhnlich guten Einstrahlungsbedingungen fast ganz ohne Brennstoff auskommen. Je besser die jährliche solare Einstrahlung, desto geringer der Brennstoffverbrauch. Das sind sehr gute Voraussetzungen für einen weltweiten Einsatz dieser Technologie zur Deckung der Residuallast. Allerdings liefert ein WSK nur mithilfe von Brennstoff 100%ige sichere Leistung. Ganz auf Brennstoff zu verzichten, hieße, auf die sichere Leistung des Kraftwerks zu verzichten, denn auch unter den besten meteorologischen Bedingungen kann der Speicher eines WSK – so wie jeder andere Speicher – während einer längeren Dunkelflaute innerhalb von zwei bis drei Tagen leerlaufen. Dann kann jederzeit die Situation eintreten, dass die Leistung des Kraftwerks nur noch mithilfe von Brennstoff aufrechterhalten werden kann.

[2] Der Zyklenwirkungsgrad der Wärmebatterie ist der Quotient aus ein- und ausgespeistem Strom (Zeile 12/Zeile 15). Diese Werte gelten für die Konfiguration mit Elektroerhitzer. Wird zusätzlich eine Hochtemperaturwärmepumpe verwendet, kann sich der Zyklenwirkungsgrad ebenso wie der Strom-zu-Strom-Wirkungsgrad weiter verbessern.

Literatur

(AES 2023) Applied Energy Services (AES) Pressemitteilung: AES Andes obtains unanimous environmental approval for the coal-fired thermoelectric plant conversion project Alba, November 29, 2023, https://www.aeschile.com/en/press-release/aes-andes-obtains-unanimous-environmental-approval-coal-fired-thermoelectric-plant

(Geyer und Prieto 2022) Geyer, M., Prieto, C., Storing Energy in Molten Salts, in Letcher, T.M., Storing Energy With Special Reference to Renewable Energy, Elsevier, Amsterdam (2022), S. 445 ff, ISBN: 978-0-12-824510-1, https://www.sciencedirect.com/book/9780128245101/storing-energy

(Geyer und Giuliano 2022) Geyer, M., Giuliano, S., Conversion of Existing Coal Plants into Thermal Storage Plants, Encyclopedia of Energy Storage, Vol. 2, 2022, 122–132, https://doi.org/10.1016/B978-0-12-819723-3.00117-7

(Jäger et al. 2024) Jäger, J., Trieb, F., Roldan Serrano, M.I., Koll, G., Trompetter, P., Wärmespeicherkraftwerke – Ihre Rolle im Energiesystem & Roadmap für die Markteinführung in Deutschland, Projektbericht Kohleatlas, Deutsches Zentrum für Luft- und Raumfahrt (2024), https://elib.dlr.de/209639/

(Liu und Trieb 2022) Liu, P., Trieb, F., Cost comparison of thermal storage power plants and conventional power plants for flexible residual load coverage, Journal of Energy Storage, Vol. 56, Part B, (2022), https://doi.org/10.1016/j.est.2022.106027

(Murray 2023) Murray, C. AES Andes gets green light for 560 MW molten salt energy storage project in Chile, Energy Storage News, https://www.energy-storage.news/aes-andes-gets-green-light-for-560mw-molten-salt-energy-storage-project-in-chile/

(Nicke 2023) Nicke, E., Industrieprozesse mittels Hochtemperatur-Wärmepumpen – Effizient dekarbonisieren, DLR-Institut für CO_2-arme Industrieprozesse – Abteilung Hochtemperatur-Wärmepumpen, 21. Forum Wärmepumpe, 08. – 09. November, Berlin (2023), https://elib.dlr.de/199587/1/Industrieprozesse%20mittels%20Hochtemperatur-W%C3%A4rmepumpen%20effizient%20dekarbonisieren.pdf

(Roldán Serrano 2024) Roldán Serrano M.I., Knobloch, K., Giuliano, S., Engelbrecht, K., Hirsch, T., Retrofit of a coal-fired power plant with a rock bed thermal energy storage, Journal of Energy Storage, Volume 75, 1 January 2024, 109238, https://doi.org/10.1016/j.est.2023.109238

(STORASOL 2022) Storasol GmbH, Hochtemperatur Wärmespeicher – Thermischer Stromspeicher, Internet Website, https://storasol.com/de_de/

(Trieb, Liu und Koll 2022) Trieb, F., Liu, P., Koll, G., Thermal Storage Power Plants (TSPP) – Operation modes for flexible renewable power supply, Journal of Energy Storage 50 (2022), https://doi.org/10.1016/j.est.2022.104282

12 Energieimporte

Inhaltsverzeichnis

Tab. 12.1 zeigt die Energieimporte im Rahmen des hier beschriebenen Transformationspfades der Energieversorgung Deutschlands (für das Jahr 2020 s. auch AGEB 2021). Es wird an dieser Stelle davon ausgegangen, dass in der Bundesrepublik Deutschland langfristig *industrieller Wasserstoff* mit einem Heizwert von etwa 160 TWh_{th} pro Jahr benötigt wird, der Koks in der Stahlindustrie und Wasserstoff zur Produktion chemischer Grundstoffe wie Ammoniak und Methanol ersetzen soll, der bisher aus fossilen Brennstoffen gewonnen wird. Schätzungen dazu gehen allerdings weit auseinander (Deutscher Bundestag 2022). Dazu kommt gemäß dem Modellszenario ein Bedarf an synthetischen Kraftstoffen, die mit Hilfe von Wasserstoff hergestellt werden, von 150 TWh_{th}/a. Insgesamt besteht also ein Bedarf von circa 310 TWh_{th}/a. Da im Modellszenario im Jahr 2070 etwa 93 TWh_{th} an Wasserstoff heimisch erzeugt werden, ergibt das langfristig einen Importbedarf für Wasserstoff und Wasserstoffprodukte von etwa 217 TWh_{th}/a.

Etwa 117 TWh/a *Strom aus solarthermischen Kraftwerken* werden im Modell per Hochspannungs-Gleichstromübertragung importiert und im deutschen Stromnetz verteilt. *Wasserkraftimporte* aus Skandinavien, ebenfalls per HGÜ, erreichen die Größenordnung von 13 TWh/a. *Biobrennstoffe* für alle Sektoren nehmen langfristig ein Importvolumen von 38 TWh_{th}/a ein. Weitere Energieimporte aus den Nachbarländern finden über das Wechselstrom-Übertragungsnetz statt. Insgesamt sinkt die Abhängigkeit von Energieimporten

F. X. Trieb, *Perspektiven einer Kohlenstoffkreislaufwirtschaft im Energiebereich*, https://doi.org/10.1007/978-3-658-50551-6_12

Tab. 12.1 Energieimporte in TWh/a im Rahmen des hier beschriebenen Transformationspfades

Energieimporte/Modelljahr	2020	2030	2040	2050	2060	2070
Erdgas	830	698	405	152	28	0
Mineralöl	1113	1004	607	245	54	0
Steinkohle	249	164	45	4	0	0
Kernenergie (Uran)	195	0	0	0	0	0
Bioenergieträger	18	0	0	0	9	38
Wasserstoff + H_2-Produkte	0	2	26	80	139	217
Solarstrom (HGÜ)	0	0	38	63	98	117
Wasserkraft (HGÜ)	0	4	10	12	12	13
Internationales Stromnetz	47	65	68	62	61	62
Summe	**2452**	**1936**	**1199**	**618**	**400**	**446**
Summe Modelljahr/ Summe 2020	100 %	79 %	49 %	25 %	16 %	18 %

aufgrund der zunehmend heimischen Versorgung mit erneuerbaren Energien auf unter 20 % des Ausgangswertes von 2020 ab. Die Zahlenwerte aus dem Modellszenario lassen großen Spielraum für Variationen, da in allen Fällen, insbesondere aber bei der Bioenergie, die Alternative zwischen heimischer Produktion und Importen besteht. In jedem einzelnen Fall müssen soziale, politische, ökologische und wirtschaftliche Vor- und Nachteile solcher Importe sorgfältig abgewogen und negative Auswirkungen vermieden oder wenigstens minimiert werden.

12.1 Solarstromimport via Hochspannungs-Gleichstrom-Übertragung

Die Idee des Solarstromimports aus Nordafrika wurde von dem Hamburger Physiker Dr. Gerhard Knies um das Jahr 2002 ins Leben gerufen und wurde in den Jahren 2006 bis 2012 kontrovers diskutiert, aber nicht in die Tat umgesetzt. Die Veröffentlichung der Studie „TRANS-CSP – Trans-Mediterranean Interconnection for Concentrating Solar Power" des Deutschen Zentrums für Luft- und Raumfahrt (DLR) im Jahr 2006 weckte großes Interesse in ganz Europa und führte 2009 zur Gründung der DESERTEC Foundation (DESERTEC 2025) und der DESERTEC Industrial-Initiative, später Dii Desert Energy (Dii 2025).

TRANS-CSP (2006) schlägt konkrete, planbare und quantifizierbare Einzelprojekte entsprechend der Skizze in Abb. 12.1 vor, die man analog zu Gas-Pipelines auch Solarstrom-Pipelines nennen könnte, mit jeweils einem konkreten Standort für ein solarthermisches Kraftwerk (STKW) in Nordafrika (Energiequelle), einem konkreten Verlauf der HGÜ-Übertragungsleitung durch die Transferländer (Pipeline) und einem konkreten Einspeisepunkt (Terminal) an einem europäischen Netzknoten. Als Einspeiseterminals in der Bundesrepublik Deutschland waren unter anderem Standorte ehemaliger Kernkraftanlagen vorgesehen, die bereits über die notwendige Infrastruktur zum Anschluss an das

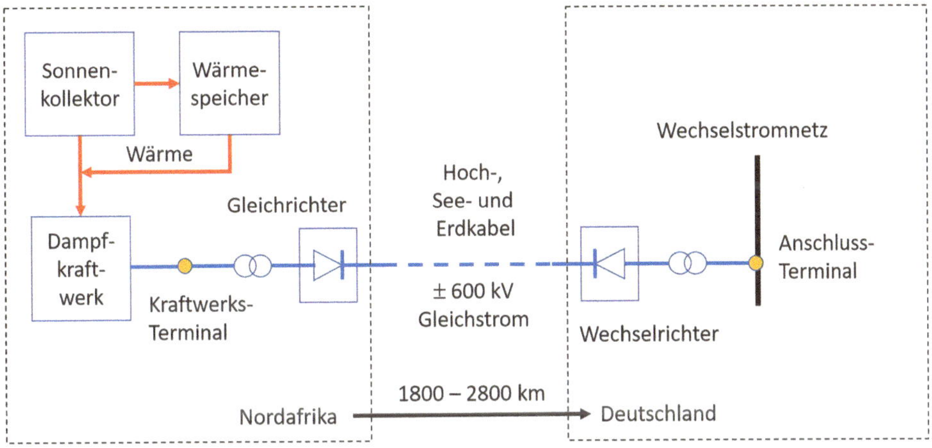

Abb. 12.1 Prinzip des Solarstromimports aus solarthermischen Kraftwerken im südlichen Mittelmeerraum mittels Hochspannungs-Gleichstrom-Übertragung (Trieb 2021). Grundsätzlich kann das gleiche Konzept mit Wärmespeicherkraftwerken realisiert werden

Wechselstromnetz verfügen. Die Trans-Mediterranean Renewable Energy Cooperation, eine Gruppe internationaler Wissenschaftler, publizierte dazu ein Weißbuch mit einem Szenario, in dem solche HGÜ Verbindungen Solarstrom aus der Sahara und andere erneuerbare Energieressourcen aus ganz Europa, dem Mittleren Osten und Nordafrika (EU-MENA) auf diese Weise übertragen und in die Wechselstromnetze einspeisen (TREC 2007).

Die Dii GmbH schlug im Jahr 2012 einen Gegenentwurf vor: Dabei handelte es sich um ein hypothetisches, ideal durchlässiges Stromnetz ähnlich einer virtuellen Kupferplatte, in das überall in Nordafrika, dem Nahen Osten und Europa (EUMENA) Strom aus Wind- und Solarenergie eingespeist und überallhin verteilt werden sollte (Zickfeld und Wieland 2012). Das abstrakte Netzmodell der Dii setzte außerordentliche Transferleistungen zwischen den beteiligten Ländern voraus – so zum Beispiel das Fünfzigfache der damals verfügbaren Transferleistung zwischen Spanien und Marokko – und ließ dabei offen, wie, an welchem Punkt und durch wen mit Planung und Bau eines solchen Netzes begonnen werden sollte – eine Frage, die bis heute unbeantwortet blieb.

Eine Machbarkeitsuntersuchung zum ursprünglichen Konzept konkreter einzelner HGÜ-Solarstromleitungen von Nordafrika nach Europa gemäß TRANS-CSP wurde damals nicht durchgeführt, und die Idee des Solarstromimports wurde nach Fertigstellung der Nord Stream-Gaspipeline aus Russland im Jahr 2012 auf der politischen und industriellen Ebene nicht mehr weiter verfolgt und nur noch von wissenschaftlicher Seite weiter untersucht (Trieb et al. 2012: Hess 2013: Stetter 2014).

Solarstromimporte aus Nordafrika bieten einige Vorteile:

- Durch die etwa doppelt so hohe jährliche Einstrahlung in Nordafrika kann dort über das Jahr hinweg deutlich mehr und gleichmäßiger Solarstrom generiert werden als hierzulande.

- In Verbindung mit thermischen Energiespeichern kann ein solarthermisches Kraftwerk je nach Auslegung von Speicher und Solarfeld dort über 7000 Volllastbetriebsstunden im Jahr erreichen (zum Vergleich: PV-Anlagen erreichen bei uns nur etwa 1000 Volllaststunden pro Jahr).
- Hochspannungs-Gleichstrom-Übertragung (HGÜ) durch entsprechende Kabel, die seit Jahrzehnten auf allen Kontinenten zur Fernübertragung von erneuerbarem Strom eingesetzt werden, hat trotz großer Entfernungen von bis zu 2800 km – zum Beispiel von Ouarzazate in Marokko bis Neckarwestheim in Deutschland – nur etwa 10–15 % Verlust (Trieb et al. 2012; Hess 2013). Würde der Strom über das Wechselstromnetz übertragen, gingen dagegen mehr als 50 % der Energie verloren. Eine Übertragung des Solarstroms via Elektrolyse in Marokko und Verbrennung des erzeugten Wasserstoffs in einem Kraftwerk bei uns hätte sogar bis zu 80 % Energieverlust zur Folge (siehe auch Abb. 12.4).
- Solarthermische Kraftwerke in der Sahara für den Export und für die nationale Versorgung können der Kern von Wirtschaftszonen und Technologiestandorten mit Arbeitsplätzen, Einkommen sowie Wasserentsalzung und Energieversorgung für die lokale Bevölkerung werden (Trieb 2021; AQUA-CSP 2007; MED-CSP 2005; World Bank 2012).
- Solarstromimporte führen potenziell zu einer spürbaren Senkung und Stabilisierung der Stromkosten der Energiewende (Trieb und Thess 2023).

Aus deutscher und europäischer Sicht beruht die Logik hinter dem Solarstromimport aus Nordafrika auf der Tatsache, dass die dort verfügbare Solarenergieressource nicht nur mehr als doppelt so viel Energie pro Quadratkilometer Landfläche bereitstellt wie hierzulande, sondern zudem viel regelmäßiger über das ganze Jahr verteilt ist und auch in den Wintermonaten zufriedenstellende Erträge liefert. Darüber hinaus gibt es in der Sahara sehr große ungenutzte Landflächen, die für die Aufstellung von Sonnenkollektoren potenziell verfügbar sind. Der Solarstrom wird nicht über das konventionelle Stromnetz übertragen, sondern durch eine Hochspannungs-Gleichstrom-Übertragungsleitung (HGÜ) direkt in einen geeigneten Netzknotenpunkt in Deutschland geschickt, dort in Wechselstrom umgewandelt und erst dann im Stromnetz verteilt (Trieb et al. 2012). Die Leistung jeder einzelnen Verbindung ist kleiner als die maximale Ausfallleistung von 3 GW, die das europäische Stromnetz toleriert. Die Kraftwerke können nur dann Strom liefern, wenn genügend Sonnenenergie direkt oder im Speicher verfügbar ist. Ihre Leistung muss deshalb jederzeit durch sicher verfügbare Leistung heimischer Kraftwerke ersetzt werden können. Der Solarstrom spart heimische Ressourcen in Deutschland ein, garantiert aber keine sichere Leistung.

Für die Bevölkerung im Exportland besteht mit dem Bau von solarthermischen Kraftwerken die Chance, große Wirtschaftszonen zu errichten und Arbeit und Einkommen in Regionen zu schaffen, die außer der bisherigen Ausbeutung mineralischer Rohstoffe wie zum Beispiel Salz, Phosphate oder Erdgas wenig zu bieten haben. Die sich über mehrere Quadratkilometer erstreckenden Solarkollektorfelder sind arbeitsintensiv, denn sie müssen regelmäßig gewartet und gereinigt werden. Mit Hilfe von Wasserentsalzung, unterstützt durch Schatten und durch die Kondensation von Luftfeuchtigkeit an den Kollektoren, bietet der Boden unter den Kollektorfeldern viele Möglichkeiten der landwirtschaftlichen Nutzung als Weideland oder für den Anbau geeigneter Kulturpflanzen. Ähnlich wie die Vermarktung erneuerbarer Energie bei uns längst ein Teil des Geschäftsmodells von Landwirten geworden ist, könnte sie auch dort einen wichtigen Beitrag zur ländlichen Entwicklung liefern und den zunehmenden sozialen Druck in Regionen lindern, deren Bevölkerung wächst und deren landwirtschaftlich nutzbare Flächen wegen Klimaveränderungen schrumpfen. Trotzdem gibt es einen wichtigen Unterschied: während hierzulande die Landwirtschaft die Basis für Agrar-PV und Windkraftwerke darstellt, könnten dort Solarkraftwerke der Ausgangspunkt für Land- und Forstwirtschaft in der Wüste werden.

Die Vision solcher Wirtschaftszonen steht und fällt mit der Verfügbarkeit von Trinkwasser, welches in der Sahara ein knappes Gut ist. Wasser an sich ist dort paradoxerweise gar nicht knapp, denn die Sahara mit ihren neun Millionen Quadratkilometern Landfläche ist im Westen, Norden und Osten vom Meer umgeben und ruht darüber hinaus auf riesigen unterirdischen Wasservorkommen, die einem urzeitlichen Flusslauf zu verdanken sind. Aber all dieses Wasser ist durchweg zu salzhaltig, um es zu trinken oder für die Bewässerung von Pflanzen zu nutzen.

Der Bau solarthermischer Kraftwerke in der Wüste bietet deshalb die Chance, den für den Mangel an Trinkwasser verantwortlichen Überfluss an Sonnenenergie zu nutzen, um das Salz aus dem Wasser zu entfernen und es als Trinkwasser nutzbar zu machen (AQUA-CSP 2007; World Bank 2012). Nur wenige Prozent des Stromertrags eines großen solarthermischen Kraftwerks sind nötig, um eine Menge Wasser zu entsalzen, die für die Versorgung des Kraftwerks, für tausende Menschen und deren Vieh in den umliegenden Siedlungen sowie für die Bewässerung hunderter Quadratkilometer Wüste um das Kraftwerk herum ausreicht (Trieb 2021). Auch die Kraftwerke können von einem grünen Gürtel profitieren, der Wind und Staub von den Kollektoren fernhält, während die Beschattung des Bodens unter den Sonnenkollektoren den Wasserverbrauch für die Bewässerung dämpft. Gleichzeitig entsteht Biomasse, ein ebenfalls seltenes und gefragtes Gut in der Wüste, sei es als Nahrung, Baumaterial oder Energiequelle. Würde dieses Konzept zum Standard erhoben, entstünde zusammen mit jedem Solarkraftwerk in Nordafrika eine grüne, lebendige Oase (vergl. Abb. 12.3).

Strom aus solarthermischen Kraftwerken wird in Ländern des Mittelmeerraums wie Spanien und Marokko schon seit Jahrzehnten genutzt, und es sind dort mehr als genug Flächen vorhanden, um diese Ressource auch für den Export nutzbar zu machen. Das Interesse der nordafrikanischen Länder an einem Solarstromexport nach Europa ist durchweg groß. In Marokko wurden schon im Jahr 2010 entsprechende Regulierungen eingeführt (MEMEE 2010). Allerdings fehlte es bisher am politischen Willen hierzulande, diese große erneuerbare Energieressource auch für Deutschland und Europa zu erschließen.

Ein solarthermisches Kraftwerk funktioniert ganz ähnlich wie ein Wärmespeicherkraftwerk. Die Sonnenenergie wird allerdings nicht mit Photovoltaikmodulen, sondern so wie zum Beispiel bei der in Abb. 12.2 dargestellten Ausführung mit Hilfe von Spiegeln, die der

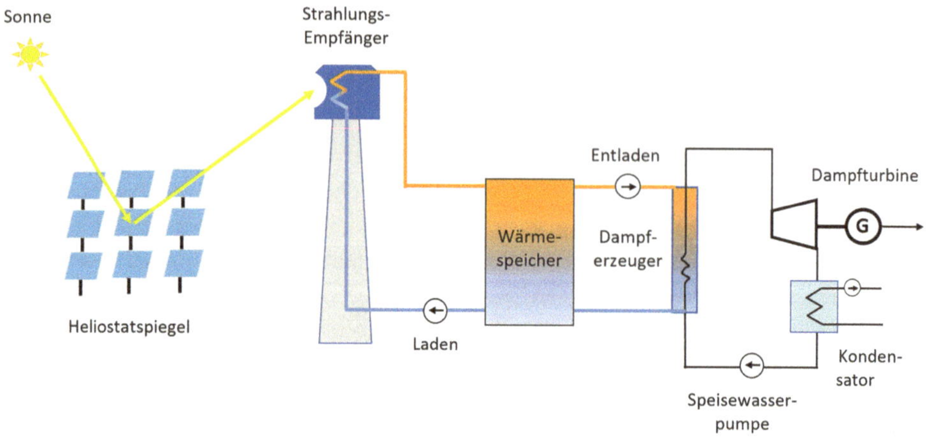

Abb. 12.2 Vereinfachte Darstellung eines solarthermischen Kraftwerks mit Strahlungsempfänger auf einem Turm. Sonnenlicht wird von tausenden dem Lauf der Sonne folgenden Spiegeln (Heliostaten) auf einen Wärmetauscher in der Turmspitze reflektiert und heizt dort ein Fluid auf, welches anschließend im Wärmespeicher gelagert wird. Zur Stromerzeugung wird der Speicher entladen und das heiße Fluid durch den Dampferzeuger des Dampfkraftwerks gepumpt. Beim Solarstromexport wird im Modell auf zusätzliche Befeuerung mit Brennstoffen und damit auf die sichere Leistung der Kraftwerke verzichtet

Sonne nachgeführt werden, gesammelt und zur Spitze eines zentral im Kollektorfeld stehenden Turms reflektiert. Der Strahlungsempfänger in der Turmspitze, bei dem es sich um einen speziell dafür konstruierten Wärmetauscher handelt, heizt ein Wärmeträgerfluid auf ausreichend hohe Temperaturen zum Betrieb des Dampfkreislaufs und der Dampfturbine. Ein Teil der so gesammelten Energie wird in einem großen Wärmespeicher zwischengelagert und bei Bedarf, insbesondere nachts, zur Stromerzeugung an den Dampfkreislauf abgegeben.

Solarthermische Kraftwerke haben zum Teil riesige Dimensionen. Zum Beispiel kommen bei einem Turmkraftwerk mit 150 MW elektrischer Leistung und einer Speicherkapazität von 7,5 Volllastbetriebsstunden bis zu 7500 bewegliche Spiegel mit je 180 m^2 Fläche, montiert auf 10 m hohen Pylonen zum Einsatz. Der Strahlungsempfänger sitzt auf einem bis zu 250 m hohen Turm im Zentrum oder am Rande des Spiegelfeldes. Infos und Daten zu den verschiedenen Technologien solarthermischer Stromerzeugung sind beim Deutschen Zentrum für Luft- und Raumfahrt (DLR 2024) und beim National Renewable Energy Laboratory (NREL 2024) sowie auf der Website der Forschungsinitiative SolarPaces der Internationalen Energieagentur zu finden (SolarPaces 2025).

Ein wichtiger Unterschied zum Wärmespeicherkraftwerk besteht darin, dass die eingefangene Solarwärme nicht wie bei der Photovoltaik direkt an das Stromnetz abgegeben werden kann. Das bedeutet, dass die gesammelte Strahlungsenergie mit entsprechenden Verlusten über den Dampfkreislauf in Strom umgewandelt werden muss. Auf der anderen Seite ist das konzentrierende Kollektorfeld sehr effizient, was die Erzeugung von Hoch-

Abb. 12.3 Oben: Spiegelfeld und Strahlungsempfänger des 10 MW Solarkraftwerks Solar One in der Mojave Wüste bei Dagget, Kalifornien (Foto: Anja Trieb). Unten: Heliostatspiegelfeld des Solarturm-Forschungskraftwerks des Deutschen Zentrums für Luft- und Raumfahrt in Jülich, Nordrhein-Westfalen. (Foto: DLR CC BY 3.0, DLR 2024). Die grüne Wiese, die in Deutschland selbstverständlich ist, kann durch Bewässerung mit entsalztem Meer- oder Brackwasser innerhalb weniger Jahre auch in ariden Zonen entstehen. Energie für die Entsalzung liefert die Wüstensonne selbst. Die zweiachsig der Sonne nachgeführten Heliostaten sind bei großen Anlagen auf bis zu 10 m hohen Pylonen montiert, sodass darunter Land- und Weidewirtschaft betrieben werden kann

temperaturwärme betrifft, sodass an dieser Stelle deutlich geringere Verluste als bei der Photovoltaik und dem Elektroerhitzer im Wärmespeicherkraftwerk auftreten. Die Verwendung von Spiegeln zum Sammeln der Sonnenenergie setzt voraus, dass Sonnenstrahlen in eine bestimmte Richtung reflektiert werden können, es muss also möglichst oft klares Wetter herrschen, damit STKW optimal arbeiten können. Photovoltaik liefert Strom dagegen auch bei bedecktem Himmel, wenn das Licht aus allen Richtungen kommt, dann aber natürlich weniger als bei direktem Sonnenschein. Deshalb sind WSK mit eigener WSK-PV in unseren Breiten besser für die Energieversorgung geeignet als solarthermische Kraftwerke. Der Nettowirkungsgrad der Umwandlung von Sonnenenergie in Strom abzüglich des Eigenbedarfs der Kraftwerke kann bei beiden Kraftwerkstypen je nach Umgebungsbedingungen, Einstrahlung und dem direkt verstromten Anteil der WSK-PV durchschnittliche Werte zwischen 15 % und 20 % erreichen.

Solarthermische Kraftwerke können ebenfalls Brennstoffe für die Dampferzeugung verwenden und genauso wie Wärmespeicherkraftwerke jederzeit sichere Leistung liefern. Im Fall des Solarstromexports nach Europa wird im Modell auf diese Option verzichtet, da installierte Leistung im Ausland – in diesem Fall sogar auf einem anderen Kontinent – nicht ohne weiteres als sicher eingestuft werden kann. Die Kraftwerke liefern im Modell nur dann Strom, wenn die Sonne scheint oder genug Energie im Wärmespeicher ist. Für die lokale und nationale Stromversorgung in Nordafrika liegt es allerdings nahe, im Umfeld der solarthermischen Kraftwerke mit Hilfe von Meerwasserentsalzung und Bewässerung biogene Brennstoffe zu generieren und diese ebenfalls in den Kraftwerken zu nutzen, um jederzeit flexibel auf Veränderungen des Strombedarfs reagieren zu können. Natürlich könnten auch Exportkraftwerke lokale Biobrennstoffe und Backup-Brenner einsetzen, um die Redundanz der Exportstromversorgung weiter zu verbessern. Denkbar wäre auch, dass solche Kraftwerke gleichzeitig Solarstrom für den Export und entsalztes Wasser für die ländliche Entwicklung vor Ort produzieren (Trieb 2021).

Aufgrund der gewaltigen Dimensionen solarthermischer Kraftwerke und der damit verbundenen aufwändigen Wartung werden sich langfristig vermutlich mittelgroße, modulare Einheiten mit Leistungen zwischen 50 und 100 MW durchsetzen, die nach festen Standards ausgelegt und in Serie hergestellt werden, um Lernkurven und Skaleneffekte für die Kostensenkung zu nutzen. Gleiches gilt für Wärmespeicherkraftwerke, die ähnliche Speichertechnologien verwenden. Eine Dezentralisierung der Energieversorgung mit kleinen und mittelgroßen Einheiten ist im Hinblick auf die naturgemäß dezentrale Beschaffung von Biobrennstoffen für die zusätzliche Befeuerung notwendig und sinnvoll. Technische und wirtschaftliche Modellparameter dieser und aller anderen verwendeten Technologien sind in den Tab. A.1 bis A.5 im Anhang zu finden.

12.2 Import von Wasserstoff und Wasserstoffprodukten

Wasserstoff und Wasserstoffprodukte wie Ammoniak, Methanol, synthetische Kraftstoffe (Synfuels) und nachhaltige Flugkraftstoffe (Sustainable Aviation Fuels, SAF) können im Industrie- und Verkehrssektor eingesetzt werden, um CO_2-Emissionen zu reduzieren (Matthes et al. 2020). Diese Stoffe können bei der Dekarbonisierung von Sektoren helfen, die schwer elektrifizierbar sind, wie zum Beispiel der Stahlindustrie und dem interkontinentalen Flug- und Schiffsverkehr. Da die Erzeugung von grünem Wasserstoff durch Elektrolyse eine große Menge erneuerbarer Primärenergie benötigt, werden Länder mit begrenzten erneuerbaren Energiepotenzialen voraussichtlich darauf angewiesen sein, Wasserstoff und Wasserstoffprodukte zumindest teilweise aus geeigneteren Regionen zu importieren (Viebahn et al. 2022; Dahiru et al. 2022; Präger 2025).

Flüssiger Wasserstoff (LH_2) muss auf − 253 °C abgekühlt und bei dieser Temperatur gehalten werden. Der Transport in flüssiger Form ist technisch sehr anspruchsvoll und sehr energie- und kostenintensiv.

Ammoniak (NH_3) stellt aufgrund seines hohen Wasserstoffgehalts und der Tatsache, dass es unter relativ moderaten Bedingungen (bei − 33 °C und leichtem Druck) verflüssigt werden kann, eine praktikablere Option für den internationalen Handel dar. Ammoniak kommt nicht nur als Wasserstoffträger in Frage, sondern auch als Kraftstoff im Schiffsverkehr oder in der stationären Energieerzeugung. Nach dem Import kann es direkt in Endprodukte wie zum Beispiel Düngemittel weiterverarbeitet oder wieder in Wasserstoff und Stickstoff zerlegt werden. Ammoniak wird heute zu 99 % durch die Synthese von Wasserstoff und Stickstoff nach dem Haber-Bosch-Verfahren bei Drücken von etwa 150 bis 350 bar und Temperaturen von etwa 400 bis 500 °C hergestellt (Matthes et al. 2020). Voraussetzung für grünes Ammoniak ist, den hohen Energieverbrauch der Wasserstoffherstellung und des Syntheseverfahrens vollständig auf erneuerbare Energie umzustellen. In vielen Ländern mit großen erneuerbaren Energiepotenzialen wie Australien, Chile, den Golfstaaten und Teilen Nord- und Südafrikas wird der Export von grünem Ammoniak als potenzieller Bestandteil eines zukünftigen globalen Wasserstoffmarktes gesehen (Präger 2025).

Internationaler Handel von Ammoniak erfordert den Aufbau spezieller Infrastrukturen wie Importhäfen, Lagertanks und Pipelines. Der Transport über weite Strecken, insbesondere mit Schiffen, stellt sicherheitstechnische Herausforderungen dar, da Ammoniak eine giftige Chemikalie ist. Die Zerlegung von Ammoniak beim Endnutzer zu Wasserstoff und Stickstoff erfordert erhebliche Investitionen in die entsprechenden technischen Einrichtungen (Viebahn et al. 2022; Präger 2025).

Methanol (CH_3OH) ist ein weiteres wichtiges Wasserstoffprodukt, das sowohl als Kraftstoff als auch als Ausgangsmaterial in der chemischen Industrie verwendet wird. Methanol kann aus grünem Wasserstoff und CO_2 synthetisiert werden (Matthes et al. 2020). Es benötigt eine im Vergleich zu Wasserstoff und Ammoniak einfachere und bewährte Infrastruktur für Lagerung und Transport, was es zu einer attraktiven Option für den internationalen Handel macht.

Methanol kann als Additiv oder Ersatz für konventionelle Ottokraftstoffe sowie als Ausgangsstoff für die Herstellung von Kunststoffen und anderen Chemikalien eingesetzt werden. Methanol ist bei Umgebungstemperatur flüssig und kann in bereits vorhandenen Infrastrukturen für den Transport und die Lagerung von Flüssigkeiten gehandhabt werden. Diese Praktikabilität macht Methanol zu einer Schlüsseloption für den Import von Wasserstoffprodukten. Ein weiterer Vorteil von Methanol ist die Verwendbarkeit als Treibstoff in Brennstoffzellen und für die direkte Verbrennung in Ottomotoren, was es zu einer vielseitigen Option für die Dekarbonisierung des Schiffsverkehrs und des Schwerlastverkehrs macht (Präger 2025; Matthes et al. 2020).

Synthetische Kraftstoffe (Synfuels) und nachhaltige Flugkraftstoffe (SAF) können zukünftig eine wichtige Rolle bei der Dekarbonisierung des Verkehrssektors spielen. Synthetische Kraftstoffe werden aus grünem Wasserstoff und CO_2 hergestellt und können herkömmliche fossile Kraftstoffe in Flugzeugen, Schiffsverkehr und in LKWs und PKWs ersetzen. SAF werden speziell für den Luftverkehr entwickelt und sollen dort fossiles Jet Fuel einsparen. Die Produktion von Synfuels und SAF basiert auf der sogenannten Fischer-Tropsch-Synthese, bei der Wasserstoff mit CO_2 zu Kohlenwasserstoffen umgewandelt wird (Matthes et al. 2020). Diese Kohlenwasserstoffe können dann zu verschiedenen Arten von Treibstoffen verarbeitet werden, darunter synthetisches Benzin, Diesel und Jet Fuel. Der Vorteil von Synfuels und SAF besteht darin, dass sie in bestehenden Motoren und Infrastrukturen verwendet werden können, ohne dass umfangreiche Umstellungen erforderlich sind, während die Motoren für die Verwendung von Kraftstoffen wie Methanol erst noch angepasst werden müssen.

Der Import von Synfuels und SAF ist technisch weniger anspruchsvoll als der von Wasserstoff oder Ammoniak, da diese Kraftstoffe unter normalen Umgebungsbedingungen flüssig sind und in der bestehenden Infrastruktur für fossile Kraftstoffe gelagert und transportiert werden können. Eine zentrale Herausforderung liegt in den Produktionskosten, da die Herstellung von synthetischen Kraftstoffen derzeit noch teurer ist als die Produktion von fossilen Brennstoffen. Dies könnte sich mit steigenden CO_2-Preisen und weiteren technologischen Fortschritten ändern (Viebahn et al. 2022).

Neben Wasserstoff ist Kohlendioxid der wichtigste Bestandteil solcher Kraftstoffe (Matthes et al. 2020). Das für die Herstellung von Methanol und synthetischen Kraftstoffen notwendige CO_2 kann direkt aus der Atmosphäre, aus industriellen Prozessen oder aus den Rauchgasen von Verbrennungsprozessen abgeschieden werden. Rauchgase aus der Verbrennung von Biomasse bieten sich für diesen Zweck geradezu an, da Biomasse die eleganteste Möglichkeit ist, um Kohlendioxid aus der Atmosphäre zu gewinnen. CO_2-Konzentrationen sind in Verbrennungsgasen deutlich höher als in der Luft und deshalb leichter zu extrahieren. Biobrennstoffe sind selbst Energieträger und können den ersten Schritt darstellen, um der Atmosphäre CO_2 zu entziehen. Das Konzept der Kohlenstoffsequestrierung und Lagerung kann so zur Kohlenstoff-Kreislaufwirtschaft beitragen. Statt der kontrovers diskutierten Sequestrierung und Lagerung von Kohlendioxid fossiler Herkunft unter der Erdoberfläche erfolgt in diesem Fall die Sequestrierung von biogenem CO_2, das mit erneuerbarem Wasserstoff kombiniert und in Form von Methanol, als synthetischer Kraftstoff oder einfach direkt als Rohstoff für die Chemie- und Nahrungsmittelindustrie im Kreislauf verwendet werden kann.

Der Aufbau der *Infrastruktur* für den Import von Wasserstoff und seinen Produkten gehört ebenfalls zu den Herausforderungen des zukünftigen Wasserstoffhandels (Präger 2025). Häfen, Lagereinrichtungen, Pipelines und Schiffsflotten müssen angepasst oder neu entwickelt werden, um den sicheren und effizienten Transport zu gewährleisten. Hierbei spielen sowohl die technischen Anforderungen an die Handhabung der verschiedenen Substanzen als auch Sicherheits- und Umweltaspekte eine wichtige Rolle.[1] Einige Länder,

[1] Dabei zu beachten: Wasserstoff ist das kleinste und leichteste Atom (H) bzw. Molekül (H_2). Damit dringt es in kleinste Zwischenräume ein und kann hohe Leckraten aufweisen. Wasserstoff-Leitungen und -Behälter dicht zu bekommen ist vergleichsweise teuer. Metalle bilden mit Wasserstoff Metall-

darunter auch Deutschland, planen den Aufbau von Wasserstoff-Importinfrastruktur in Küstennähe, die zukünftig als Drehscheiben für die Anlandung, Lagerung und Verteilung von Wasserstoff und Wasserstoffprodukten dienen sollen. Solche Importhubs sollen zukünftig die Versorgungssicherheit gewährleisten und den Handel erleichtern (Energy Hub 2025).

Einige Länder haben bereits Interesse am Export von Wasserstoff bekundet. Regionen mit hohen Kapazitäten an erneuerbaren Energien, wie Australien, Chile, die Golfstaaten und Teile Nord- und Südafrikas, planen den Aufbau von Produktionsanlagen für grünen Wasserstoff. Sie sehen darin die Chance, sich als globale Akteure im Wasserstoffmarkt zu etablieren. Australien beispielsweise plant, Wasserstoff nach Asien zu exportieren, wo Länder wie Japan und Südkorea eine starke Nachfrage erwarten. Chile hat ebenfalls Pläne, Wasserstoff aus Sonnenenergie in die ganze Welt zu exportieren, insbesondere nach Europa. Die Golfstaaten, die bisher stark auf fossile Brennstoffe gesetzt haben, investieren in Wasserstoffprojekte, um ihre Abhängigkeit von Ölverkäufen zu reduzieren und sich auf die Post-Öl-Ära vorzubereiten (Präger 2025).

Die *Regulierung* des internationalen Wasserstoffhandels ist ein Thema von wachsender Bedeutung. Regierungen und internationale Organisationen müssen geeignete Mechanismen entwickeln, um sicherzustellen, dass importierter Wasserstoff tatsächlich aus erneuerbaren Quellen stammt und nicht zur Belastung der Umwelt wird. Eine nachvollziehbare und tragfähige Zertifizierung „grünen" Wasserstoffs sowie die Einführung von CO_2-Grenzabgaben könnten hierbei eine Rolle spielen. Die Entwicklung eines globalen Wasserstoffmarktes befindet sich noch in einem frühen Stadium. Technologische Durchbrüche, die Weiterentwicklung der Infrastruktur sowie die Verabschiedung internationaler Regularien werden entscheidend dafür sein, wie sich der Wasserstoffimport in den kommenden Jahrzehnten entwickelt. Globaler Handel mit erneuerbarem Wasserstoff und Wasserstoffprodukten erfordert intensive *internationale Kooperationen* und kann nur durch klare Handelsabkommen, harmonisierte Standards und umfassende Umweltauflagen erfolgreich gestaltet werden kann (Präger 2025).

Ob und in welcher Form Wasserstoff und Wasserstoffprodukte im internationalen Handel zum Einsatz kommen, hängt auch von dem energetischen Aufwand ab, der dafür getrieben werden muss. Abb. 12.4 zeigt verschiedene Möglichkeiten, erneuerbare Energie für die Stromerzeugung von Marokko – einem Land mit großen Solarenergieressourcen – nach Deutschland zu übertragen. Aus der Produktion von Wasserstoff in Marokko mit Import und Verstromung des flüssigen H_2 in Deutschland bleiben von 100 ursprünglich eingesetzten Stromeinheiten nur noch 20 in Form von Strom im deutschen Stromnetz übrig

---

Hydride, werden dadurch spröde und verlieren an Widerstandskraft gegen Druckbelastungen. Wasserstoff ist ähnlich wie Methan ein Treibhausgas, das 20–40 Mal stärker als CO_2 wirkt. Mit Luftsauerstoff bildet es ein hochexplosives Gasgemisch, das sogenannte Knallgas. Wasserstoff entweicht aufgrund seines geringen spezifischen Gewichts entgegen der Erdanziehungskraft nach oben und nicht nach unten, was völlig andere Sicherheitsvorkehrungen als für herkömmliche Brenngase erfordert, die schwerer als Luft sind.

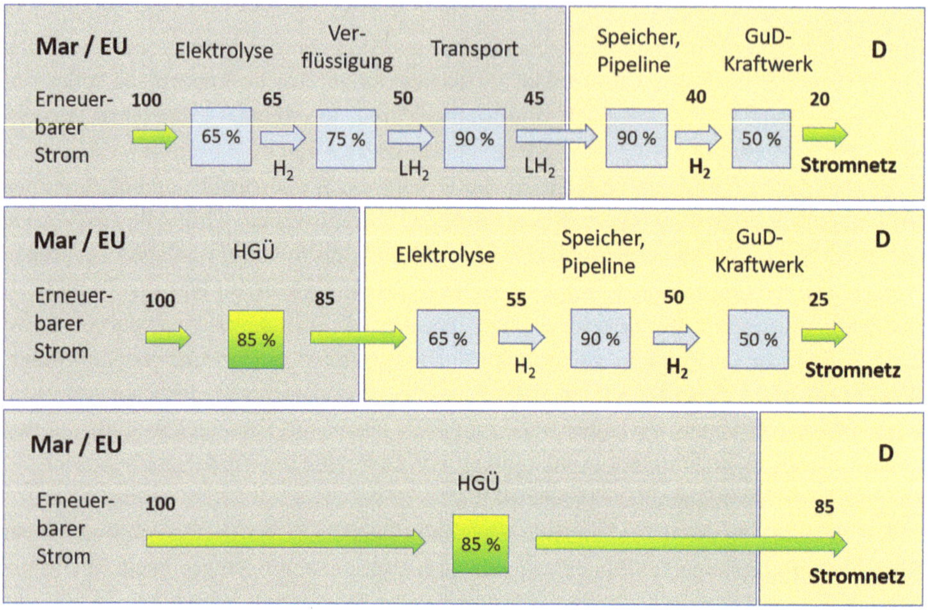

Abb. 12.4 Beispielhafte Pfade für den Stromimport von Marokko (Mar) über die Europäische Union (EU) nach Deutschland (D). Änderung des Energiegehalts entlang des Exportwegs in fettgedruckten Zahlen, Wirkungsgrade der Übertragungselemente (HGÜ, Elektrolyse, usw.) in %

(Abb. 12.4, oben). Stromimport via HGÜ aus Marokko mit anschließender H_2-Produktion und Verstromung in Deutschland erlauben die Verwertung von 25 Stromeinheiten (Abb. 12.4, Mitte). Im Fall von Direktstromimport via HGÜ aus Marokko können dagegen noch 85 der ursprünglich eingesetzten 100 Stromeinheiten in Deutschland genutzt werden, da die Umwandlung von Strom in Wasserstoff und von Wasserstoff zurück in Strom vermieden wird (Abb. 12.4, unten). Beim Direktstromimport per HGÜ bestimmt allerdings das Wetter und die Flexibilität der Kraftwerke im Erzeugerland, ob und wann Solarstrom geliefert werden kann, während Strom aus Wasserstoff nach Bedarf produziert wird, entsprechende Speicherkapazitäten vorausgesetzt.

Aufgrund der hohen Energieverluste ist der Import von Wasserstoff für stoffliche Anwendungen vielversprechender als der Import für Energiezwecke. Bei der H_2-Produktion in Marokko (Abb. 12.5 oben) finden sich noch etwa 40 der ursprünglich 100 eingesetzten Energieeinheiten im importierten Wasserstoff wieder. In dem mit Hilfe von Importstrom aus Marokko in Deutschland produzierten Wasserstoff (Abb. 12.5, Mitte) finden sich 50 der ursprünglich eingesetzten 100 Energieeinheiten wieder, da ein Teil der Transportverluste vermieden wird. Heimische Produktion von Wasserstoff in Deutschland (Abb. 12.5, unten) vermeidet sämtliche Übertragungsverluste, sodass sich bis zu 60 der ursprünglich 100 eingesetzten Stromeinheiten im Wasserstoff wiederfinden. Technisch gesehen hat die Eigenproduktion infolge der geringeren Verluste also Vorteile. Da Marokko aber über etwa doppelt so ertragreiche erneuerbare Energiequellen verfügt, können die ökologischen

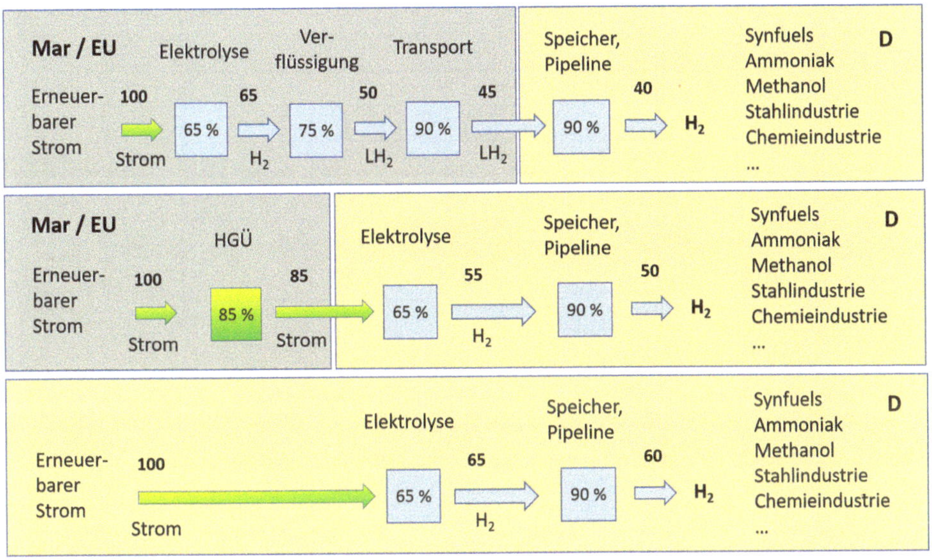

Abb. 12.5 Beispielhafte Pfade für die Beschaffung von erneuerbarem Wasserstoff für stoffliche Anwendungen via Import von Marokko über die Europäische Union nach Deutschland im Vergleich zur Eigenproduktion. Änderung des Energiegehalts entlang des Exportwegs in fettgedruckten Zahlen, Wirkungsgrade der Übertragungselemente (HGÜ, Elektrolyse, usw.) in %

(Flächenbedarf) und ökonomischen Vorteile des Imports von grünem Wasserstoff und Wasserstoffprodukten gegenüber heimischer Produktion in Deutschland überwiegen (zum Vergleich s. Wuppertal Institut 2020).

Darüber hinaus werden die Verluste deutlich geringer als im Bild dargestellt, wenn im Ursprungsland nicht flüssiger Wasserstoff (LH_2), sondern direkt Ammoniak oder Methanol produziert, exportiert und hierzulande als solche verwendet werden. In dem hier vorgestellten Transformationspfad wird deshalb ein Drittel des für industrielle Zwecke benötigten Wasserstoffs in Deutschland und zwei Drittel im Ausland hergestellt. Importierter ebenso wie heimisch hergestellter Wasserstoff wird im Modell aus Effizienz- und Kostengründen ausschließlich stofflich genutzt und nicht zur Wärme- oder Stromerzeugung eingesetzt.

12.3 Reflexionen zum globalen Handel mit Bioenergie

Politisch gesehen gibt es zwei Arten von Energiequellen: diejenigen, die sich für die Ausübung von Macht eignen, und die, die sich dafür nicht eignen. Erstere sind diejenigen Energiequellen, deren Vorkommen in schwer zugänglichen Gebieten konzentriert sind und die nur mit großem finanziellem Aufwand von wenigen Akteuren erschlossen und vermarktet werden können. In dieser Reihe stehen Uran, Kohle, Erdöl und Erdgas. Wer Zu-

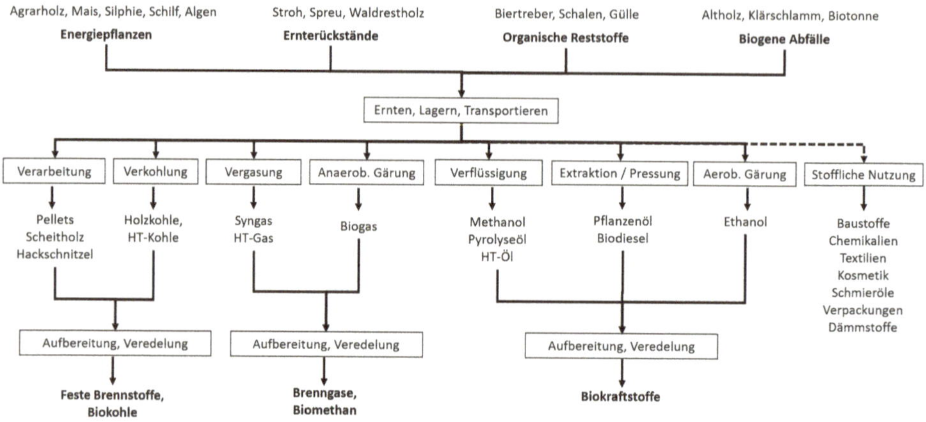

Abb. 12.6 Beispiele für die Herstellung von Biobrennstoffen. (S. auch Greve 2016)

griff auf diese Quellen hat, hat auch das Sagen. Machtpolitik strebt ausnahmslos danach, eine Hand auf diese Quellen zu legen, wenn nötig mit militärischer Gewalt.

Die erneuerbaren Energiequellen sind für die Ausübung von politischer Macht weniger gut geeignet, da sie fast überall verfügbar und praktisch jedermann zugänglich sind. Die wenigen Energieversorger in Deutschland bekamen das nach dem Beginn der Energiewende zu spüren, als plötzlich hunderte, wenn nicht tausende Konkurrenten auftauchten, die sich selbst und andere mit erneuerbarer Energie versorgten.

Bioenergie ist für die Machtausübung besonders ungeeignet. Sie ist nirgendwo besonders konzentriert, sondern dort, wo Menschen leben, relativ gleichmäßig auf der Erdoberfläche verteilt. Sie zeichnet sich durch eine riesige Zahl an Rohstoffen, Umwandlungsverfahren und Produkten aus (Abb. 12.6). Diese Kleinteiligkeit hat bisher die direkte Konkurrenz zu Erdöl, Erdgas und Kohle verhindert, da große Infrastrukturen wie Raffinerien und Pipelines Massenproduktion bevorzugen und Kleinteiligkeit wirtschaftlich bestrafen. Wird der Verbrauch fossiler Brennstoffe aber wegen des Klimawandels, Erschöpfung der Ressourcen und zunehmender Konflikte immer weiter zurückgefahren, dann wird sich der Verbrauch von fossilen und biogenen Brennstoffen immer weiter annähern und letztlich zugunsten der Bioenergie entwickeln. Ein Vorteil dieses Paradigmenwechsels: technische Energieinfrastrukturen und -verfahren können zum Teil beibehalten werden, werden dabei aber kleinteiliger, dezentraler und damit auch demokratischer, denn es werden sehr viel mehr Menschen dafür gebraucht als für die Beschaffung fossiler Brennstoffe.

Das Geschäftsfeld, das großen Energielieferanten trotz der Energiewende bisher konkurrenzlos blieb, ist die Deckung der Residuallast, also die Versorgung mit Energie in den Zeiten, in denen Sonne und Wind wetterbedingt keinen Beitrag leisten. Für diese Aufgabe braucht es thermische Kraftwerke und perfekt speicherbare Brennstoffe, die jederzeit in allen Sektoren die Versorgung übernehmen können, wenn Sonne und Wind nicht liefern. Die Brennstoffe müssen international beschafft und verhandelt werden und erfordern große Investitionen und Infrastrukturen, die große, mächtige Marktteilnehmer viel besser handhaben können als Kleine.

Allerdings beruht das bisherige Geschäftsmodell der „Großen" auf dem weit verbreiteten und im Rahmen dieses Buches widerlegten Irrtum, die Bioenergie reiche nicht aus, um fossil-nukleare Brennstoffe vollständig zu ersetzen. Sie muss es nämlich gar nicht. Sie muss lediglich diejenigen fossilen Brennstoffe ersetzen, die in Zukunft noch zur Deckung der Residuallast benötigt werden, und das sind sehr viel weniger als bisher. Viele kleine Energiequellen und viele kleine Energieversorger werden wenige große Quellen und Versorger ersetzen. Durch die damit einhergehende Demokratisierung[2] der Energieversorgung in allen Sektoren kann sich in der globalen Energiewirtschaft ein fundamentaler Paradigmenwechsel vollziehen, der nicht nur die Ausübung und den damit oft verbundenen Missbrauch von Macht, sondern auch die ständigen globalen Konflikte um vermeintlich knappe Energieträger ablösen und obsolet machen kann.

Vielleicht ergibt sich daraus ein Weg zu mehr Sicherheit und Frieden, denn pflanzen und ernten für die Versorgung einer Volkswirtschaft mit Bioenergie bringt klare Vorteile gegenüber streiten und kämpfen um fossile Ressourcen. Der Slogan „Schwerter zu Pflugscharen" bekommt eine logische, im Grunde sogar zwingende Bedeutung, denn nur durch pflanzen und ernten können die vorhandenen Potenziale voll ausgeschöpft werden, während bewaffnete Konflikte erfahrungsgemäß das genaue Gegenteil, nämlich Verknappung und Hunger bewirken.

Der Weltmarkt für fossile Brennstoffe sendet schon immer klare Signale an die Verbraucher: fossile Brennstoffe werden billiger, wenn ihre Besitzer die Ausbeutung und Förderung beschleunigen. Wird das Fördervolumen von Erdöl oder Erdgas dagegen durch die Eigentümer der Quellen verringert, dann steigen die Weltmarktpreise für alle Energieträger ebenso wie für viele andere Güter auch (indexmundi 2024). Wer die Energie hat, der bestimmt die Preise, wer Energie verbraucht, der bezahlt. Die reine Lehre von einem Markt, dessen Preise sich durch Angebot und Nachfrage selbst regulieren, kann sehr einfach ausgehebelt werden, wenn das Angebot nach Gutdünken erhöht oder verringert werden kann. Fossile Brennstoffe sind nämlich alles andere als knapp, denn sie konnten sich in Jahrmillionen unter der Erdoberfläche ansammeln.

Obwohl fossile Brennstoffe fast beliebig schnell gefördert werden können, sind sie endlich und werden in absehbarer Zeit verbraucht sein. Wer sie für den Aufbau und die wirtschaftliche Entwicklung seines Landes zuerst und am schnellsten verbraucht oder vermarktet, ist also der Gewinner. Diese Denkweise ist unter Verbraucher- und Erzeugerländern gleichermaßen verbreitet und setzt klare Signale pro Verbrauch. Wer zu spät kommt, bekommt nur noch, was übrigbleibt. Dies sind natürlich keine Anreize für Sparsamkeit. Ganz im Gegenteil, wer spart ist selber schuld oder einfach nur zu arm, um die oft willkürlich schwankenden Brennstoffpreise zu bezahlen.

---

[2] „Demokratisierung" steht hier im Sinne einer Verteilung der Fähigkeit zu handeln von wenigen auf sehr viele Hände.

Ein globaler Markt für Biobrennstoffe sendet ganz andere Signale an die Verbraucher, denn hier greift die Lehre von Angebot und Nachfrage tatsächlich: wird Bioenergie zu schnell verbraucht, dann werden die Ressourcen knapp und die Preise steigen an. Das liegt daran, dass die Biomasse jedes Jahr neu produziert werden muss. Sie wurde eben nicht so wie fossile Brennstoffe in Millionen Jahren angesammelt und kann nicht beliebig schnell ausgebeutet werden, sondern nur so schnell, wie sie nachhaltig und umweltkompatibel nachwächst. Übermäßige Ausbeutung von Bioenergie kann sogar zur Vernichtung der Energiequelle führen, dann wird es richtig teuer. Wird Bioenergie zusammen mit anderen erneuerbaren Energiequellen für die wirtschaftliche und industrielle Entwicklung eines Landes verwendet, dann kommt es darauf an, mit den naturgegebenen Ressourcen möglichst viel zu erreichen, immer innerhalb der Grenzen, die durch die jährlichen Erträge vorgegeben sind. Effizienz, Balance und Umweltschutz sind oberste Priorität allen Handelns, sonst funktioniert es nicht.

Möglicherweise ist dies der Grund, weshalb die Politik immer noch auf fossile Brennstoffe setzt, obwohl deren negative Auswirkungen längst bekannt sind und von denen, die bereits darunter leiden, teuer bezahlt werden. Aber ist es nicht intelligenter, Effizienz, Balance und Umweltschutz zur obersten Priorität allen Handelns zu machen, anstatt immer mehr Schäden durch klimabedingte Naturkatastrophen hinnehmen zu müssen und Wohlstand einzubüßen? Oder anders gefragt: erfüllt Machtpolitik im Energiebereich überhaupt noch einen sinnvollen Zweck für die globale Gesellschaft, oder führt das nur zu militärischen Konflikten und damit zur Zerstörung wertvoller landwirtschaftlicher und sozialer Ressourcen?

Der hier vorgestellte Transformationspfad geht davon aus, dass der Weltmarkt für fossile Brennstoffe langfristig durch einen Umstieg auf erneuerbare Energiequellen abgelöst wird. Biobrennstoffe spielen dabei eine zentrale Rolle, denn sie sind nichts anderes als perfekt gespeicherte Sonnenenergie.

Der Erfolg der hier vorgestellten Strategie hängt überraschenderweise nur wenig davon ab, wie sich der Weltmarkt für Energie in Zukunft entwickelt, denn die Abhängigkeit von Energieimporten geht aufgrund des Umstiegs auf erneuerbare Energie sehr stark zurück, wie im ersten Abschnitt dieses Kapitels zu sehen war. Zunächst gilt das nur für Deutschland und auch nur dann, wenn das Land diesen Pfad einschlagen sollte. Denkbar ist langfristig allerdings auch eine entsprechende globale Nachhaltigkeitsstrategie, von der alle Länder profitieren können.

Literatur

(AGEB 2021) AG Energiebilanzen, Infografik Nr. 4 (2021) Importabhängigkeit der deutschen Energieversorgung 2020, https://ag-energiebilanzen.de/wp-content/uploads/2021/11/ageb_infografik_04_2021_importabhaengigkeit_2020.pdf

(AQUA-CSP 2007) AQUA-CSP – Concentrating Solar Power for Seawater Desalination, Deutsches Zentrum für Luft- und Raumfahrt (DLR), Stuttgart 2007, https://www.researchgate.net/publica-

tion/259894735_AQUA-CSP_Concentrating_Solar_Power_for_Seawater_Desalination_-_Final_Report
(Dahiru et al. 2022) Dahiru, A.R., Vuokila, A., Huuhtanen, M., Recent development in Power-to-X: Part I – A review on techno-economic analysis, Journal of Energy Storage, Volume 56, Part A, 2022, 105861, ISSN 2352-152X, https://doi.org/10.1016/j.est.2022.105861
(DESERTEC 2025) DESERTEC Foundation, website besucht am 6.9.2025, www.desertec.org
(Deutscher Bundestag 2022) Wissenschaftliche Dienste des Deutschen Bundestags, Wasserstoffbedarf, Aktenzeichen: WD 5 – 3000 – 024/22, https://www.bundestag.de/resource/blob/894040/0adb222a2cbc86a20d989627a15f4bd8/WD-5-024-22-pdf-data.pdf
(Dii 2025) Dii Desert Energy, website besucht am 6.9.2025, https://dii-desertenergy.org/
(DLR 2024) Deutsches Zentrum für Luft- und Raumfahrt (DLR), Institut für Solarforschung, https://www.dlr.de/de/sf/ Foto des Solarfelds in Jülich: https://www.dlr.de/de/forschung-und-transfer/forschungsinfrastruktur/grossforschungsanlagen/solartuerme-juelich
(Energy Hub 2025) Energy Hub Wilhelmshaven, Projekte, website besucht am 29.08.2025, https://www.energyhub-wilhelmshaven.de/projekte
(Greve 2016) Greve, T., Hydrothermale Carbonisierung von Landschaftspflegematerial, Dissertation der Carl von Ossietzky Universität Oldenburg (2016), online unter: https://www.researchgate.net/publication/327722434_Hydrothermale_Carbonisierung_von_Landschaftspflegematerial_-_Parameteranalyse_und_Methodenentwicklung_in_Richtung_einer_Prozessmodellierung
(Hess 2013) Hess, D., Fernübertragung regelbarer Solarenergie von Nordafrika nach Europa, Universität Stuttgart, Stuttgart 2014, https://elib.uni-stuttgart.de/bitstream/11682/6852/1/Fernuebertragung_regelbarer_Solarenergie_von_Nordafrika_nach_Mitteleuropa.pdf
(indexmundi 2024) Inexmundi, Rohstoffpreise 1992 bis 2024, Website besucht am 01.05.2025, https://www.indexmundi.com/de/rohstoffpreise/
(Matthes et al. 2020) Matthes, F., Heinemann, C., Hesse, T., Kasten, P., Mendelevitch, R., Seebach, D., Timpe, C., Wasserstoff sowie wasserstoffbasierte Energieträger und Rohstoffe – Eine Überblicksuntersuchung, Öko-Institut, Berlin (2020), https://www.oeko.de/fileadmin/oekodoc/Wasserstoff-und-wasserstoffbasierte-Brennstoffe.pdf
(MED-CSP 2005) MED-CSP – Concentrating Solar Power for the Mediterranean Region, Deutsches Zentrum für Luft- und Raumfahrt (DLR), Stuttgart 2005, https://www.researchgate.net/publication/224797649_Concentrating_Solar_Power_for_the_Mediterranean_Region
(MEMEE 2010) Ministère de l'Energie, des Mines, de l'Eau et de l'Environnement (MEMEE), Loí No. 13-09 relative aux énergies renouvelables, Chapitre V, Section 2, De l'exportation de l'énergie électrique à partir de sources d'énergies renouvelables, Rabat (2010), https://climate-laws.org/documents/law-on-renewable-energies_de56?id=law-13-09-on-renewable-energy-regulated-by-decree-2-10-578-and-amended-by-law-58-15_ab3e
(NREL 2024) National Renewable Energy Laboratory, Concentrating Solar Power, https://www.nrel.gov/csp/
(Präger 2025) Präger, F., Wasserstoffumstieg. In: Aus-, Ein- und Umstiegsprozesse in der sozial-ökologischen Transformation im 21. Jahrhundert. Energiepolitik und Klimaschutz. Energy Policy and Climate Protection. Springer VS, Wiesbaden (2025). https://doi.org/10.1007/978-3-658-47014-2_5
(SolarPaces 2025) SolarPaces, website besucht am 6.9.2025, https://www.solarpaces.org/
(Stetter 2014) Stetter, D., Enhancement of the REMix energy system model: Global renewable energy potentials, optimized power plant siting and scenario validation, Doktorarbeit an der Universität Stuttgart, 2014; https://elib.dlr.de/92150/
(TRANS-CSP 2006) TRANS-CSP – Trans-Mediterranean Interconnection for Concentrating Solar Power, Deutsches Zentrum für Luft- und Raumfahrt (DLR), Stuttgart 2006, https://www.rese-

archgate.net/publication/359005677_Trans-Mediterranean_Interconnection_for_Concentrating_Solar_Power_Final_Report_TRANS-CSP_Team_Index_of_the_TRANS-CSP_Report

(TREC 2007) Clean Power from Deserts – The DESERTEC Concept for Energy, Water and Climate Security, Trans-Mediterranean Renewable Energy Cooperation (TREC), Whitebook 2007, https://www.terrawatts.com/trec-white-paper.pdf

(Trieb 2021) Trieb, F., DESERTEC: Europe – Middle East – North Africa cooperation for sustainable energy, peer reviewed book chapter in: Climate and Culture: Eckart Ehlers and Katajun Amirpur (Editors), Volume 6, Part 4, Chapter 9, p. 233 (2021), https://brill.com/display/title/57215

(Trieb und Thess 2023) Trieb, F., Thess, A., Wärmespeicherkraftwerke und Carnot Batterien im zukünftigen Strommix, Energiewirtschaftliche Tagesfragen, Heft 11 (2023), https://emagazin.et-magazin.de/de/profiles/cb1a7fd451c4/editions/6a30e0d1971ac7b5a619

(Trieb et al. 2012) Trieb, F., Schillings, C., Pregger, T., O'Sullivan, M., Solar electricity imports from the Middle East and North Africa to Europe, Energy Policy 42 (2012) 341–353, https://doi.org/10.1016/j.enpol.2011.11.091

(Viebahn et al. 2022) Viebahn, P., Kern, J., Horst, J., Rosenstiel, A., Terrapon-Pfaff, J., Doré, L., Krüger, C., Zelt, O., Pregger, T., Braun, J., Klann, U. (2022). Synthese und Handlungsoptionen – Ergebnisbericht des Projekts MENA-Fuels. Teilbericht 14 des Wuppertal Instituts, des Deutschen Zentrums für Luft- und Raumfahrt (DLR) und des Instituts für ZukunftsEnergie- und Stoffstromsysteme (IZES) an das Bundesministerium für Wirtschaft und Klimaschutz (BMWK). Wuppertal, Stuttgart, Köln, Saarbrücken, https://wupperinst.org/p/wi/p/s/pd/789

(World Bank 2012) The World Bank, Renewable Energy Desalination – An Emerging Solution to Close the Water Gap in the Middle East and North Africa, MENA Development Report 73070, DOI: https://doi.org/10.1596/978-0-8213-8838-9, https://documents1.worldbank.org/curated/en/443161468275091537/pdf/730700PUB0EPI001200pub0date09026012.pdf

(Wuppertal Institut 2020) Wuppertal Institut und DIW Econ, Bewertung der Vor-und Nachteile von Wasserstoffimporten im Vergleich zur heimischen Erzeugung. Studie für den Landesverband Erneuerbare Energien NRW e. V. (LEE-NRW), Wuppertal (2020), https://wupperinst.org/fa/redaktion/downloads/projects/LEE-H2-Studie.pdf

(Zickfeld und Wieland 2012) Zickfeld, F., Wieland, A., Perspectives on a Sustainable Power System for EUMENA, Dii GmbH, München 2012, https://dii-desertenergy.org/publications/

HT-Verfahren zur Umwandlung von Biomasse in Biobrennstoffe

13

Inhaltsverzeichnis

Um die Analogie der natürlichen Entstehung fossiler Brennstoffe und der technischen HT-Umwandlung zu erläutern, wird hier zunächst der natürliche Prozess beschrieben.

13.1 Die natürliche Entstehung fossiler Brennstoffe

Fossile Brennstoffe gibt es in allen Aggregatzuständen von steinharter Kohle über flüssiges Erdöl bis hin zum Erdgas. Sie alle sind aus großen Ansammlungen abgestorbener Biomasse entstanden und haben über viele Millionen Jahre unter hohem Druck, hoher Temperatur und Sauerstoffausschluss in tiefen Erdschichten gelagert, bis sie zu den fossilen Rohstoffen wurden, die wir heute ausbeuten und mit deren Energie praktisch die gesamte moderne Zivilisation aufgebaut wurde.

Sauerstoffausschluss kam dadurch zustande, dass Kleinstlebewesen wie Blaualgen im Wasser abstarben, auf den Grund sanken und unter Sand und anderen Sedimenten begraben wurden, dadurch, dass Urmeere große Landstriche zusammen mit ihrer gesamten Vegetation überfluteten, und dadurch, dass Moore sowie Sumpf- und Mangrovenwälder langsam immer weiter in der Tiefe versanken. Tektonische Aktivitäten der Erdkruste sorg-

F. X. Trieb, *Perspektiven einer Kohlenstoffkreislaufwirtschaft im Energiebereich*,
https://doi.org/10.1007/978-3-658-50551-6_13

ten anschließend dafür, dass solche Schichten noch tiefer unter die Erde geschoben wurden, sodass für sehr lange Zeit hoher Druck und mithilfe von Erdwärme auch hohe Temperaturen auf die organischen Substanzen einwirkten und chemische Reaktionen auslösten, die sie zu Kohle, Erdöl und Erdgas umwandelten (Encyclopedia Britannica 2024).

Kohlenstoff (C) und Wasserstoff (H) sind die Hauptbestandteile von Erdgas und Erdöl. Erdgas besteht im Wesentlichen aus Methan (CH_4). Erdöl hingegen ist ein sehr komplexes Gemisch unterschiedlichster Kohlenwasserstoffe. Diese liegen sowohl in Form kettenförmiger als auch ringförmiger Moleküle vor. Kohlenstoff und Wasserstoff waren schon immer auf der Erde vorhanden, aber für die Entstehung von Erdgas und Erdöl mussten sie erst noch durch die Photosynthese der Pflanzen und durch pflanzenfressende Lebewesen aufgenommen, verarbeitet und in Form von komplexen organischen Verbindungen in deren Körpern gespeichert werden.

Vor bis zu einer halben Milliarde Jahre, im Paläozoikum, waren das die Körper einzelliger Lebewesen, die als Plankton im Wasser lebten, dort abstarben und unter Luftausschluss auf dem Grund der Gewässer unter Sedimenten begraben wurden. Tektonische Bewegungen brachten das organische Material mit der Zeit tief unter die Erdoberfläche, wo hoher Druck und hohe Temperaturen für eine langsame Umwandlung zu Gemischen von einfachen bis hin zu hochkomplexen Kohlenwasserstoffmolekülen, dem Erdöl, sorgten. In noch größerer Tiefe erfolgte bei immer höheren Temperaturen eine Umwandlung zu kleinen, einfachen Kohlenwasserstoffmolekülen, dem Erdgas. Erdgas und in geringerem Maße auch Erdöl neigen wegen ihres niedrigen spezifischen Gewichts und wegen des hohen Drucks in der Tiefe dazu, durch Poren, Risse und Hohlräume in porösem Sedimentgestein in Richtung Erdoberfläche zu wandern, bis sie auf ein Hindernis wie eine undurchdringliche Tonschicht stoßen und so – oft gemeinsam – eine dauerhafte Lagerstätte bilden.

Im späten Paläozoikum und im Mesozoikum gab es Sumpfwälder, die langsam versanken, zu Torf wurden und sich luftdicht – mit Ton- und Sandsedimenten abgedeckt – in Braunkohle verwandelten und noch später durch tektonische Prozesse, die zu hohem Druck und hoher Temperatur in der Tiefe führten und das Wasser austrieben, zu Steinkohle umgewandelt wurden. Dieser Prozess wird als Inkohlung bezeichnet. Braunkohle ist relativ jung und entstand in den vergangenen 50.000 bis 50 Mio. Jahren, wenn Moore von luftundurchlässigen Sedimentschichten überdeckt wurden, die nach Überschwemmungen und Ablagerungen von Sand und Kies zurückblieben. Zunächst kommt es im Moor durch die Zersetzung abgestorbener Pflanzen durch Pilze und Bakterien im Wasser zur Bildung von Torf mit einem Kohlenstoffanteil, der über dem der ursprünglichen Pflanzen liegt. Durch den Druck, den das darüber liegende Sediment erzeugt, wird der Torf mit der Zeit so lange entwässert, bis Braunkohle entsteht. Im Tertiär, geologisch gesehen also erst vor kurzer Zeit, lagen in den heutigen Regionen Niederlausitz und Niederrheinische Bucht mit feucht-warmem Klima und sumpfigen Böden günstige Bedingungen für die Bildung von großflächigen Braunkohleflözen vor, die der heutigen Bundesrepublik Deutschland eine große heimische Energiequelle bescherten.

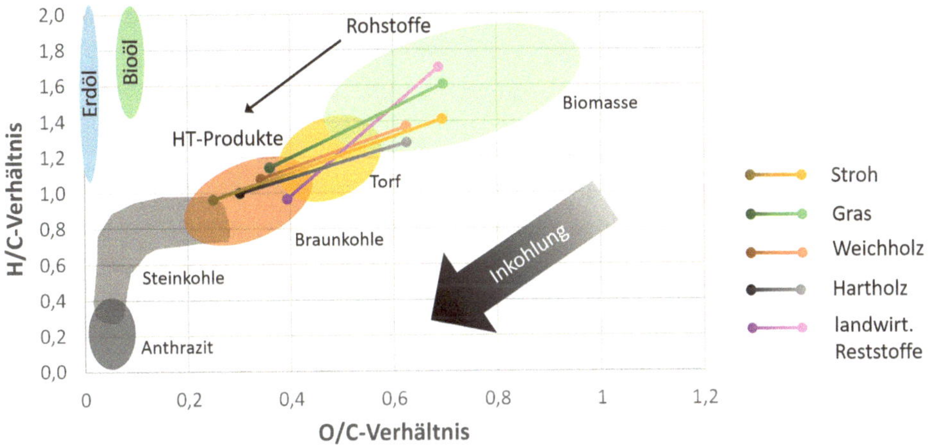

Abb. 13.1 Van-Krevelen-Diagramm der molaren H/C- und O/C-Verhältnisse von fossilen und erneuerbaren Energierohstoffen sowie beispielhafte Umwandlungspfade bei der Inkohlung verschiedener Biomassen zu hydrothermaler Kohle (HT-Kohle). Eigene Darstellung, stark vereinfacht und grob gemittelt

Der Prozess der Inkohlung beginnt mit der Bildung von Torf und führt dann über Braunkohle und Steinkohle zum Anthrazit (Greve 2016). Bei der Bildung von Torf bis zur Entstehung von Braunkohle stehen vor allem biochemische Prozesse im Vordergrund, bei denen Bakterien und Pilze die Biomasse unter Luftabschluss zersetzen. Später wirken vor allem chemische Prozesse als Folge von Druck und Hitze im Untergrund. Der Umwandlungsprozess kann im sogenannten Van-Krevelen-Diagramm dargestellt werden, das das Verhältnis von Wasserstoff zu Kohlenstoff (H/C) als Funktion des Verhältnisses von Sauerstoff zu Kohlenstoff (O/C) für verschiedene organische Rohstoffe zeigt (Abb. 13.1).

Lagerstätten fossiler Brennstoffe zu finden, ist nicht trivial und ihre Erschließung und Ausbeutung ist relativ aufwendig. Nach langwieriger Suche auf der Basis von verschiedenen geologischen Hinweisen kann am Ende des Tages nur eine Bohrung den sicheren Nachweis einer Lagerstätte erbringen. Die Förderung von Erdöl und Erdgas erfolgt dann über senkrechte oder geneigte Bohrungen von der Erdoberfläche zur Lagerstätte. Hierbei muss darauf geachtet werden, von den Stahlrohren durchbrochene Gesteinsschichten sorgfältig mit Beton abzudichten, damit Kohlenwasserstoffe nicht in höhere Schichten mit Grundwasser eindringen können. Erdöl muss aufgrund seiner höheren Dichte oft nach oben gepumpt werden, während Erdgas in der Regel von selbst aufsteigt. Anschließend müssen unerwünschte Inhaltsstoffe wie Wasser, Sand, Ton, Salze, Kohlendioxid, Stickstoff und Schwefelwasserstoff abgetrennt und entsorgt werden, bevor das Erdgas oder Rohöl der weiterverarbeitenden Industrie zugeführt werden kann. Kohlen sind etwas einfacher erschließbar. Braunkohle liegt meist näher an der Oberfläche und kann leichter im Tagebau abgebaut werden als Steinkohle, was allerdings zu hohem Flächenverbrauch führt.

13.2 Technische HT-Verfahren zur Umwandlung von Biomasse

Im Folgenden wird gezeigt, wie die technische HT-Umwandlung von Biomasse zur Lösung von drei aktuellen Problemen der Menschheit beitragen kann: Klimawandel, Ressourcenverknappung und Abfallbeseitigung (Abb. 13.2). HT-Umwandlungsverfahren verwenden Reststoffe aus Land- und Forstwirtschaft, Nahrungs- und Genussmittelindustrie, Gastronomie und Haushalten, um daraus hochwertige Energieträger, Düngemittel und Industrierohstoffe herzustellen (Klemm 2019, 2020). Was wie eine Utopie klingt, ist tatsächlich nur neu und bei genauer Betrachtung überraschend nah an einer kommerziellen Realisierung.

Hauptbestandteile der Biomasse sind komplexe Kohlenhydrate wie die Hemicellulose und die Cellulose, Lignin, das für die holzigen Strukturen von Pflanzen verantwortlich ist, pflanzliche Öle und Fette (Lipide) und Proteine. Durch die HT-Umwandlung und nachgeschaltete Veredelungsverfahren werden diese Komponenten auf komplexen chemischen Reaktionspfaden in feste, flüssige und gasförmige Produkte umgewandelt, die auch in fossilen Brennstoffen vorkommen. Informationen zu den grundlegenden Reaktionspfaden und Verfahren finden sich in den folgenden Abschnitten. Eine ausführlichere Beschreibung der chemischen und verfahrenstechnischen Grundlagen der HT-Umwandlungsverfahren gibt Vogel (2024).

Voraussetzung für die HT-Umwandlung ist, dass die Biomasse während der Reaktion vollständig von Wasser umgeben ist, um Verbrennungsreaktionen wie bei der trockenen Pyrolyse zu vermeiden (Suwelak 2015). Der erste Schritt der HT-Umwandlung ist die *Hydrolyse* (Abb. 13.3). Dabei werden die organischen Verbindungen in der Biomasse durch die Anlagerung von Wassermolekülen in wasserlösliche organische Substanzen aufgespalten. Das Wasser spielt deshalb eine sehr wichtige Rolle als Lösungsmittel, da die Löslichkeit organischer Substanzen bei HT-Bedingungen über 100 °C ansteigt und das erhöhte Ionenprodukt die Spaltung organischer Verbindungen zudem katalytisch verstärkt. Durch diese dreifache Funktion des Wassers – hervorragendes Lösungsmittel, Katalysator und Reaktionspartner bei der Hydrolyse – werden die HT-Umwandlungen erst möglich (Kruse und Dahmen 2015).

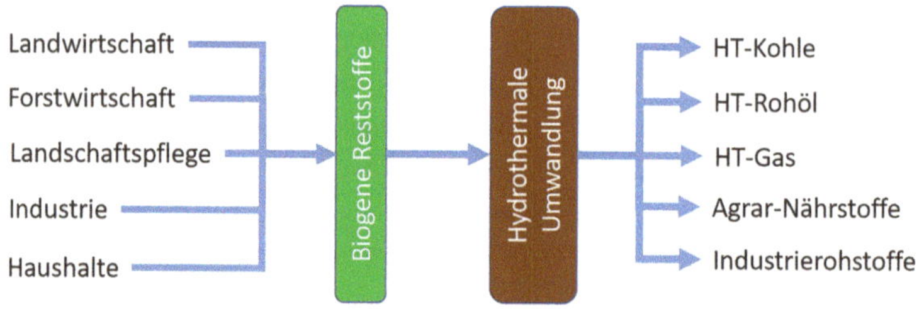

Abb. 13.2 Wichtiges Element einer Kreislaufwirtschaft: Die hydrothermale Umwandlung (HT-Umwandlung) biogener Reststoffe ist ein Verfahren, das vermeintliche Abfälle zu wertvollen Rohstoffen macht

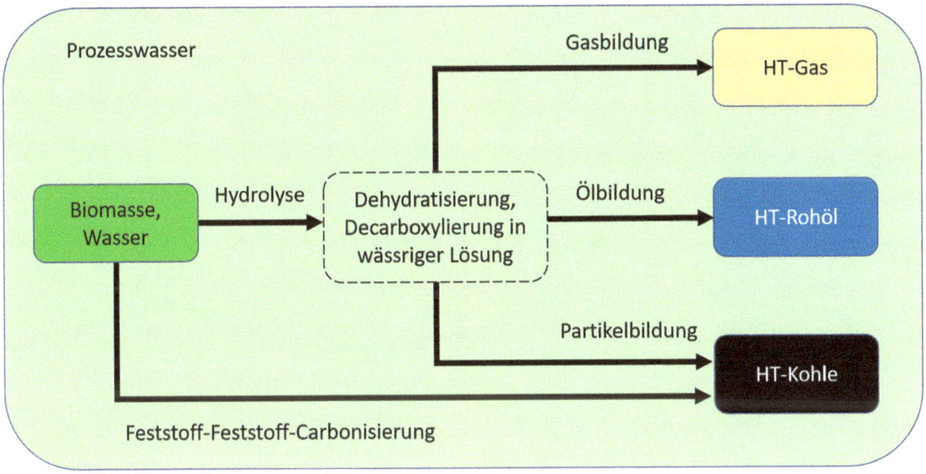

Abb. 13.3 Stark vereinfachte Darstellung der grundlegenden Reaktionen einer hydrothermalen Umwandlung (HT-Umwandlung) von Biomasse in die vier Hauptprodukte Prozesswasser, HT-Rohöl, HT-Gas und HT-Kohle

Durch anschließende Wasser- und CO_2-Abspaltung (Dehydratisierung und Decarboxylierung) können die im Wasser gelösten Fragmente wieder zu neuen Verbindungen mit geringerem Sauerstoffanteil rekombinieren. Die Prozessbedingungen bestimmen das chemische Gleichgewicht in der Lösung und damit das Massenverhältnis der einzelnen Produkte zueinander. Bei Temperaturen um die 300 °C liegt das Gleichgewicht besonders günstig für die Bildung der phenolreichen Mischung des HT-Rohöls. Bei höheren Temperaturen um die 400 °C und darüber findet eine Zersetzung größerer Moleküle zu einfachen Verbindungen wie H_2, CH_4, CO und CO_2 statt, dem HT-Gas. Bei niedrigeren Temperaturen um die 200 °C überwiegt dagegen die Polykondensation zu Feststoffpartikeln, der HT-Kohle. Parallel dazu findet eine direkte Verkohlung der in der Biomasse enthaltenen Feststoffe statt. Für weitere Details siehe zum Beispiel Vogel (2024) sowie Kruse, Funke und Titirici (2013).

In der HT-Umwandlung von Biomasse entstehen vier Hauptprodukte: *HT-Kohle, HT-Rohöl, HT-Gas* und das *HT-Prozesswasser*, in dem der Prozess stattfindet. Bei Temperaturen um die 200 °C entstehen Gemische mit hohem Kohleanteil, bei Temperaturen um die 300 °C findet man im Reaktor überwiegend HT-Rohöl und um die 400 °C und höher entsteht vor allem Gas (Abb. 13.4). Prozesswasser mit bis zu 20 % organischen Anteilen ist naturgemäß immer ein Bestandteil der HT-Produkte und kann an deren Gesamtmenge bis zu 60 % ausmachen. Der Druck muss bei dem Verfahren stets so hoch sein, dass das Wasser nicht verdampft.

Genau wie fossile Brennstoffe sind HT-Kohle, HT-Rohöl und HT-Gas noch keine brauchbaren Endprodukte für die energetische oder stoffliche Nutzung. Vielmehr müssen sie analog zu Erdgas, Kohle und Erdöl als unbehandelte Rohstoffe verstanden werden, die vor ihrer Nutzung in Heizungen, Kraftwerken oder Fahrzeugen zunächst veredelt und standardisiert werden müssen.

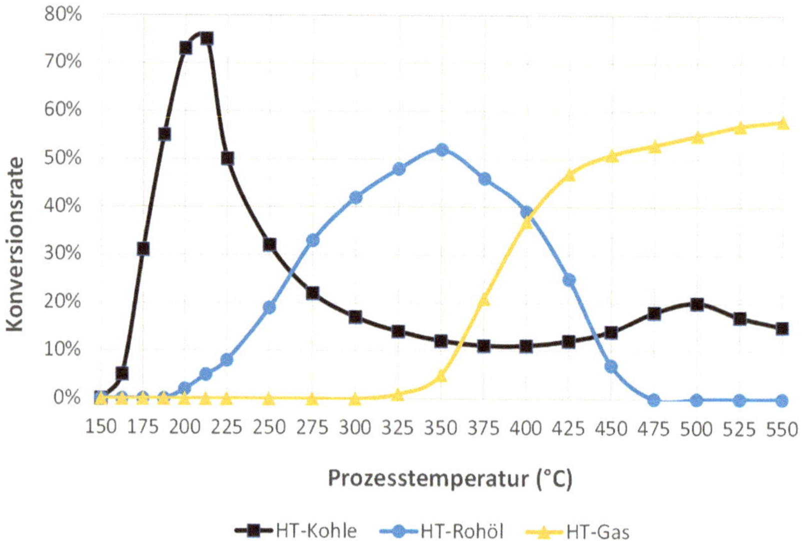

Abb. 13.4 Beispiel für die Effektivität der Umwandlung von Biomasse in hydrothermale Kohle (HT-Kohle), HT-Rohöl und HT-Gas als Funktion der Reaktionstemperatur (nach Basar 2021). Etwa 20 % der Kohlenstoffverbindungen bleiben im Prozesswasser gelöst. Die Kurven sind stark vereinfacht und grob über unterschiedliche Biomassen und Reaktionsbedingungen gemittelt

Technische HT-Rohprodukte unterscheiden sich von fossilen Brennstoffen vor allem dadurch, dass sie nicht Millionen Jahre lang irgendwo unter der Erdoberfläche herumgelegen haben. Deshalb enthalten sie noch einen höheren Anteil der Inhaltsstoffe der ursprünglichen Biomasse wie Stickstoff und Sauerstoff, die den fossilen Brennstoffen im Lauf der sehr langen Zeit durch geochemische und geophysikalische Prozesse verloren gegangen sind. Auf der anderen Seite sind kaum Verunreinigungen dazugekommen, was bei fossilen Brennstoffen oft der Fall ist. Trotzdem müssen praktisch alle HT-Produkte ähnlich wie ihre fossilen Verwandten zunächst zu homogenen Standardprodukten veredelt werden, bevor sie als Brennstoffe, Kraftstoffe oder als Rohstoff für die Chemieindustrie kommerziell verwendet werden können. Man denke an die Komplexität einer Erdölraffinerie, die notwendig ist, um aus Erdöl veredelte Stoffe wie Benzin, Kerosin, Diesel, Schmieröl, Bitumen, Schweröle und viele andere Produkte für die Chemieindustrie zu gewinnen. Für HT-Produkte ist das nicht anders, denn im Grunde sind sie aus demselben Stoff wie fossile Brennstoffe, nämlich Biomasse. Und die ist nach einer HT-Umwandlung, egal ob natürlich oder technisch, immer noch sehr heterogen.

Ein Beispiel für ein technisches HT-Umwandlungsverfahren ist in Abb. 13.5 skizziert. Biomasse wird zunächst zerkleinert und mit Wasser vermischt. Eine geeignete Pumpe fördert das Stoffgemisch anschließend in die eigentliche HT-Anlage, wo es zunächst auf die gewünschte Reaktionstemperatur erhitzt wird. Der Druck, den die Pumpe erzeugt, muss dabei immer hoch genug sein, damit das Prozesswasser trotz der hohen Temperaturen nicht verdampft.

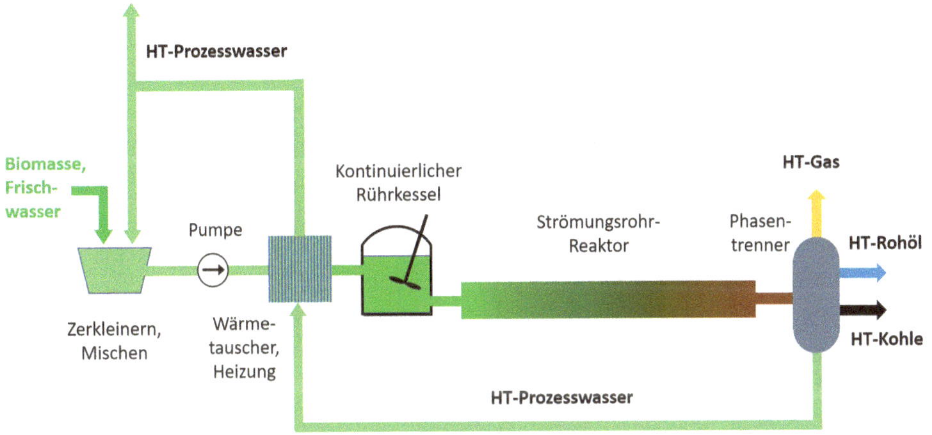

Abb. 13.5 Beispiel einer technischen Prozessführung für die hydrothermale Umwandlung (nach Usman et al. 2024). Je nachdem, welche Stoffmischung zugeführt wird und welcher Druck und welche Temperatur durch Pumpe und Heizung eingestellt werden, entstehen Produktmischungen mit unterschiedlichen Anteilen der vier Hauptprodukte Öl, Gas, Kohle und Prozesswasser. Durch die Prozessführung lässt sich vorgeben, ob man vorrangig Gas bei 300–500 °C, Öl bei 200–350 °C oder Kohle bei 180–280 °C herstellen möchte. Katalysatoren, die in das Gemisch eingebracht werden, haben ebenfalls einen Einfluss auf das Ergebnis. Der Druck muss immer höher sein als der, bei dem Wasser bei der jeweils eingestellten Temperatur verdampft. Ein Teil des HT-Prozesswassers kann zur besseren Verwertung zurückgeführt werden, um Biomasse und Frischwasser zu sparen

Der HT-Reaktor besteht in diesem Beispiel aus einem kontinuierlich durchströmten Rührkessel, der für eine gute Vermischung und für eine gleichmäßige Wärmeverteilung im Substrat sorgt, sowie einem langen Strömungsrohrreaktor, in dem das Substrat genügend Zeit bekommt, um sich in hohem Umfang in das gewünschte Produkt zu verwandeln.

Zu Beginn des HT-Prozesses muss die Reaktionsmasse auf die erforderlichen Prozessparameter gebracht werden. Diese hängen vom zu erzielenden Produkt und von der Zusammensetzung der eingesetzten Biomasse ab und müssen vorher ermittelt und eingestellt werden (Titirici 2015). Ist die Temperatur hoch genug, beginnt der insgesamt leicht exotherme Prozess der HT-Umwandlung, bei dem je nach den verwendeten Biomassen und dem Verlauf der Inkohlung eine Reaktionswärme zwischen 200 und 800 kJ/kg_{TS} frei werden kann (Greve 2016). Zuletzt wird der Produktstrom in seine in der Regel vier Bestandteile – Öl, Gas, Kohle und Prozesswasser – getrennt, die dann ihrer weiteren Verarbeitung zugeführt werden können.

Die HT-Umwandlung von Biomasse ist ein eher neues Verfahren und befindet sich noch überwiegend in der Forschungs- und Entwicklungsphase. Die meisten bisher existierenden Anlagen sind deshalb Technikumsanlagen oder kleinere Reaktoren im Labormaßstab. Einige Firmen arbeiten bereits mit relativ großen Pilotanlagen, viele großtechnische und industrielle Anlagen gibt es bisher aber noch nicht (Greve 2016; Usman et al. 2024; GRTgaz 2024; Vogel 2024). Im folgenden Abschnitt werden die einzelnen Verfahren und Hauptprodukte der technischen HT-Umwandlung näher beschrieben.

Hydrothermale Hydrolyse (HTH)

Der erste Umwandlungsschritt in allen HT-Verfahren ist die Hydrolyse, die überwiegend bei Temperaturen zwischen 80 und 240 °C und einem Druck von bis zu 50 bar in der wässrigen Phase stattfindet. Wasser wird unter diesen Bedingungen zu einem guten Lösungsmittel für organische Substanzen und Gase. Entsprechend enthält das *Prozesswasser*, das selbst bis zu 60 % der HT-Produkte ausmacht, etwa 20 % gelöste und ungelöste organische Substanzen. Im Prozesswasser finden sich in der Regel auch mineralische Elemente aus der Rohbiomasse wie Phosphor, Natrium, Kalium, Magnesium, Calcium, Silizium, Eisen und Zink, die zusammen mit einigen wasserlöslichen organischen Bestandteilen wie Polysacchariden nützliche Nährstoffe darstellen. Die wässrige Lösung enthält aber auch problematische Stoffe wie Phenole und Furane, von den Pflanzen aus dem Boden aufgenommene Schwermetalle wie Nickel und Blei sowie Chlor-, Stickstoff- und Schwefelverbindungen, die entweder durch technische Umwandlung in nützlichere Stoffe umgewandelt oder durch Adsorption oder Extraktion entfernt werden müssen (Abb. 13.6). Aufgrund der problematischen Inhalte gilt HT-Prozesswasser bisher generell als Abfall, der speziell aufbereitet und entsorgt werden muss, was Verluste und Kosten nach sich zieht.

Einige Wissenschaftler schlagen deshalb die Entwicklung ganzheitlicher, *abfallfreier* HT-Verfahren vor, bei denen alle Produkte der Umwandlung weiterverarbeitet und so weit wie möglich energetisch und/oder stofflich nutzbar gemacht werden. Für diesen Zweck stehen verschiedene Verfahren zur Verfügung, die von der Nutzung des Prozesswassers als Nährstoff für Algen über die Vergärung zu Alkoholen, die anaerobe Faulung zu Biogas und die Dampfreformierung zu Wasserstoff und Methan bis hin zur Herstellung einer ganzen Reihe organischer Chemikalien reichen, die als Rohstoffe in der Grundstoffindustrie gebraucht werden (Zhou et al. 2023). Ein Teil des Prozesswassers und seiner Inhalte kann innerhalb einer HT-Umwandlungsanlage zurückgeführt und wiederverwendet werden und

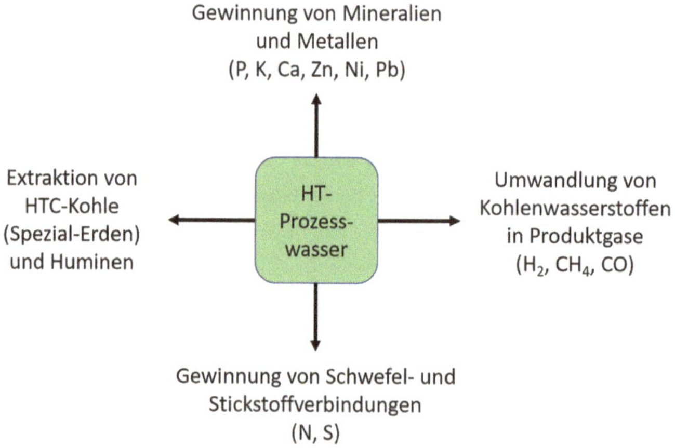

Abb. 13.6 Nutzungsmöglichkeiten für das hydrothermale Prozesswasser (HT-Prozesswasser). *HTC* hydrothermale Carbonisierung

trägt damit zur Einsparung von Biomasse, Frischwasser und Energie bei. Eine Mindestmenge von etwa 50 % des Prozesswassers muss allerdings ausgeschleust werden, da sich sonst Inhaltsstoffe anreichern und die Reaktion negativ beeinflussen können.

Die Gewinnung von *Düngemitteln* aus dem Prozesswasser der HT-Verfahren ist ein wichtiger Bestandteil der hier vorgestellten Strategie, da auf diese Weise die mit der Biomasse entnommenen Nährelemente, insbesondere Phosphor, Stickstoff und Kalium, aber auch die oben genannten mineralischen Elemente mit Ausnahme der Schwermetalle auf die Anbauflächen zurückgeführt werden können. Das ersetzt nicht nur Düngemittel, sondern auch die Nährstoffe in Ernterückständen, die normalerweise auf den Feldern belassen und der natürlichen Zersetzung und damit der Kohlendioxid- und Methanbildung preisgegeben werden. Auf diese Weise können größere Mengen landwirtschaftlicher Reststoffe für energetische Zwecke entnommen werden und auf den Feldern entstehen weniger Treibhausgase. Damit steigen die technisch entnehmbaren Potenziale für die Energiegewinnung aus Biomasse tendenziell an (DBFZ 2023).

Auf der anderen Seite darf die Bodenqualität ebenso wie die biologische Vielfalt nicht unberücksichtigt bleiben, die auf Nahrungsreste, Überwinterungsschutz und Brutstätten angewiesen sind. Deshalb ist immer auf eine umweltverträgliche Balance der entnommenen und der auf den Feldern belassenen Reststoffe zu achten. In diesem Zusammenhang kann extensive Land- oder Agrar-Forstwirtschaft Voraussetzung oder zumindest geeigneter für ein solches Vorgehen sein als intensiv bewirtschaftete, biologisch bereits verarmte Monokulturen.

Erste Erfolge bei der Gewinnung von festen und flüssigen Düngern mithilfe der HT-Umwandlung wurden bereits im kommerziellen Maßstab erzielt (DBFZ 2024; abonoCARE 2024). HT-Verfahren unterstützen mit der Gewinnung von Nährstoffen und Spezialerden wie Terra Preta die ökologische Landwirtschaft und tragen im Fall einer Entfernung von Schwermetallen aus dem Prozesswasser – zum Beispiel mithilfe von Zeolithen – langfristig zur Entgiftung von Böden bei.

Hydrothermale Carbonisierung (HTC)

Abb. 13.7 veranschaulicht die grundlegenden Verfahrensschritte der HTC zur Herstellung von HT-Kohle. Die eingesetzte Biomasse wird zunächst zerkleinert und anschließend mit einer ausreichenden Menge an Frischwasser und maximal 50 % rückgeführtem Prozesswasser vermischt, sodass die Biomasse vollständig von Wasser umgeben ist. Eine Pumpe bringt das Gemisch auf den erforderlichen Reaktionsdruck, während eine Heizvorrichtung für die gewünschte Reaktionstemperatur sorgt. Zusätzlich zur Wärmerückgewinnung aus dem Prozesswasser werden zum Beheizen Wärmeträger wie Dampf, Thermo-Öl oder Elektroerhitzer eingesetzt.

Die HTC findet größtenteils bei Temperaturen zwischen 180 und 280 °C und einem Druck zwischen 20 und 100 bar statt. Die Verweilzeiten in wissenschaftlichen Untersuchungen reichen von 5 min bis zu 5 h. Das Ergebnis der HTC sind *HT-Kohle* (engl. Hydrochar), die bezüglich der Zusammensetzung der Braunkohle ähnelt, *Prozesswasser* mit bis zu 20 % Anteilen an Kohlehydraten und organischen Säuren sowie geringe Anteile

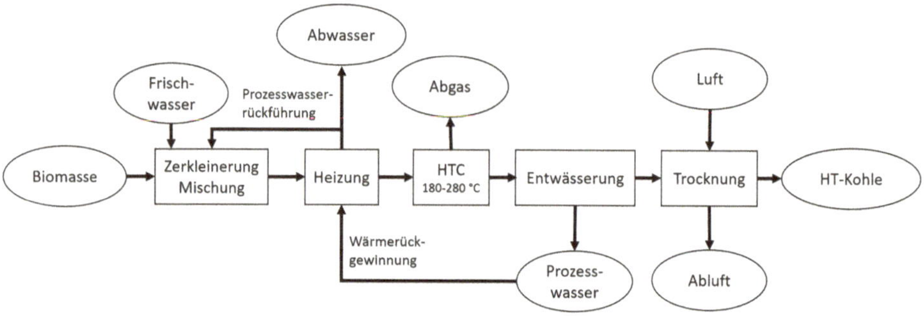

Abb. 13.7 Verfahrensschritte und Stoffströme bei der hydrothermalen Carbonisierung (HTC)

Gase und *flüssige Kohlenwasserstoffe*. Höhere Temperaturen führen zu einer Verschiebung in die Gasphase (CO_2-Bildung) und somit zu Massenverlusten in Bezug auf die HT-Kohle (Greve, 2016).

Der hohe Druck sorgt dafür, dass das Wasser bei den notwendigen Reaktionstemperaturen flüssig bleibt. Die Verweilzeit spielt im Vergleich zu anderen Parametern eine eher untergeordnete Rolle. Eine höhere Verweilzeit kann zu einer leichten Erhöhung des Brennwertes der Kohle beitragen. Zur Beschleunigung und Aktivierung einzelner Reaktionen kommen Katalysatoren zum Einsatz (Maniscalco, Volpe und Messineo 2020).

Pflanzliche Biomassen bestehen aus Cellulose und Hemicellulose, beides kohlenhydratbasierte, makromolekulare Verbindungen, sowie Kohlenhydraten, Lignin, Proteinen und Pflanzenölen. Für die HTC spielen Kohlenhydrate die wichtigste Rolle. Kohlenhydrate liegen zum Beispiel als Zucker oder Stärke vor allem in den Früchten und Samen der Pflanzen vor. Wichtig sind Kohlenhydrate auch in Form von Cellulose und Hemicellulose, da sie in den Pflanzen zusammen mit Lignin für ein stabiles Strukturgerüst sorgen (Blöhse 2017). Für die meisten Biomassen macht die sogenannte Lignocellulose (Cellulose, Hemicellulose, Lignin) über 90 % der Trockenmasse aus (Greve 2016). Die Trockenmasse von Holz- und Graspflanzen setzt sich grob zum Beispiel wie folgt zusammen (Stemann 2013):

- 50 % Cellulose,
- 25 % Hemicellulose,
- 20 % Lignin,
- 5 % mineralische Substanzen, Lipide, Proteine, Tannine.

Die komplexen Reaktionspfade der HT-Umwandlung von Hemicellulose, Cellulose, Lignin und Lipiden werden unter anderem bei Vogel (2024) ausführlich erklärt. Die Reaktion der HTC am Beispiel der Cellulose lässt sich vereinfacht in die folgenden Schritte unterteilen (Blöhse 2017; Titirici 2015):

- Hydrolyse (Aufspaltung der Biomasse und Lösung der Fragmente in Wasser),
- Dehydratisierung (Wasserabspaltung und damit Reduzierung des Sauerstoffs),
- Polykondensation (Feststoffbildung zu Kohlepartikeln).

Für den ersten Schritt des HTC-Prozesses, die *Hydrolyse*, muss das Biomasse-Wasser-Gemisch zunächst auf die Reaktionstemperatur gebracht werden. Dadurch werden Reaktionen in Gang gesetzt, die das Aufbrechen der physikalischen Struktur der Biomasse infolge der Reaktion mit Wasser zur Folge haben. Das bedeutet, dass Bindungen zerstört und Biopolymere und andere komplexe Strukturen in ihre Einzelteile oder zumindest in kleinere Teile zerlegt werden. Man spricht von Depolymerisation oder von einem Aufschluss der Biomasse. Dabei werden makromolekulare Kohlenhydratverbindungen wie Hemicellulose und Cellulose schneller und umfangreicher gespalten als Lignin, was an dessen komplexer phenolbasierten Struktur liegt. Durch die Hydrolyse bildet sich aus Cellulose zunächst Glucose, daraus dann durch Isomerisation auch Fructose (Greve 2016; Blöhse 2017; Titirici 2015; Vogel 2024).

Fructose wird im nächsten Schritt durch eine *Dehydratisierung* (Wasserabspaltung) in Hydroxymethylfurfural (HMF) umgewandelt. HMF gilt als potenzielle zukünftige Plattformchemikalie für die Produktion biogener Kunststoffe und ist ein wichtiges Zwischenprodukt der HTC (Blöhse 2017). Andere Zwischenprodukte sind z. B. organische Säuren (Lävulinsäure, Ameisensäure), Aldehyde und Phenole. Durch die organischen Säuren wird der pH-Wert der wässrigen Lösung gesenkt und damit der autokatalytische Effekt der HTC verstärkt (Titirici 2015).

Im letzten Umwandlungsschritt werden die Zwischenprodukte über eine *Polykondensation* wieder in komplexere Strukturen umgewandelt. Monomere werden zu Polymeren zusammengefügt, die zu feinen Partikeln verklumpen und als Feststoffe (HT-Kohle) aus der wässrigen Lösung ausfallen (Greve 2016). Nach dem HTC-Reaktor wird die Kohle vom Prozesswasser getrennt, getrocknet und kann einer weiteren Veredelung zugeführt werden. Da der Gehalt an Kohlenstoffverbindungen im Prozesswasser mit bis zu 20 % noch recht hoch ist, kann geeignete Prozesswasserbehandlung und -recycling dazu führen, dass sich die Kohlenstoffausbeute noch weiter erhöht.

Am Ende der HTC steht als Zielprodukt HT-Kohle oder, weiter veredelt, Biokohle. Allerdings gelangt nicht der gesamte Kohlenstoff, der in der ursprünglichen Biomasse enthalten ist, in die Kohle. Ein Teil des Kohlenstoffs liegt in Form von gelösten organischen Verbindungen im Prozesswasser oder in Form von CO_2 im Prozessgas vor. Blöhse (2017, S. 27) beschreibt beispielsweise für verschiedene pflanzliche Rohbiomassen die folgende durchschnittliche Verteilung des Kohlenstoffs am Ende der HTC:

- 72 % in der HT-Kohle (feste Phase),
- 22 % im Prozesswasser (flüssige Phase),
- 6 % im Prozessgas (gasförmige Phase).

Die Anreicherung des Kohlenstoffs in der HT-Kohle wird dadurch erreicht, dass infolge der oben genannten Reaktionen, z. B. bei der Dehydratisierung, Sauerstoff in Form von Wasser oder Kohlenstoffdioxid abgespalten wird. Dadurch steigt im Endprodukt der relative Kohlenstoffgehalt (Blöhse 2017). Abb. 13.8 zeigt ein Beispiel für eine typische Produktzusammensetzung nach der HTC von Biomasse.

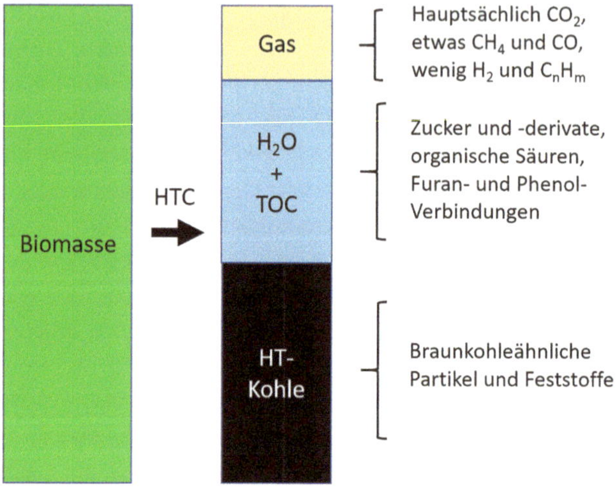

Abb. 13.8 Aufteilung der Hydrothermalen-Carbonisierungs-Produkte (HTC-Produkte) in die Aggregatzustände fest, flüssig und gasförmig (eigene Darstellung nach Funke (2012)). Total Organic Carbon (TOC) sind gelöste organische Substanzen und sehr fein dispergierte Feststoffpartikel im Prozesswasser

Die HT-Kohle als Produkt der HTC hat im Vergleich zur ursprünglichen Biomasse viele Vorteile, z. B. höhere Dichte, bessere Transport- und Lagereigenschaften und ein besseres Entwässerungsverhalten. Ein weiterer Vorteil der HTC ist, dass man mit geeigneten Prozessbedingungen und Substraten eine HT-Kohle mit vergleichbaren Brenn- und Heizwerten wie bei der herkömmlichen Braunkohle erreichen kann (Blöhse 2017). Außerdem kann die HT-Kohle aufgrund der thermochemischen Umwandlung unter relativ hohen Temperaturen als hygienisch sauber betrachtet werden (Blümel 2016). Ein Überblick zur HTC findet sich bei Thrän et al. (2016).

Nach bisherigem Stand kann die HTC unter Laborbedingungen, zum Beispiel in einem Batchreaktor mit Prozesswasserrückführung, ohne große Probleme einen energetischen *Wirkungsgrad von 60–80 %* erreichen. Von der ursprünglich in der Biomasse gespeicherten Energie und der zur Prozessdurchführung erforderlichen Hilfsenergie sind also noch bis zu 80 % im Produkt enthalten und zur energetischen Nutzung verfügbar (Greve 2016). Unter optimalen Bedingungen abhängig von den Prozessbedingungen und den verwendeten Edukten wurden Wirkungsgrade bis 89 % erreicht (Titirici 2015). Somit handelt es sich bei der HTC um eine energetisch effiziente Umwandlungsmethode.

Für eine HTC-Anlage im industriellen Pilotmaßstab wurde eine Umwandlungsrate von 73 % entsprechend einer Produktion von 55.000 t Trockensubstanz (TS) HT-Kohle aus 75.000 t TS eingesetzter Biomasse genannt (Medick et al. 2018). Die Investitionskosten für diese Anlage mit 55.000 t/a Produktionskapazität werden mit 15 Mio. € angegeben. Die Betriebskosten für Aufbereitung, Transport, Lagerung, Verarbeitung der Biomasse in der HTC-Anlage und Trocknung der HT-Kohle errechnen sich in diesem Beispiel zu knapp 60 €/t. Die gesamten Kapital- und Betriebskosten belaufen sich auf 5,5 Mio. €/a.

Daraus ergeben sich Kosten von circa 100 €/t für die erzeugte HT-Kohle. Mit einem Heizwert der HT-Kohle von 5,6 MWh_{th}/t liegen die entsprechenden Brennstoffkosten für HT-Kohle aus biogenen Reststoffen heute also bei etwa 18 €/MWh_{th} und damit etwas höher als die von Steinkohle. Höhere Werte können sich zum Beispiel aus dem Einsatz von Energiepflanzen, bei kleineren dezentralen Produktionseinheiten und aufgrund steigender Nachfrage in allen Sektoren ergeben. Auf der anderen Seite können Serienproduktion und technische Entwicklung die Kosten von HT-Verfahren in der Zukunft durchaus weiter senken. Die im vorliegenden Buch verwendeten durchschnittlichen Kosten für biogene Festbrennstoffe von 24 €/MWh_{th} im Jahr 2020 bis 51 €/MWh_{th} im Jahr 2070 nach Tab. 16.1, Zeile 2 sind damit eine vergleichsweise konservative Annahme. Weitere Verfahren wurden von Vogel (2024) beschrieben.

In Tab. 13.1 wird HT-Kohle in Bezug auf einige für den Einsatz als Energieträger relevante Kenngrößen mit Braunkohle und Holzpellets verglichen.

Hydrothermale Verflüssigung (HTL)

Abb. 13.9 zeigt den vereinfachten Ablauf eines HTL-Verfahrens zur Herstellung von *HT-Rohöl* (engl. Biocrude), das dem Erdöl ähnelt. Die ersten Schritte der HTL sind im Grunde die gleichen wie bei der HTC: Zerkleinerung, Mischung mit Wasser, Druckerhöhung und Erhitzung des Substrats. Der Verflüssigungsprozess findet allerdings bei deutlich höheren Temperaturen zwischen 200 und 450 °C und bei höheren Drucken von 50 bis 200 bar statt. Technische Verfahren arbeiten bei 300–350 °C. Noch höhere Temperaturen führen zu einer Verschiebung des Gleichgewichts in die Gasphase, niedrigere Temperaturen begünstigen die Polykondensation zu HT-Kohle. Weitere Produkte sind das Prozesswasser mit etwas über 20 % Anteilen an Kohlehydraten und organischen Säuren und geringe Anteile Gase.

Tab. 13.1 Eigenschaften der hydrothermalen Kohle (HT-Kohle) im Vergleich zu Braunkohle und Holzpellets; Wassergehalt bezogen auf die Feuchtmasse. Alle anderen Angaben beziehen sich auf die Trockenmasse. Eigene Zusammenstellung aus unterschiedlichen Literaturquellen: Maniscalco, Volpe und Messineo (2020), Blöhse (2017), Droshin (2017), Blümel (2016), Greve (2016), Telmo und Lousada (2011), TFZ (2015). Zum Vergleich s. auch Vogel (2024)

Energierohstoff/ Eigenschaften	HT-Kohle	Braunkohle	Holzpellets
Wassergehalt	< 1 %	11–56 %	3,5–9,5 %
Aschegehalt	0,2–70 % (hängt von der Rohbiomasse ab)	6–8 %	0,2–0,5 %
Flüchtige Bestandteile	20–75 %	26–33 %	über 80 %
Kohlenstoff	55–75 %	61–75 %	50–52 %
Sauerstoff	15–35 %	12–30 %	42–44 %
Wasserstoff	4–6 %	2–6 %	6,5–7,5%
Stickstoff	1–2 %	0,3–0,7 %	0,05–0,2 %
Schwefel	< 0,001 %	0,3–0,4 %	< 0,001 %
Brennwert	20–30 MJ/kg	19–23 MJ/kg	16–21 MJ/kg

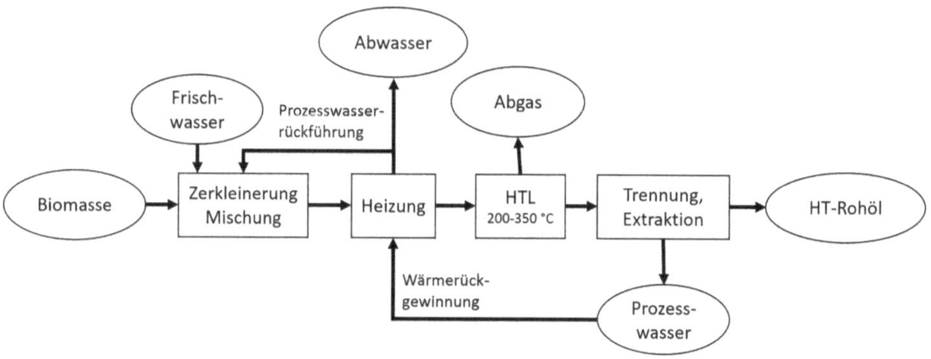

Abb. 13.9 Verfahrensschritte und Stoffströme der hydrothermalen Verflüssigung (HTL)

Der Umwandlungsprozess sogenannter trockener Biomassen mit hohem Gehalt an Cellulose verläuft im HTL-Reaktor ähnlich wie bei der HTC über Hydrolyse, Dehydratisierung und in geringem Maße über die Polymerisation der Zwischenprodukte. Es entsteht eine phenolreiche Produktmischung aus Komponenten, die im Vergleich zur ursprünglichen Biomasse einen deutlich verminderten Sauerstoffgehalt haben. Aufgrund der höheren Temperaturen bleiben diese Komponenten überwiegend flüssig und werden nicht wie bei der HTC als Feststoffpartikel ausgefällt, da unter diesen Prozessbedingungen kaum Polykondensationsreaktionen stattfinden. Bei der Verwendung von lignocellulosehaltigen Materialien wurden Rohölerträge von 20–35 % bezogen auf die eingebrachte Masse an biogenen Reststoffen erzielt[1] (Usman et al. 2024).

Sogenannte nasse Biomassen wie Algen oder Klärschlamm, die hohe Anteile an Lipiden und Proteinen enthalten, folgen überwiegend anderen Reaktionspfaden. Die Trockenmasse von Algen wie Chlorella Vulgaris kann sich zum Beispiel aus den folgenden Hauptkomponenten zusammensetzen (eigene Zusammenstellung nach Usman et al. 2024):

- 16–50 % Lipide,
- 30–42 % Proteine,
- 20–22 % Kohlenhydrate.

Bei der *Hydrolyse* von Lipiden und Proteinen entstehen Aminosäuren und Fettsäuren als Zwischenprodukte, die durch *Decarboxylierung* und *Aminierung* in Alkene, Amide und andere Kohlenwasserstoffe umgewandelt werden. In der HTL konnten aus lipid- und proteinhaltigen Biomassen zwischen 25 und 60 % Rohöl bezogen auf die eingebrachte Masse gewonnen werden (Usman et al. 2024).

Im Rahmen der HT-Umwandlung von Lignin entstehen als Zwischenprodukte der Hydrolyse zunächst verschiedene Phenole und zuletzt aromatische Oligomere als Bestandteile des HT-Rohöls.

[1] Durch die Abspaltung von Wasser nimmt die Masse ab. Die Kohlenstoffausbeute ist deutlich höher.

Nach dem HTL-Reaktor muss das Prozesswasser von den ölhaltigen Komponenten getrennt werden. Dies kann aufgrund des unterschiedlichen spezifischen Gewichts von Wasser und Öl durch eine einfache mechanische Phasentrennung erreicht werden, wobei eine vorgeschaltete Extraktion einiger im Wasser gelöster Komponenten mit einem organischen Lösungsmittel den Trennprozess verbessern kann (Ramirez et al. 2015). Das Prozesswasser und die darin enthaltene Wärmeenergie können auch bei diesem Verfahren rezykliert und teilweise zurückgewonnen werden. Das Hauptprodukt kann zur Herstellung standardisierter Kraftstoffe einer weiteren Veredelung zugeführt werden, während Abwasser und Abgase umweltkonform wiederverwertet, weiterverarbeitet oder entsorgt werden müssen.

Energetische Wirkungsgrade der HTL, definiert als Heizwert des HT-Rohöls bezogen auf den der eingebrachten biogenen Trockenmasse, werden mit 55–61 % angegeben (Ocampo 2023).

Ähnlich wie Erdöl ist auch HT-Rohöl eine Mischung hunderter organischer Substanzen, die bei der HT-Umwandlung aus den unterschiedlichen Biomassen entstehen (Abb. 13.10). Es ist noch sehr zähflüssig und enthält große Mengen an Stickstoff und Sauerstoff, die bei der Verwendung als Kraftstoff Probleme bereiten: Sauerstoff reduziert den Heizwert und Stickstoff führt zur Bildung von Stickoxiden, die sauren Regen und Atemprobleme verursachen können. Beide Stoffe können durch katalytische *Hydrierung*, eine chemische Reaktion mit Wasserstoff, um über 90 % reduziert werden und auch die ursprünglich hohe Viskosität nimmt durch diesen Prozess stark ab (Tab. 13.2).

Veredelung der HTL-Produkte

Ähnlich wie Erdöl ist HT-Rohöl in der Regel noch nicht frei von problematischen Inhalten und auch nicht homogen genug, um die strengen Normen für den Einsatz in Fahrzeugen und Flugzeugen zu erfüllen (Jones et al. 2014). Die größte Herausforderung, die eine nachgeschaltete Veredelung meistern muss, ist die Herstellung *standardisierter Kraftstoffe* wie Diesel, Benzin und Jet Fuel, die alle notwendigen Produkt- und Umweltstandards erfüllen.

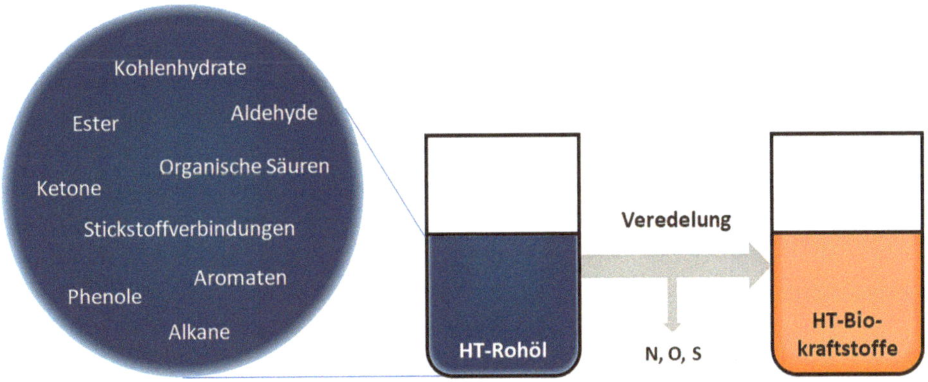

Abb. 13.10 Hydrothermales Rohöl (HT-Rohöl) und seine organischen Bestandteile nach Usman et al. (2024)

Tab. 13.2 Eigenschaften von hydrothermalem Rohöl (HT-Rohöl), hydriertem HT-Rohöl, Heizöl und Biodiesel im Vergleich. Vereinfachte Zusammenstellung aus Usman et al. (2024), Hu und Golizadeh (2020), Zhou et al. (2023), Basar (2021), Jones et al. (2014)

Energierohstoff/ Eigenschaften	HT-Rohöl	HT-Rohöl hydriert	Konventionelles Heizöl aus Erdöl	Biodiesel
Wassergehalt	< 1 %	0 %	0,1 %	1,5 %
Kohlenstoffgehalt	70–77 %	82–87 %	87 %	77,5 %
Wasserstoff	6–12 %	10–13 %	13,3 %	11,6 %
Stickstoff	2–6 %	0,05–4 %	< 1 %	–
Schwefel	–	< 0,005 %	< 4 %	< 0,005 %
Sauerstoff	8–20 %	0–4 %	< 1 %	< 5 %
Asche	–	–	0,1 %	–
Viskosität 40 °C (cP)	220–470	1,3–4,5	180	1–5
Dichte (kg/l)	0,97–0,99	0,76–0,78	0,86	0,76–1,2
Brennwert (MJ/kg)	28–40	40–44	41–44	42–45

Für diesen Zweck stehen – nicht zuletzt aufgrund der ebenfalls notwendigen Veredelung von Erdöl- und Pyrolyseprodukten – eine Vielzahl von physikalischen und chemischen Verfahren zur Verfügung, zum Beispiel Destillation, katalytische Verfahren, Adsorption an Zeolithen, Flüssig-Flüssig-Extraktion, Veresterung sowie die molekulare Filterung durch Membranen. Diese Verfahren aus der Erdölindustrie werden in jüngster Zeit zunehmend auch auf HTL-Rohprodukte angewandt, um einsatztaugliche Kraftstoffe aus Reststoffen und Energiepflanzen herzustellen (Zhou et al. 2023; Usman et al. 2024; Ramirez et al. 2015).

Abb. 13.11 zeigt ein Beispiel für die Veredelung (Upgrading) von HT-Rohöl. Für die Auftrennung des Rohöls in definierte Fraktionen (F1, F2, F3 …) steht die aus der Erdölverarbeitung bekannte *fraktionierte Destillation* zur Verfügung. Die verschiedenen Fraktionen können auf unterschiedliche Art und Weise veredelt werden, sei es durch Hydrierung, Veresterung oder hybride Prozesse.

In der *Hydrierung* führen chemische Reaktionen mit Wasserstoff zu einer deutlichen Verbesserung der Qualität (Energiedichte und Stabilität) des Rohöls, indem die im Vergleich zum Erdöl relativ hohen Sauerstoff- und Stickstoffanteile in H_2O, CO_2, CO und NH_3 umgewandelt und anschließend vom eigentlichen Produkt getrennt werden können. Durch die Hydrierung können Sauerstoff- und Stickstoffgehalt um bis zu 90 % reduziert werden (Usman et al. 2024). Mithilfe von *Prozesswasserrecycling* können die Masseneträge von Rohöl aus der Rohbiomasse Werte zwischen 60 und 88 % erreichen. *Hydrocracking* kann im Anschluss daran zur Produktion leichterer Kraftstoffe wie Benzin verwendet werden.

Die Mischung des HT-Rohöls mit Alkoholen führt zur Bildung von Estern, ähnlich der Komponenten im Biodiesel. Durch die *Veresterung* (Reaktion von Alkohol mit organischen Säuren) verbessern sich Eigenschaften wie die Viskosität, die Dichte und der Heizwert des Biokraftstoffs.

Da bei den hier beschriebenen HT-Verfahren je nach Prozessbedingungen immer auch feste Partikel (Verkokung) entstehen können, wird über *hybride Verfahren* nachgedacht, die die Vorteile der einzelnen Prozesse nutzen und deren Nachteile vermeiden sollen. Bis-

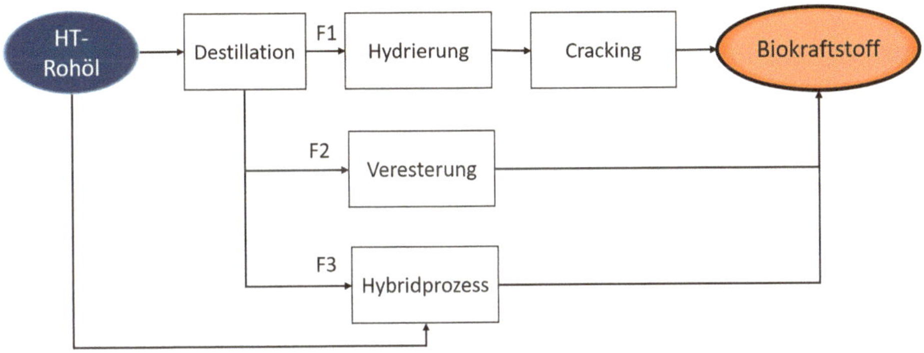

Abb. 13.11 Blockschaltbild zur Veredelung von hydrothermalem Rohöl (HT-Rohöl) angepasst nach Ramirez et al. (2015). *F* Fraktion

her wurden mit relativ guten Erfolgen Kombinationen aus chemischen Reaktionen und simultaner Destillation sowie Kombinationen von Hydrierung, Veresterung und Cracking untersucht, wodurch bis zu 90 % Anteile Diesel und Jet Fuel sowie Brennwerte von bis zu 47 MJ/kg erreicht wurden (Ramirez et al. 2015).

Das von der EU finanzierte Projekt HyflexFuel veröffentlichte 2021 einen Bericht über die erfolgreiche Produktion von HT-Rohöl (Biocrude) aus verschiedenen organischen Reststoffen wie Klärschlamm, Kantinenreste, Gülle, Stroh, Algen, Sägemehl und anderen. Das Projekt lieferte den Nachweis, dass Flugkraftstoffe aus Biomasse im industriellen Maßstab hergestellt und veredelt werden können (HyflexFuel 2024).

Der Verkaufspreis für aufbereitetes Biocrude wird derzeit von unterschiedlichen Quellen im Bereich von ein bis drei Euro pro Liter Benzinäquivalent angegeben (Masoumi und Dalai 2021; Usman et al. 2024). Auch hier bestehen Kostensenkungspotenziale infolge technischer Entwicklung und Massenproduktion.

Hydrothermale Gaserzeugung (HTG) und HT-Biomethan

In Abb. 13.12 sind die grundlegenden Verfahrensschritte der HTG dargestellt. Auch hier sind die ersten Schritte analog zur HTC und HTL: Biomasse zerkleinern, mit Wasser mischen und das Gemisch auf Reaktionstemperatur und -druck bringen.

Die HTG aus Biomasse wird in einem Druckbereich von 200 bis 300 bar und Temperaturen von 300 bis über 550 °C durchgeführt. Man unterscheidet zwischen der nahkritischen HTG[2] um 375 °C, bei der ein Gasgemisch mit hohem Methananteil entsteht, und der überkritischen HTG, die bei Temperaturen deutlich über 375 °C stattfindet und womit vor allem Wasserstoff erzeugt wird. Um vorrangig Biomethan zu erhalten, ist also vor allem die nahkritische HTG von Bedeutung.

[2] Bei 374 °C und einem Druck von rund 221 bar, dem sogenannten kritischen Punkt, gibt es keinen Unterschied mehr zwischen dem flüssigen und gasförmigen Zustand des Wassers.

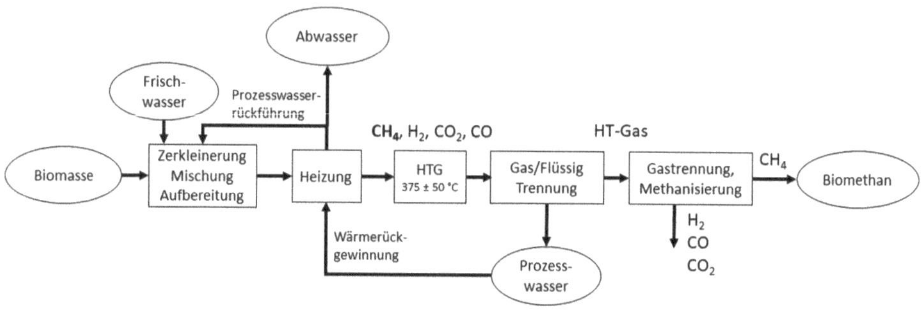

Abb. 13.12 Verfahrensschritte und Stoffströme der hydrothermalen Gaserzeugung (HTG) bei der nahkritischen Variante mit Schwerpunkt Biomethan

Die beiden Verfahren unterscheiden sich unter anderem dadurch, dass für die nahkritische Umwandlung Katalysatoren verwendet werden, während die überkritische HTG aufgrund der hohen Temperaturen keine Beschleunigung der Reaktion durch Katalyse erfordert. Für die nahkritische Vergasung ist ein Edelmetallkatalysator zur Beschleunigung der Methanbildung notwendig. In der überkritischen Vergasung erhöhen Kaliumsalze die Wasserstoffausbeute und vermindern den CO-Gehalt des HT-Gases. Kaliumsalze sind bereits in der Biomasse vorhanden und müssen nicht zugesetzt werden. Bei der nahkritischen, katalytischen HTG können Mineral- und Metallsalze in der Biomasselösung Probleme bereiten, indem sie die Katalysatoren deaktivieren. Deshalb – und weil sie selbst wertvolle Rohstoffe sind – werden sie vor dem Reaktor zum Beispiel mithilfe von Ionenaustauschmembranen so gründlich wie möglich aus dem Prozesswasser entfernt.

Unter den gegebenen harten Prozessbedingungen der nahkritischen HTG zerfallen die Zwischenprodukte der HT-Umwandlung in ihre kleinsten molekularen Bestandteile: Methan, Wasserstoff, Kohlenstoffdioxid und zum kleinen Teil Kohlenstoffmonoxid (Zhou et al. 2023). Diese Gase, die bei der HTC und der HTL als Abgase behandelt wurden, sind hier das Hauptprodukt.

Nachdem Gase und Prozesswasser voneinander getrennt wurden, kann das Gasgemisch weiter veredelt werden, um möglichst reines Biomethan als Endprodukt zu gewinnen. Der energetische Wirkungsgrad des Verfahrens liegt bei 75–85 %, wenn man den Energiegehalt der aus der Gastrennung abgeführten Brenngase mitrechnet.

Ein europäisches Industriekonsortium unter dem Namen GRTgaz hat sich vorgenommen, im Jahr 2025 erste Pilot- und Demonstrationsanlagen für ein integriertes HTG-Verfahren zu errichten, mit dem Methan für die Einspeisung in Pipelines sowie Pflanzennährstoffe wie Phosphor, Kalium, Kalzium, Stickstoff und sonstige Metallsalze aus Biomassereststoffen gewonnen und vermarktet werden können. Ab 2026 sind erste Industrieprojekte geplant, die bis 2030 eine Kapazität von 2 TWh_{th}/a und bis 2050 eine Kapazität von 50 TWh_{th}/a[3] erreichen sollen (GRTgaz 2024).

[3] Heizwert des jährlich produzierten Methans.

13.3 HT-Brennstoffproduktion in der Zukunft

Aktuell gibt es faszinierende Neuentwicklungen und Fortschritte bei den HT-Umwandlungsverfahren, die einen ersten Blick in eine mögliche Zukunft dieser Technologie erlauben. Zu den derzeit intensiv erforschten Entwicklungszielen gehören folgende Themen (Usman et al. 2024):

- Klassifizierung der verwendbaren Biomassen aus Reststoffen, um neue Rohstoffe und größere Potenziale als bisher für die HT-Umwandlung zu erschließen. Die genaue Kenntnis der Zusammensetzung der Rohbiomasse erlaubt eine gezielte Auswahl geeigneter Katalysatoren und Prozessparameter, um eine optimale Ausbeute der gewünschten HT-Produkte zu erzielen.
- Entwicklung und Prüfung geeigneter Katalysatoren für die verschiedenen Biomassen und Umwandlungsprozesse.
- Entwicklung kontinuierlicher Umwandlungsverfahren mit Strömungsrohrreaktoren für eine bessere Skalierbarkeit hin zu großen kommerziellen Anlagen und zu effizienterem Betrieb. Eine kontinuierliche Betriebsweise ist am besten geeignet, um Effizienz steigernde Maßnahmen wie das Recycling von Prozesswasser und Wärmerückgewinnung umzusetzen.
- Entwicklung und Aufbau integrierter HT-Verfahren, um stoffliche Abfälle zu vermeiden (Zero Waste) und Energieintegration für einen effizienten Betrieb zu ermöglichen.
- Entwicklung von Verfahren zur Veredelung (Upgrading) der HT-Rohprodukte für den Einsatz als Brenn- und Kraftstoffe im Energiesektor und als Rohstoffe für die Chemieindustrie.
- Einsatz künstlicher Intelligenz[4] (Machine Learning) zur Erfassung der vielen unterschiedlichen Biomassen und zur optimalen und ganzheitlichen Prozesssteuerung von HT-Anlagen.
- Diversifizierung der HT-Produkte als Energieträger und Industrierohstoffe.

Ein Kernproblem der HT-Verfahren sind die extrem heterogenen Biomassen, die zu kommerziell einsetzbaren, standardisierten Energieträgern oder Chemierohstoffen verarbeitet werden müssen. Obwohl die Entstehung von Kohle, Öl und Gas in der technischen HT-Umwandlung wie in der Natur mit unterschiedlichen Druck- und Temperaturbereichen stattfindet, sind diese Bereiche nicht scharf getrennt, sodass HT-Produkte immer als Nebenprodukt bei anderen Prozesseinstellungen vorkommen können (s. auch Abb. 13.4). Das Prozesswasser, ebenfalls ein wichtiges HT-Produkt, enthält wasserlösliche organische Verbindungen und Stoffe aus der Rohbiomasse wie Phosphor, Schwefel und Schwermetallsalze und wird bisher als Abfall behandelt, der aufwendig aufbereitet und entsorgt werden muss.

---

[4] Hier ist nicht Intelligenz im Sinne des deutschen Wortes, sondern die Fähigkeit zur Verarbeitung großer Mengen an Information im Sinne des englischen Begriffes „Intelligence" gemeint.

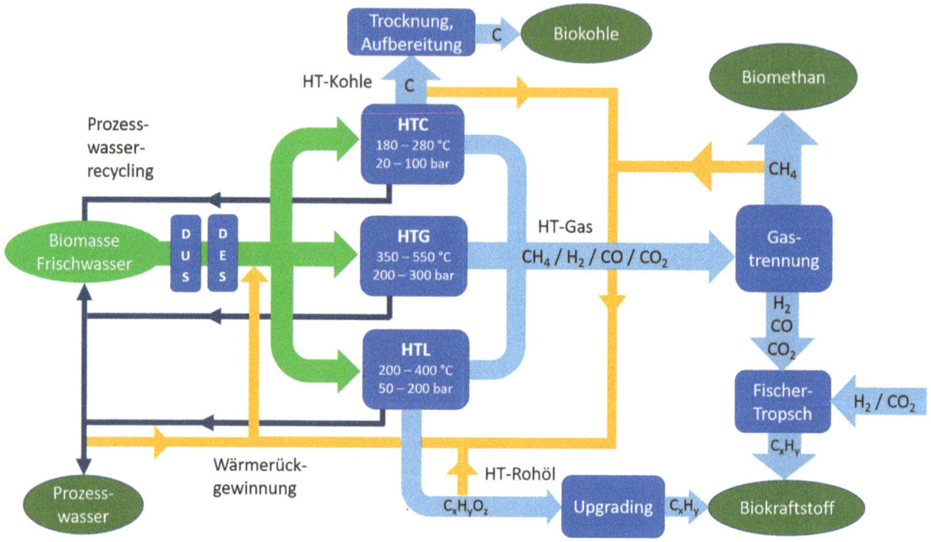

Abb. 13.13 Stoff- und Energieströme in einer integrierten hydrothermalen Produktionsanlage (HT-Produktionsanlage). Der hier skizzierte Anlagenkomplex kann zur weiteren Veredelung der vier Hauptprodukte durch entsprechende Verfahren erweitert und damit zum Kern einer zukünftigen Bio-Raffinerie für erneuerbare Brenn- und Kraftstoffe werden. *DUS* Desintegration der Zellstrukturen der Biomasse durch Ultraschall, *DES* Entfernung von Mineralsalzen und Metallen (engl. Desalination), *HTC* hydrothermale Carbonisierung, *HTG* hydrothermale Gaserzeugung, *HTL* hydrothermale Verflüssigung

Die oben genannten Forschungsarbeiten zielen darauf ab, die komplexen und heterogenen Vorgänge während der HT-Umwandlung im Hinblick auf einen kontinuierlichen, sicheren, effizienten, umweltfreundlichen und wirtschaftlichen Betrieb überwachen und steuern zu können, damit standardisierte, kommerziell einsetzbare Produkte bei minimalen Abfallmengen generiert werden.

Da nach der Abtrennung der Nebenprodukte großer Aufwand für deren Weiterverarbeitung und Entsorgung getrieben werden muss, kann man darüber nachdenken, alle drei Hauptprodukte in einer integrierten Anlage herzustellen (Abb. 13.13). Voraussetzung für eine solche Integration ist die Entwicklung industriereifer kontinuierlicher HT-Verfahren mit Strömungsrohrreaktoren.

Der gemeinsame Betrieb von HTC, HTL und HTG oder geeigneter Kombinationen dieser Verfahren erlaubt die Integration von Stoff- und Energieströmen. Über Wärmetauscher kann der Wärmeinhalt heißer Stoffströme (zum Beispiel der austretenden Produktgase und des Prozesswassers) an kältere Stoffströme (zum Beispiel an das eingehende Biomasse-Wasser-Gemisch) übertragen und auf diese Weise Energie gespart werden. Bis zu 50 % des Prozesswassers mit etwa 20 % darin gelöster organischer Verbindungen kann zurückgeführt werden, um Frischwasser und Biomasse einzusparen und die Gasausbeute zu erhöhen. Der Rest des Prozesswassers, das einen potenziell wertvollen Rohstoff darstellt, kann ebenso wie die drei anderen Produkte des Verfahrens zu energetischen oder stofflichen Endprodukten weiter veredelt werden. So kann zum Beispiel aus dem Prozesswasser durch Reformierung (Aqueous Phase Reforming) Wasserstoff für die Fischer-Tropsch-Synthese oder für die Veredelung (Upgrading) des HT-Rohöls gewonnen werden.

Desintegration durch Ultraschall (DUS) dient zum Aufschluss und zur teilweisen Verflüssigung der nassen Rohbiomasse, um Verstopfungen in den kontinuierlichen Strömungsrohrreaktoren der Anlage zu vermeiden und die HT-Umwandlungsprozesse zu erleichtern (Neis et al. 2008; IKTS 2022). Entmineralisieren und Entsalzen (DES) der Biomasse-Wasser-Mischung kann notwendig sein, um Mineralsalze und Metalle so weit wie möglich aus der Lösung abzuscheiden, da diese grundsätzlich wertvollen Rohstoffe die Katalyse der HT-Reaktionen behindern können und im Endprodukt Brennstoff nicht gebraucht werden (GRTgaz 2024).

Eine integrierte Anlage hat den Vorteil, die Produkte der verschiedenen HT-Verfahren an geeigneter Stelle zusammenführen und gemeinsam verarbeiten zu können. So können zum Beispiel die gasförmigen Produkte der HTG mit den gasförmigen Nebenprodukten der HTL und der HTC zusammengeführt und in einer nachgeschalteten Gastrennung gemeinsam weiterverarbeitet und veredelt werden. Während der Weiterverarbeitung der gasförmigen Produkte kann eine Anreicherung und Abtrennung von Methan zur Herstellung von HT-Biomethan erfolgen. Wasserstoff, Kohlendioxid und Kohlenmonoxid in den HT-Produktgasen können mittels Fischer-Tropsch-Synthese zu flüssigen Kohlenwasserstoffen synthetisiert werden, um die veredelten HTL-Produkte zu ergänzen. In der dafür notwendigen Anlage können zusätzlich Wasserstoff und Kohlendioxid aus anderen Quellen, zum Beispiel aus Elektrolyse beziehungsweise Carbon Capture, mitverarbeitet werden. Analog können auch die festen und flüssigen Haupt- und Nebenprodukte der HT-Verfahren gemeinsam aufbereitet und verwertet werden.

Das Ziel eines solchen integrierten HT-Anlagenkomplexes ist nicht die optimale Ausbeute bestimmter HT-Produkte aus bestimmten einzelnen Biomassen, sondern eine zuverlässige und wirtschaftliche Herstellung hochwertiger, standardisierter Energieträger und Industrierohstoffe aus biogenen Reststoffen beliebiger Herkunft. Die eingehenden heterogenen Biomassen kann man allerdings auch zu einer halbwegs einheitlichen, standardisierten Mischung vermengen, sodass der Gesamtprozess optimal darauf eingestellt werden kann. Auch hier geht es – ähnlich wie beim Transformationspfad der Energieversorgung – um Kompromisse zum Erreichen eines übergeordneten Ziels. Es geht nicht darum, optimale Umwandlungsergebnisse für einzelne Produkte oder für einzelne Edukte zu erzielen. Es geht um die ganzheitliche wirtschaftliche Tragfähigkeit und Nachhaltigkeit des gesamten Verfahrens als Baustein einer Kohlenstoffkreislaufwirtschaft im Energiebereich. Vieles deutet darauf hin, dass solche Anlagen zwischen 2030 und 2040 großtechnisch realisiert werden können, denn der Weg dorthin wurde bereits von einigen Pionieren beschritten.

Literatur

(abonoCARE 2024) Internet-Website: https://www.abonocare.de/technologien.html

(Basar 2021) Basar, I.A., Liu, H., Carrere, H., Trably, E., Eskicioglu, C., 2021. A review on key design and operational parameters to optimize and develop hydrothermal liquefaction of biomass for biorefinery applications. Green Chem. 23 (4), 1404–1446. https://doi.org/10.1039/D0GC04092D

(Blöhse 2017) Blöhse, D., Hydrothermale Karbonisierung – Nutzen dieser Konversionstechnik für die optimierte Entsorgung feuchter Massenreststoffe, Dissertation an der Universität Duisburg-Essen, 2017, online unter: https://www.researchgate.net/publication/322251709_Hydrothermale_Karbonisierung__Nutzen_dieser_Konversionstechnik_fur_die_optimierte_Entsorgung_feuchter_Massenreststoffe

(Blümel 2016) Blümel, R., Hydrothermale Prozesse – Veredelung wasserreicher, biogener Stoffströme; aus Thrän et al., Fokusheft Energetische Biomassenutzung, Kapitel Vom Labor zur Demonstration (2016), S. 13–15, von DBFZ Deutsches Biomasseforschungszentrum gemeinnützige GmbH, online unter: https://www.researchgate.net/publication/338119106_Focus_on_Hydrothermale_Prozesse_Veredlung_wasserreicher_biogener_Stoffstrome

(DBFZ 2023) Brödner, R., Cyffka, K.F., Fais, A., Günther, S., Kalcher, J., Kazmin, S., Naegeli de Torres, F., Radtke, K.S., Selig, M., Sittaro, F., Thrän, D., Wilske, B., Biomassepotenziale aus Abfällen und Reststoffen – Hintergrundpapier Stand und Perspektiven der DBFZ Ressourcendatenbank und der aktuellen Datenlage (12/2023), Deutsches Biomasse-Forschungszentrum (2023); https://doi.org/10.5281/zenodo.10404436

(DBFZ 2024) Wachstumskern – abonoCARE – VP2: Schadstoffreduzierung und Phosphoranreicherung in Düngervorprodukten; TP2.5: HTC-Phosphorabscheidung / Trocknung HTC-Kohle FKZ: 03WKDI2E, https://www.dbfz.de/projektseiten/hydrothermale-prozesse-htp/anwendungen-produkte/naehrstoffrecycling sowie https://www.abonocare.de/

(Droshin 2017) Drosihn, D. et al. (2017): Daten und Fakten zu Braun- und Steinkohlen, von Umweltbundesamt, online unter: https://www.umweltbundesamt.de/sites/default/files/medien/1410/publikationen/171207_uba_hg_braunsteinkohle_bf.pdf

(Encyclopedia Britannica 2024) Encyclopedia Britannica, Fossil Fuel Summary, Informations-Website (besucht im Dezember 2024) https://www.britannica.com/summary/fossil-fuel

(Funke 2012) Funke, A., Hydrothermale Karbonisierung von Biomasse, Dissertation der Technischen Universität Berlin, online unter researchgate: https://www.researchgate.net/publication/233800457_Hydrothermale_Karbonisierung_von_Biomasse_Reaktionsmechanismen_und_Reaktionswarme

(Greve 2016) Greve, T., Hydrothermale Carbonisierung von Landschaftspflegematerial, Dissertation der Carl von Ossietzky Universität Oldenburg (2016), online unter: https://www.researchgate.net/publication/327722434_Hydrothermale_Carbonisierung_von_Landschaftspflegematerial_-_Parameteranalyse_und_Methodenentwicklung_in_Richtung_einer_Prozessmodellierung

(GRTgaz 2024) GRTgaz, Hydrothermal Gasification, Internet-Informations-Website besucht am 7.12.24, https://www.grtgaz.com/en/new-gas/hydrothermal-gasification sowie https://www.natrangroupe.com/en/new-gas/hydrothermal-gasification besucht am 12.09.2025.

(Hu und Gholizadeh 2020) Hu, X., Gholizadeh, M., Progress of the applications of bio-oil, Renewable and Sustainable Energy Reviews 134 (2020) 110124, https://doi.org/10.1016/j.rser.2020.110124

(HyflexFuel 2024) HyflexFuel – Next generation fuel technologies, Internet-Informations-Website besucht am 17.12.24, https://www.hyflexfuel.eu/

(IKTS 2022) Friedrich, E., Friedrich, H., Jobst, K., Maas, R., Lincke, M., Effizienzsteigerung der Biogaserzeugung durch innovativen Einsatz der Ultraschalldesintegration, Fraunhofer Institut Keramische Technologien und Systeme (IKTS), Dresden (2022), https://publica-rest.fraunhofer.de/server/api/core/bitstreams/f3d4e99c-fbc4-4f69-be2c-322134d69d90/content

(Jones et al. 2014) Jones, S.B., Zhu, Y., Anderson, D.B., Hallen, R.T., Elliott, D.C., Schmidt, A.J., Albrecht, K.O., Hart, T.R., Butcher, M.G., Drennan, C., 2014. Process Design and Economics for the Conversion of Algal Biomass to Hydrocarbons: Whole Algae Hydrothermal Liquefaction and Upgrading. Pacific Northwest National Lab. (PNNL), Richland, WA (United States). https://doi.org/10.2172/1126336

(Klemm et al. 2020) Klemm, M.; Kröger, M.; Görsch, K.; Lange, R.; Hilpmann, G.; Lali, F.; et al. (2020). „Experimental evaluation of a new approach for a two-stage hydrothermal biomass liquefaction process". Energies (ISSN: 1996-1073), Vol. 13, Nr. 14, 3692. https://doi.org/10.3390/en13143692

(Klemm et al. 2019) Klemm, M.; Köchermann, J.; Lühmann, T.; Nelles, M. (2019). „Status und Perspektiven der hydrothermalen Carbonisierung (HTC) für biogene Abfälle und Reststoffe". Müll und Abfall (ISSN: 0027-2957), Vol. 51, Nr. 4, S. 182–189, https://doi.org/10.37307/j.1863-9763.2019.04.05

(Kruse und Dahmen 2015), Kruse, A., Dahmen, N., Water – A magic solvent for biomass conversion, The Journal of Supercritical Fluids, Volume 96, January 2015, Pages 36–45, https://doi.org/10.1016/j.supflu.2014.09.038

(Kruse, Funke und Titirici 2013) Kruse, A., Funke, A., Titirici, M.M., Hydrothermal conversion of biomass to fuels and energetic materials, Current Opinion in Chemical Biology, Volume 17, Issue 3, June 2013, Pages 515–521; https://doi.org/10.1016/j.cbpa.2013.05.004

(Maniscalco, Volpe und Messineo 2020) Maniscalco, M.P., Volpe, M., und Messineo, A., Hydrothermal Carbonization as a Valuable Tool for Energy and Environmental Applications: A Review; Energies. 2020; 13(16):4098. https://doi.org/10.3390/en13164098

(Masoumi und Dalai 2021) Masoumi S, Dalai AK. Techno-economic and life cycle analysis of biofuel production via hydrothermal liquefaction of microalgae in a methanol-water system and catalytic hydrotreatment using hydrochar as a catalyst support. Biomass Bioenergy 2021;151:106168. https://doi.org/10.1016/j.biombioe.2021.106168

(Medick et al. 2018) Medick, J., Teichmann, I., Kemfert, C., Hydrothermal carbonization (HTC) of green waste: Mitigation potentials, costs, and policy implications of HTC coal in the metropolitan region of Berlin, Germany, Energy Policy, Volume 123, December 2018, Pages 503–513, https://doi.org/10.1016/j.enpol.2018.08.033

(Neis et al. 2008) Neis, U., Nickel, K., Lundén, A., Improving anaerobic and aerobic degradation by ultrasonic disintegration of biomass. Journal of Environmental Science and Health (2008), Part A, 43(13), 1541–1545. https://doi.org/10.1080/10934520802293701

(Ocampo et al. 2023) Ocampo, E., Beltrán, V.V., Gómez, A.E., Ríos, L.A., Ocampo, D., Hydrothermal liquefaction process: Review and trends, Current Research in Green and Sustainable Chemistry 7 (2023) 100382, https://doi.org/10.1016/j.crgsc.2023.100382

(Ramirez et al. 2015) Ramirez, J.A., Brown, R.J., Rainey, T.J., A Review of Hydrothermal Liquefaction Bio-Crude Properties and Prospects for Upgrading to Transportation Fuels, Energies 2015, 8, 6765–6794; doi:https://doi.org/10.3390/en8076765; https://www.mdpi.com/1996-1073/8/7/6765

(Stemann 2013) Stemann, Jan, Hydrothermale Carbonisierung – Stoffliche und energetische Kreislaufführung, Dissertation der Technischen Universität Berlin (2013), online unter researchgate: https://www.researchgate.net/publication/307930563_Hydrothermale_Carbonisierung_Stoffliche_und_energetische_Kreislauffuhrung

(Suwelak 2015) Suwelack, K.U., Hydrothermale Karbonisierung, Artikel des Fraunhofer-Institut für Naturwissenschaftlich-Technische Trendanalysen (2015), Webseite des Fraunhofer-Instituts, online unter: https://publica.fraunhofer.de/entities/publication/72ebad7b-665a-4ab3-9378-0de2acc5fe32

(Telmo und Lousada 2011) Telmo, C., Lousada, J., Heating values of wood pellets from different species, Biomass and Bioenergy, Volume 35, Issue 7, July 2011, Pages 2634–2639, https://doi.org/10.1016/j.biombioe.2011.02.043

(TFZ 2015) Baumgartner, T., Lermer, A., Schön, C., Kuptz, D., Hartmann, H., Brennstoffqualität von Holzpellets – Europaweites Holzpelletscreening mit Fokus auf den deutschen Pelletmarkt, Berichte aus dem TFZ 43, Technologie- und Förderzentrum im Kompetenzzentrum für Nachwachsende Rohstoffe (TFZ), Straubing, Oktober 2015, ISSN 1614-1008, https://www.tfz.bayern.de/mam/cms08/festbrennstoffe/dateien/tfz_bericht_43_holzpellets.pdf

(Thrän et al. 2016) Thrän, D., Pfeiffer, D., Klemm, M., (Herausgeber), Hydrothermale Prozesse – Veredlung wasserreicher, biogener Stoffströme, FOKUSHEFT Energetische Biomassenutzung, Deutsches Biomasse-Forschungszentrum (DBFZ) 2016, ISSN: 2192-1156, ISBN: 978-3-9817707-9-7 https://energetische-biomassenutzung.de/de/node/106

(Titirici et al. 2015) Titirici, M.M., Funke, A., Kruse, A., Chapter 12 – Hydrothermal Carbonization of Biomass in Recent Advances in Thermo-Chemical Conversion of Biomass (2015), S. 325–352, Veröffentlicht von Elsevier-Verlag, online unter: https://doi.org/10.1016/B978-0-444-63289-0.00012-0

(Usman et al. 2024) Usman, M., Cheng, S., Boonyubol, S., Cross, J.S., From biomass to biocrude: Innovations in hydrothermal liquefaction and upgrading, Energy Conversion and Management 302 (2024) 118093, https://doi.org/10.1016/j.enconman.2024.118093

(Vogel 2024) Vogel, F., Kapitel 8, Hydrothermale Verfahren, in Kaltschmitt, M., Hofbauer, H., Lenz, V., Energie aus Biomasse, Band 2: Thermo-chemische Konversion, Springer-Vieweg Wiesbaden (2024), ISBN 978-3-658-41215-9, https://doi.org/10.1007/978-3-658-41216-6

(Zhou et al. 2023) Zhou Y, Remón J, Pang X, Jiang Z, Liu H, Ding W. Hydrothermal conversion of biomass to fuels, chemicals and materials: A review holistically connecting product properties and marketable applications. Sci Total Environ. 2023 Aug 15; 886:163920, Epub 2023 May 6. PMID: 37156381 https://doi.org/10.1016/j.scitotenv.2023.163920

Energiepotenziale aus Energiepflanzen und Reststoffen 14

Inhaltsverzeichnis

Es gibt eine Vielzahl von Biomasseressourcen für die Nutzung als Energiequellen (Abb. 14.1). Das DBFZ schätzt die Gesamtmenge an biogenen Reststoffen in Deutschland auf ein maximales technisches Potenzial von 133 Mio. t Trockenmasse (DBFZ 2024a, b). Diese Menge entspricht bei einem durchschnittlichen Heizwert der Biomasse von 5 kWh_{th}/kg TS einem Energiegehalt von circa 665 TWh_{th}. Daraus lassen sich pro Jahr entweder rund 72 Mio. t HT-Kohle[1] mit einem Heizwert von insgesamt 465 TWh_{th} oder etwa 36 Mio. t HT-Rohöl[2] mit einem Heizwert von ca. 400 TWh_{th} oder 49 Mio. t Biomethan[3] mit einem Heizwert von 530 TWh_{th} herstellen. Allerdings liegt die Betonung hier auf dem Wort „oder": Biogenes Öl, biogenes Gas und biogene Kohle müssen das Gesamtpotenzial an biogenen Reststoffen und Energiepflanzen untereinander teilen.

Die in Abb. 14.2 gezeigte Abschätzung der Potenziale unterscheidet sich von anderen Arbeiten dadurch, dass der energetischen Nutzung von Biomasse Vorrang gegeben wird und dass Annahmen im oberen Bereich aktueller Potenzialabschätzungen verwendet werden. Politische Vorgaben, die die Nutzung von Bioenergie in anderen Szenarien

[1] HTC mit einem Wirkungsgrad von 70 % und HT-Kohle mit einem spezifischen Heizwert von 23 MJ/kg.

[2] HTL mit einem Wirkungsgrad von 60 % und HT-Rohöl mit einem spezifischen Heizwert von 40 MJ/kg.

[3] HTG mit einem Wirkungsgrad von 80 % und HT-Biomethan mit einem spezifischen Heizwert von 39 MJ/kg.

F. X. Trieb, *Perspektiven einer Kohlenstoffkreislaufwirtschaft im Energiebereich*,
https://doi.org/10.1007/978-3-658-50551-6_14

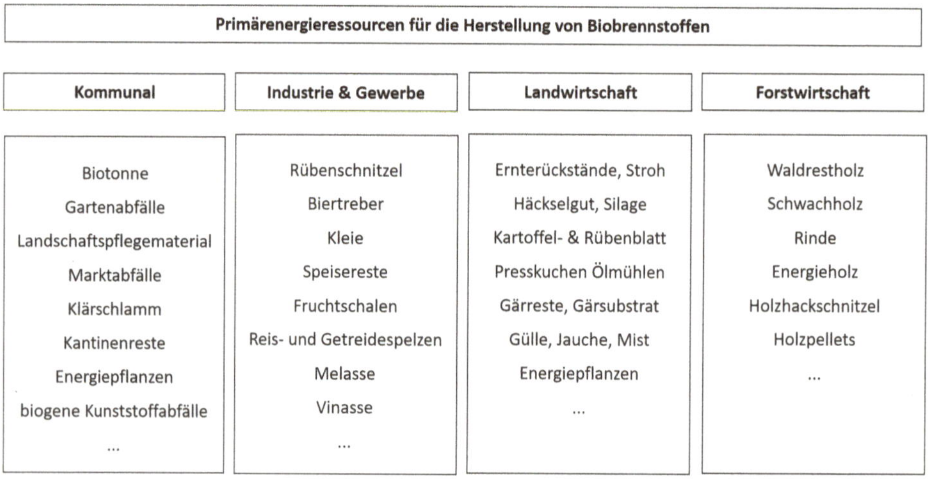

Abb. 14.1 Beispiele von Biomasseressourcen für die Umwandlung zu Brennstoffen (© Dr. Franz Trieb). Detaillierte Informationen dazu finden Sie bei DBFZ (2024a, b) sowie bei Kaltschmitt und Stampfer (2024)

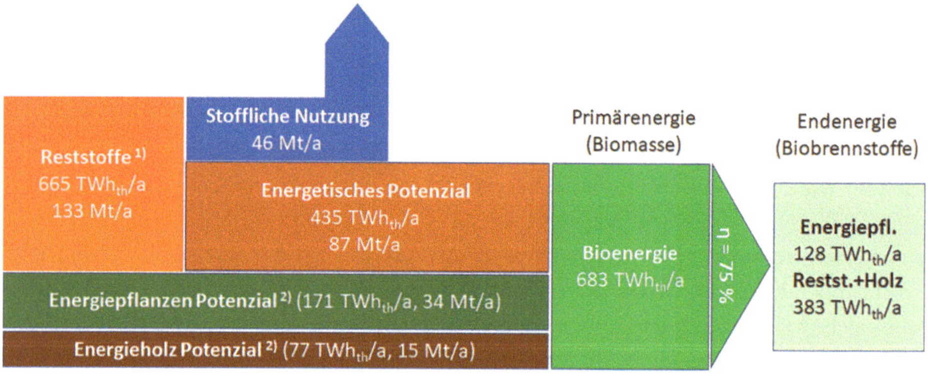

Abb. 14.2 Abschätzung der in Deutschland verfügbaren Bioenergie- und Brennstoffpotenziale für das Modelljahr 2050. Quellen: *1)* DBFZ 2024, hohes Szenario; *2)* FNR 2024. Annahmen: hohe entnehmbare Reststofferträge bei Nährstoffrückführung, durchschnittlicher Heizwert der Biomasse 5 kWh_{th}/kg TS, durchschnittlicher Wirkungsgrad der Brennstofferzeugung aus Biomasse $\eta = 75\ \%$

einschränken, werden hier zurückgestellt. Diese Vorgehensweise ist dadurch begründet, dass die politisch motivierte Leitlinie, Kohlenstoff vorrangig in stofflich genutzter Biomasse langfristig zu binden, weniger zielführend erscheint als der direkte Ersatz fossiler Brennstoffe durch die energetische Nutzung von Biomasse. Denn der Begriff „langfristige Bindung" bedeutet in diesem Zusammenhang einige Jahre oder höchstens Jahrzehnte (eben so lange, wie die aus Biomasse hergestellten Gegenstände genutzt werden), während die direkte Substitution fossiler Brennstoffe diese sicher verwahrt unter der Erde lässt, wo sie unberührt weitere Millionen Jahre verweilen können. Außerdem kann auch stofflich genutzte Biomasse am Ende ihrer Nutzungszeit energetisch verwendet werden und muss deshalb in einer funktionierenden Kohlenstoffkreislaufwirtschaft nicht zwingend von den energetischen Potenzialen subtrahiert werden. Meisel et al. (2024) und Jordan et al. (2023) beschreiben eine Reihe aktueller Bioenergieszenarien, die mit dem hier beschriebenen Transformationspfad verglichen werden können. Grundlagen und Definitionen zu den globalen und europäischen Bioenergieressourcen und -potenzialen finden sich bei Kaltschmitt und Stampfer (2024).

HT-Produkte aus Abfällen sind bisher noch gesetzlich als Abfall definiert und nicht als Regelbrennstoff zur energetischen Verwendung in Verbrennungsanlagen zugelassen. Das bedeutet, dass für eine reale Umsetzung noch Forschungsarbeit zur Umweltverträglichkeit (Grenzwerte, Emissionen, Schadstoffanteile) durchzuführen sind, um die Verwendung gesetzlich zu ermöglichen. Beispielsweise wird über das DBFZ derzeit ein Projekt mit dem Titel „MoBiFuels – Analyse und Beseitigung von Markthemmnissen von technisch modifizierten Bioenergieträgern" durchgeführt, das die gesetzlichen Hemmnisse für den Einsatz von Biobrennstoffen aus der HTC und anderen Vorbehandlungsverfahren untersucht und deren Zulassung wissenschaftlich begleitet (MoBiFuels 2024).

Der Einsatz von Energiepflanzen (Jordan et al. 2023) und deren HT-Umwandlung (Blöhse 2017) sind als Ergänzung zu Reststoffen ebenfalls möglich, die Umsetzung erscheint aber unter den Gesichtspunkten der Wirtschaftlichkeit (Eberhardt 2011), des sogenannten Tank-oder-Teller-Konflikts[4] und der daraus erfolgenden gesellschaftlichen Kontroverse um die Nutzung von Anbauflächen schwieriger (Waskow und Burdick 2009). Als Kompromiss wurde die Nutzung von Energiepflanzen in dem hier im Buch vorgestellten Entwicklungspfad beibehalten, aber nicht über das heute bestehende Maß hinaus ausgeweitet, obwohl die theoretisch verfügbaren Potenziale noch große Spielräume zulassen.

Tab. 14.1 zeigt den Bioenergieverbrauch im Rahmen des hier vorgestellten Transformationspfades für die Modelljahre 2020–2070 im Vergleich zu den aus heutiger Sicht geschätzten technischen Bioenergiepotenzialen für die Bundesrepublik Deutschland. Der gesamte jährliche Biobrennstoffbedarf (Zeile 2) steigt deutlich an. Da der Einsatz von Energiepflanzen aus Gründen der gesellschaftlichen Akzeptanz nicht weit über die 2020 erzeugte Menge ansteigen soll (Zeile 3), muss die Verfügbarkeit von Bioenergie aus Reststoffen und Waldholz deutlich zunehmen (Zeile 4). Ein Teil der Brennstoffe wird in den Jahren 2020, 2060 und 2070 importiert (Zeile 14). Wie bereits gezeigt, sinkt die Abhängigkeit Deutschlands von Energieimporten bis dahin sehr stark ab. Dem Modell nach wären zwischen 2030 und 2050 keine Bioenergieimporte notwendig. Es wäre jedoch durchaus denkbar, trotzdem auch in dieser Zeit Biobrennstoffe aus Europa und anderen

[4] Das Umweltbundesamt gibt die globale Verteilung der derzeitigen 5 Mrd. Hektar landwirtschaftlicher Flächen (ohne Wald) weltweit wie folgt an (Jehring et al. ohne Datum): 91,6 % für Futtermittel und Weideland, 5,2 % für pflanzliche Nahrungsmittel, 1,8 % für stoffliche Anwendungen, 1,1 % für Bioenergie.

Tab. 14.1 Technische Biobrennstoffpotenziale in Deutschland im Vergleich zu dem Biobrennstoffverbrauch des vorgeschlagenen Transformationspfades. Die Biobrennstoffpotenziale für das Modelljahr 2050 wurden entsprechend Abb. 14.2 ermittelt. Alle Zahlenwerte sind gerundet

	A	B	C	D	E	F	G	H
1	**Modelljahr**		**2020**	**2030**	**2040**	**2050**	**2060**	**2070**
2	**Biobrennstoffverbrauch**	**TWh_{th}/a**	**340**	**373**	**425**	**511**	**564**	**630**
3	… davon Energiepflanzen	TWh_{th}/a	98	99	99	99	100	100
4	… davon Reststoffe + Holz	TWh_{th}/a	241	274	326	412	463	530
5	… davon Biomethan	TWh_{th}/a	96	99	109	128	158	196
6	… davon Biokraftstoffe	TWh_{th}/a	39	42	52	60	61	63
7	… davon feste Biobrennstoffe	TWh_{th}/a	205	233	264	323	345	372
8	… für Strom	TWh_{th}/a	146	163	198	271	323	387
9	… für Wärme	TWh_{th}/a	155	168	175	180	180	180
10	… für Verkehr	TWh_{th}/a	39	42	52	60	61	63
11	**Biobrennstoffpotenziale**	**TWh_{th}/a**	**347**	**381**	**446**	**511**	**555**	**592**
12	… davon Energiepflanzen	TWh_{th}/a	95	97	113	128	140	150
13	… davon Reststoffe + Holz	TWh_{th}/a	252	284	334	383	415	442
14	**Biobrennstoffimporte**	**TWh_{th}/a**	**18**	**0**	**0**	**0**	**9**	**38**

Regionen zu importieren, um die Kontinuität des internationalen Handels mit Bioenergie über den gesamten Zeitraum aufrechtzuerhalten.

Es wird davon ausgegangen, dass nach 2050 weitere Potenziale infolge der in Tab. 14.3 beschriebenen Maßnahmen erschließbar sind. Ob in Zukunft mehr Reststoffe oder Energiepflanzen, mehr heimische Ressourcen oder Importe zum Zuge kommen, hängt von gesellschaftlichen Entscheidungen ab, für die der beschriebene Transformationspfad und die verfügbaren Potenziale ausreichend Spielräume lassen.

Der große Anstieg an Energie aus Reststoffen wird durch den Einsatz von HT-Umwandlungsverfahren zu einer realistischen Option, da mit HT-Verfahren nicht nur die erschließbaren Reststoffressourcen, sondern auch die Wirkungsgrade bei der Umwandlung in Nutzenergie gegenüber dem heutigen Status quo steigen. Es gibt mehrere Gründe für den Anstieg nutzbarer Reststoffressourcen: Zum einen kann durch HT-Verfahren eine deutlich größere Palette an Reststoffen energetisch aufbereitet werden. Dadurch wird das Spektrum an potenziellen Biomassen für die energetische Nutzung erweitert. HT-Verfahren wurden bereits erfolgreich auf Klärschlamm und andere problematische Reststoffe und sogar auf Kunststoffe angewandt. Zum anderen können mehr Reststoffe aus der Landwirtschaft verwendet werden: Wird das HT-Prozesswasser zur Nährstoffrückführung verwendet, kann mit der Ernte mehr Biomasse entnommen werden, die sonst als Nährstofflieferant zurückgelassen werden müsste. Als Zusatzeffekt werden auf den Feldern weniger klimaschädliche Gase wie CO_2 und Methan freigesetzt, die bei der Verrottung der Ernterückstände im Boden entstehen (DBFZ 2023).

Darüber hinaus erlauben HT-Brennstoffe eine effizientere Umwandlung in Strom. Die heutigen Wirkungsgrade bei der Stromerzeugung aus Bioenergie liegen durchschnittlich bei 35 % für Biogasmotorgeneratoren und bei etwa 25–30 % für Dampfkraftwerke mit

Holz- oder Strohfeuerung. Die Betriebstemperatur der Dampfkraftwerke ist wegen der Bildung korrosiver Schlacken bei der Verbrennung von Holz und Stroh auf Temperaturen unter 450 °C begrenzt. Wird dagegen aufbereitete HT-Kohle verbrannt, können die Temperaturen auf 560 °C erhöht und damit die Wirkungsgrade auf etwa 40 % angehoben werden. Im WSK, das darüber hinaus noch deutlich flexibler ist als herkömmliche Biomassekraftwerke, kann der brennstoffbezogene Wirkungsgrad bis zu 45 % erreichen. Wird dazu noch eine Wärmepumpe für die Auskopplung von Fernwärme angeschlossen, steigt der Nutzungsgrad eines WSK insgesamt auf etwa 80 %, also auf ähnliche Werte wie sie bei der herkömmlichen KWK erreicht werden (Trieb et al. 2022). Im Gegensatz zur herkömmlichen KWK bleiben Flexibilität und stromseitiger Wirkungsgrad der Kraftwerke mit einer Wärmepumpe jedoch weitgehend erhalten.

Die Zeilen 5, 6 und 7 in Tab. 14.1 zeigen, wie viel Biomethan, Biokraftstoffe und feste Brennstoffe gebraucht werden. Im Wärmesektor kann der steigende Verbrauch von Biobrennstoffen durch den Einsatz von Wärmepumpen, Elektroheizungen und VRE in einem verträglichen Rahmen gehalten werden (Zeile 9). Im Stromsektor geht der gesamte Biobrennstoff in Form von Biokohle und Biomethan zur Deckung der Residuallast langfristig nur noch in die Dampf- und in die Gasturbinen der WSK. In diesem Sektor nimmt der Einsatz von Bioenergieträgern stark zu (Zeile 8). Ähnlich verhält es sich im Verkehrssektor, in dem der Einsatz von Biokraftstoffen ebenfalls deutlich ansteigt (Zeile 10).

Thermische Kraftwerke erreichen bei der Verwendung von HT-Brennstoffen wie Biokohle und Biomethan wegen höherer Verbrennungstemperaturen und höherem Methananteil höhere Wirkungsgrade als konventionelle Biogas-, Holz- und Strohfeuerungen. Die Wirkungsgrade der gesamten Umwandlungskette von Biomasse zu Endenergie, insbesondere zu Strom, liegen für die HT-Verfahren zum Teil 30–80 % über denen konventioneller Technologien (Tab. 14.2). Das bedeutet, dass entsprechend mehr Nutzenergie aus derselben Menge Biomasse gewonnen werden kann.

Die in Tab. 14.1 angegebenen Potenzialwerte beziehen sich auf den Heizwert von Brenn- und Kraftstoffen, die aus der Biomasse gewonnen wurden, zum Beispiel Biogas, Biomethan, Biodiesel, Holzpellets oder Holzhackschnitzel. Da die Umwandlungswirkungsgrade der HT-Verfahren in der gleichen Größenordnung und teilweise höher liegen als die konventioneller Verfahren, kann man davon ausgehen, dass die angegebenen Potenziale im Fall eines Übergangs zur Produktion von HT-Brennstoffen entsprechend Tab. 14.2 und einer zumindest teilweisen Umsetzung weiterer Maßnahmen gemäß Tab. 14.3 mit großer Wahrscheinlichkeit erschließbar sind.

In dem Transformationspfad werden außerdem große Mengen an Biomasse frei, die derzeit für die Wärmeerzeugung verbraucht werden, weil diese durch erneuerbaren Strom für Wärmepumpen und Elektroheizungen ersetzt werden. Insgesamt kann das Bioenergiepotenzial auf diese Weise deutlich vergrößert werden, ohne Konflikte mit der Nahrungs- und Futtermittelversorgung befürchten zu müssen. Zusammen mit der allgemeinen Entlastung des Brennstoffverbrauchs durch Strom aus erneuerbaren Energien wird die vollständige Ablösung fossiler Brennstoffe auf diese Weise innerhalb von etwa fünfzig Jahren möglich.

Tab. 14.2 Wirkungsgradketten der Umwandlung von Biomasse in Strom, Wärme und Antriebsenergie. Einige hydrothermale Produkte (HT-Produkte, *grün markiert*) zeigen Vorteile bei der Umwandlung von Biomasse in Biomethan für Strom, Wärme und Antriebsenergie sowie bei der Stromerzeugung aus Festbrennstoffen. Vorteilhafte Verfahren sind fett gedruckt. Die letzte Spalte zeigt eine Bewertung des jeweiligen Verfahrens: Plus *(+)* bedeutet, dass es sich um eine vergleichsweise vorteilhafte Alternative handelt

Verfahren	Umwandlung Biomasse in Brennstoff	Umwandlung Brennstoff in Nutzenergie	Gesamte Umwandlung	Relative Bewertung
Biogas[1] für Strom	55–65 %	30–40 % (Motor-Generator)	17–26 %	–
Biogas für Wärme	55–65 %	80–85 % (Heizwerk, KWK)	44–55 %	–
Biomethan für Strom	50–60 % (gereinigtes Biogas)	50–55 % (GuD)	25–33 %	–
HT-Biomethan für Strom	**75–85 % (HTG)**	**50–55 % (WSK-GT, GuD)**	**38–47 %**	(+)
HT-Biomethan für Wärme	**75–85 % (HTG)**	**80–85 % (Heizwerk, KWK)**	**60–72 %**	(+)
Biodiesel für Antrieb	**85–90 % (BtL)**	**20–25 % (Verbrenner)**	**17–22 %**	(+)
Biodiesel für Antrieb	**85–90 % (BtL)**	**30–35 % (Range Extender)**	**25–31 %**	(+)
Biomethan für Antrieb	50–60 % (über Biogas)	20–25 % (Verbrenner)	10–15 %	–
HT-Biokraftstoff für Antrieb	55–60 % (HTL)	20–25 % (Verbrenner)	11–15 %	–
HT-Biokraftstoff für Antrieb	**55–60 % (HTL)**	**30–35 % (Range Extender)**	**17–21 %**	(+)
HT-Biomethan für Antrieb	**75–85 % (HTG)**	**20–25% (Verbrenner)** **30–35 % (Range Extender)**	**15–21 %** **22–30 %**	(+) (+)
Stroh- oder Holzkraftwerk für Strom	80–90 % (Pellets)	25–30 % (Dampfkraftwerk)	20–27 %	–
Holzheizwerk für Wärme	**85–90 % (Pellets)**	**75–85 % (Heizwerk)**	**64–76 %**	(+)
HT-Biokohle für Strom	**60–80 % (HTC)**	**35–40 % (DKW, WSK-DT)**	**21–32 %**	(+)
HT-Biokohle für Wärme	60–80 %	80–85 % (Heizwerk)	48–68 %	–

Anmerkungen: [1] Biogas besteht vorwiegend aus Methan und Kohlendioxid

Tab. 14.3 Möglichkeiten für die Erweiterung biogener Energiepotenziale. Die Einzelmaßnahmen sind in einigen Fällen miteinander gekoppelt. Voraussetzung für den Anbau von Energiepflanzen ist eine akzeptable ökologische Landwirtschaft und die umweltkompatible und effiziente Erschließung der Anbauflächen

Maßnahmen	Verbesserung der Potenzialsituation für Bioenergieträger (eigene Schätzung)
Verbesserte Umwandlungswirkungsgrade durch HT-Biomethan (s. Tab. 14.2)	20–30 % höhere Methanausbeute im Vergleich zu Biogasanlagen mit Methananreicherung
Verbesserte Umwandlungswirkungsgrade durch HT-Biokohle (s. Tab. 14.2)	20–30 % Wirkungsgradverbesserung bei der Stromerzeugung im Vergleich zu Holz- oder Strohpellets
Erschließung neuer biogener Reststoffressourcen durch HT-Verfahren	10–20 % mehr Biomasse (falls die HT-Umwandlung von Kunststoffen gelingt ggf. deutlich größer)
Nutzung natürlicher Bestände von Energiepflanzen auf renaturierten Moorböden, Regenwasserrückhalteflächen und anderen Brachflächen. Die energetische Nutzung erlaubt eine verbesserte Wirtschaftlichkeit von Landschaftspflegemaßnahmen	10–20 % (Moorgras, Weiden, Rohrkolben, Schilf usw.)
Höhere Reststoffausbeute aus der Landwirtschaft durch Rückführung von Pflanzennährstoffen aus dem HT-Prozesswasser	5–10 % (besonders bei Getreidestroh, Soja und anderen)
Höhere Akzeptanz und Umweltverträglichkeit von Energiepflanzen durch konsequente ökologische Landwirtschaft	10–20 % (Fruchtwechsel, Gründünger, sanfte Bodenbearbeitung, Wiederbelebung der Böden durch Klein- und Mikroorganismen zur Schädlingskontrolle und Düngung)
Energiepflanzen Mischkulturen und integrierte Agrar-Forstwirtschaft	5–10 % (z. B. Mais mit Silphie, Leguminosen usw.) kombiniert mit Kurzumtriebs- und Stammholz
Erweiterte stofflich-energetische Kaskadennutzung	10–20 % (z. B. biogene Kunststoffe, Holz, Stroh)
Teilnutzung von Futteranbau- und Weideflächen für die Bioenergieproduktion sowie frei werdende Anbauflächen durch mehr pflanzliche Ernährung	Potenziell beliebige Vervielfachung des weltweiten Bioenergiepotenzials[a]. Erfordert gesellschaftlichen Umstieg auf mehr pflanzliche Ernährung. Hier deshalb nicht berücksichtigt
Erschließung arider Gebiete für die Landwirtschaft durch Wasserentsalzung mit Sonnenenergie	Weltweit sehr großes Potenzial. In Deutschland bisher nicht notwendig, deshalb nicht berücksichtigt
Import von Biobrennstoffen	Langfristig Verdopplung gegenüber dem Import des Jahres 2020
Vom Autor geschätzte Erhöhung des Gesamtpotenzials gegenüber bisherigen Schätzungen:	**10–20 % (über den bisher für 2050 geschätzten Potenzialen)**

[a]Beispiel: Würden die 91,6 % der weltweit für Futtermittel und Weideland genutzten landwirtschaftlichen Flächen (Jehring et al. 2013) auf circa 90 % reduziert, dann würde sich die derzeit für Energiepflanzen verfügbare Fläche von 1,1 % mehr als verdoppeln

HT, hydrothermal

Die HT-Umwandlung ist kein Verfahren, das bisherige Technologien zur Erzeugung und Verwendung von Biobrennstoffen zwingend ablösen wird, sondern muss als eine Ergänzung und Erweiterung des bisherigen Portfolios verstanden werden. Die Erzeugung von Biomethan mittels HTG ist zwar effizienter als der konventionelle Weg über Biogasanlagen, aber nicht überall, wo Biogasanlagen zum Einsatz kommen, werden die notwendigen Rahmenbedingungen für die anspruchsvolleren HTG-Verfahren realisierbar sein. Die Gewinnung von Biodiesel aus ölhaltigen Energiepflanzen, zum Beispiel dem heimischen Raps, ist hocheffizient. Dabei wird nicht die gesamte Pflanze, sondern nur das Öl aus den Früchten bzw. Samen genutzt. Die Gewinnung von Kraftstoffen aus HTL-Verfahren ist deutlich weniger effizient, was an den notwendigen Veredelungsprozessen liegt, weshalb die HTL zur Herstellung von Biokraftstoffen vor allem dort zum Einsatz kommen wird, wo für etablierte Verfahren ungeeignete Reststoffe erschlossen werden sollen. Neben den Samen des Raps können alle anderen Pflanzenteile durch HT-Verfahren nutzbar gemacht werden, ebenso wie die Presskuchen aus der Ölgewinnung, die sich gut für HTL eignen.

HTC-Verfahren für Biokohle können feste Brennstoffe erzeugen, die effizienter in Kraftwerken zur Stromerzeugung genutzt werden können als Holz und Stroh, weil sie höhere Verbrennungstemperaturen erlauben. Um Brennstoff zur Versorgung von Kleinbrandanlagen für Heizzwecke zu produzieren, ist der Aufwand einer HT-Konversion wahrscheinlich zu hoch und würde den Gesamtwirkungsgrad eher reduzieren als verbessern. Deshalb ist von Fall zu Fall zu entscheiden, welche Verfahren für die Brennstofferzeugung und -nutzung eingesetzt werden sollen.

In einer funktionierenden Kreislaufwirtschaft gibt es kaum Abfälle, dafür aber standardisierte Endprodukte, die der weiteren Verarbeitung und Veredelung zugeführt werden. Ein weitverbreiteter Fehler unseres heutigen Wirtschaftens ist es, Abfälle als wertlos zu betrachten und bestenfalls einer angemessenen „Entsorgung“ zuzuführen, die in den meisten Fällen Geld kostet. Ganz anders in einer Kreislaufwirtschaft: Jedes Produkt eines Umwandlungsprozesses wird als Rohstoff für einen anderen Prozess angesehen. Es gibt keine wertlosen Abfälle oder Reststoffe, nur Rohstoffe für eine Vielfalt unterschiedlicher Prozesse. So funktioniert zum Beispiel auch ein üppiger Regenwald auf extrem nährstoffarmen Böden. Dieses „Urwaldprinzip“ erlaubt Wachstum ebenso wie Nachhaltigkeit innerhalb eines komplexen Kreislaufs.

Für die vorgestellte Kohlenstoffkreislaufwirtschaft bedeutet das zum Beispiel, kommunale, land- und forstwirtschaftliche sowie industrielle biogene Reststoffe so aufzubereiten und zu standardisieren, dass sie möglichst reibungslos einer HT- oder konventionellen Umwandlung in Biobrennstoffe zugeführt werden können (Abb. 14.3). Das erfordert bereits bei der Entstehung der Reststoffe das Bewusstsein, dass es sich hierbei nicht um Müll, sondern um Rohstoffe handelt. Der fundamentale Unterschied liegt darin, dass vermeintlicher Müll irgendwo deponiert und mit anderem Müll vermischt und damit vollends entwertet wird, während Rohstoffe ordentlich getrennt oder bewusst zu höherwertigen Rohstoffen vermischt werden. Dahinter steht ein klarer wirtschaftlicher Kontext: Müll kostet Geld, mit Rohstoffen verdient man Geld. Verdient man Geld mit sauber sortierten

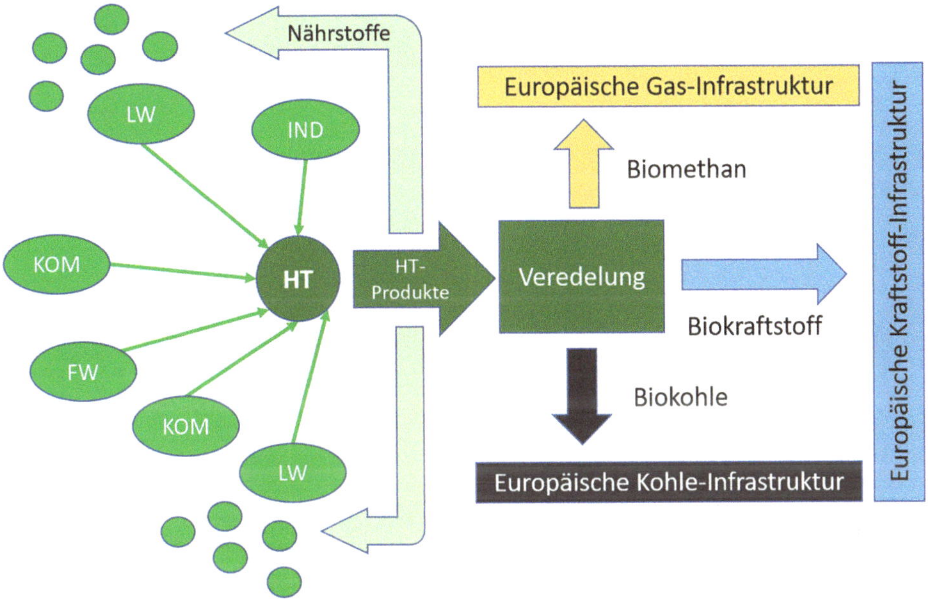

Abb. 14.3 Infrastruktur zum Sammeln von möglichst standardisierten Biomasserohstoffen aus land- und forstwirtschaftlichen Genossenschaften *(LW, FW)*, Städten und Kommunen *(KOM)* sowie Industrie *(IND)* zur Verarbeitung in hydrothermale Produkte (HT-Produkte) mit anschließender Veredelung und Einspeisung der Brennstoffe in die europäischen Energieinfrastrukturen für Öl, Gas und Kohle. HT-Produktion *(HT)* und Veredelung der HT-Produkte kann sowohl getrennt nach festen, flüssigen und gasförmigen Brennstoffen als auch integriert in größeren Anlagen stattfinden

Rohstoffen, wird man diese nicht achtlos wegwerfen oder schlimmstenfalls sogar illegal entsorgen. Statt für die Entsorgung von Müll Abgaben zu entrichten, könnten Bürger für sauber aufbereitete Rohstoffe sogar angemessen belohnt werden – und für tatsächlichen Müll eben nicht. Das wäre ein klarer Anreiz für Verbraucher, „Müll“ ordentlich zu trennen und auf diese Weise wertvolle Rohstoffe daraus zu machen, aber auch ein noch einzuführender Strategiewechsel in der Kommunalverwaltung.

Ein wichtiger Beitrag der Industrie zur Realisierung dieses Konzepts ist die konsequente Herstellung von Dingen, die entsprechend aufbereitet und deren Bestandteile getrennt und im Kreislauf geführt werden können. Die Herstellung nicht rezyklierbarer Materialien und Produkte ist ein logisches Tabu. Werden Verbraucher wie oben beschrieben aktiv für das Recycling von Rohstoffen belohnt, werden derartige Produkte ohnehin keine Akzeptanz finden.

Eine wichtige Bioenergiequelle ist die Landschaftspflege (Abb. 14.4). Ein großer Teil der Pflege von Naturlandschaften wie Moore, Streuobstwiesen und Flurgebiete beruht auf Spendengeldern und auf der Mitarbeit von ehrenamtlichen Helfern. Moorgras, Schilf, Wiesen-, Hecken- und Baumschnitt werden per Hand oder mit kleinen Maschinen geerntet und fallen sehr kleinteilig an, könnten aber – entsprechende Infrastrukturen voraus-

Abb. 14.4 Landschaftspflege am Füllmenbacher Hofberg. Nachwachsende Rohstoffe können die Wirtschaftlichkeit der Landschaftspflege in Naturschutzgebieten, Naherholungsgebieten, Deichen, Mooren und Wasserrückhaltezonen verbessern. Die Personen im Bild bewegen geschätzt 20 kg biogene Trockenmasse mit einem Heizwert von etwa 100 kWh_{th} – was der benötigten Energie entspräche, um 1000 L kaltes Wasser zum Kochen zu bringen. Foto: Ute Dilg, https://albverein.net/tag/landschaftspflege/

gesetzt – gesammelt und energetisch weiterverarbeitet werden und damit eine entsprechende Aufwandsentschädigung generieren. Gleiches gilt für die städtische und kommunale Landschaftspflege an Straßen, Bahndämmen, Deichen und Naherholungsgebieten, die Geld kostet, aber auch solches einbringen könnte, wenn die anfallende Biomasse als Energierohstoff verstanden wird (Rommeiß et al. 2006).

Die Welt ist (voller) Energie. Die Sonnenenergie, die den Planeten Erde erreicht, reicht zur Versorgung desselben vollkommen aus. Der Anteil, der in der jährlich nachwachsenden Biomasse gespeichert ist, erlaubt zusammen mit der direkt und indirekt verfügbaren Sonnenenergie eine sichere und lückenlose Versorgung der menschlichen Gesellschaft. Das klappt aber nur dann, wenn jeder dieser Ressourcen die Rolle zugewiesen wird, die sie ihrer Natur nach erfüllen kann: Sonnenschein als zyklischer, regelmäßiger Energielieferant mit Schwankungen und Unterbrechungen, die man durch Kurzzeitspeicher dämpfen, aber nicht ganz vermeiden kann. Wind als starker, aber sporadischer Energielieferant, den man nutzen muss, wenn er weht. Wasserkraft deutlich weniger volatil als Wind und in manchen Regionen sehr gut speicherbar, aber auch nur dann verfügbar, wenn sie denn verfügbar ist. Außerdem die Bioenergie als Langzeitspeicher, der – entsprechende Technologien vorausgesetzt – präzise die Lücken füllen kann, die die anderen Erscheinungsformen der Sonnenenergie nicht direkt abdecken können. Weil es genau um diese Lücken und nicht um den gesamten Energiebedarf der Menschheit geht, hat die Bioenergie das Potenzial, diesen Zweck zu erfüllen. Die Aufgabe der Menschen wiederum ist es, diese Energiequellen innerhalb der Grenzen der nachhaltig verfügbaren Ressourcen effizient und umweltverträglich zu erschließen. Es kommt vor allem darauf an, das Gleichgewicht von Gesellschaft und Natur zu finden und einzuhalten. Keine leichte, aber eine lösbare Aufgabe. Beispiele für die mögliche Erschließung nachwachsender Energierohstoffe sind neben der Land- und Forstwirtschaft die Landschaftspflege in Naturschutzgebieten und an Deichen sowie die Renaturierung und der Schutz von Moorflächen. Solche Maßnahmen binden Treibhausgase, verbessern den Hochwasserschutz und erhöhen die Artenvielfalt. Das kostet auf der einen Seite Geld, bietet aber auf der anderen Seite die Möglichkeit wirtschaftlicher Erträge durch eine behutsame Ernte von Moorgras, Schilf und vielen anderen Pflanzen für energetische und stoffliche Zwecke (GMC 2025).

Literatur

(Blöhse 2017) Blöhse, D., Hydrothermale Karbonisierung – Nutzen dieser Konversionstechnik für die optimierte Entsorgung feuchter Massenreststoffe, Dissertation an der Universität Duisburg-Essen, 2017, online unter: https://www.researchgate.net/publication/322251709_Hydrothermale_Karbonisierung__Nutzen_dieser_Konversionstechnik_fur_die_optimierte_Entsorgung_feuchter_Massenreststoffe

(DBFZ 2023) Brödner, R., Cyffka, K.F., Fais, A., Günther, S., Kalcher, J., Kazmin, S., Naegeli de Torres, F., Radtke, K.S., Selig, M., Sittaro, F., Thrän, D., Wilske, B., Biomassepotenziale aus Abfällen und Reststoffen – Hintergrundpapier Stand und Perspektiven der DBFZ Ressourcendatenbank und der aktuellen Datenlage (12/2023), Deutsches Biomasse-Forschungszentrum (2023); https://doi.org/10.5281/zenodo.10404436

(DBFZ 2024a) Deutsches Biomasse-Forschungszentrum (DBFZ), DBFZ Ressourcendatenbank, DE-Biomassemonitor, interaktive Website besucht am 17.12.24, https://datalab.dbfz.de/resdb?lang=de

(DBFZ 2024b) Wachstumskern – abonoCARE – VP2: Schadstoffreduzierung und Phosphoranreicherung in Düngervorprodukten; TP2.5: HTC-Phosphorabscheidung / Trocknung HTC-Kohle FKZ: 03WKDI2E, https://www.dbfz.de/projektseiten/hydrothermale-prozesse-htp/anwendungen-produkte/naehrstoffrecycling sowie https://www.abonocare.de/

(Eberhardt 2011) Eberhardt, G., et al., Rentabilität der Hydrothermalen Carbonisierung unter besonderer Berücksichtigung von Transportkosten, Artikel in Berichte über Landwirtschaft – Hamburg (2011), online unter: https://www.researchgate.net/publication/260056413_Rentabilitat_der_Hydrothermalen_Karbonisierung_unter_besonderer_Berucksichtigung_von_Transportkosten

(GMC 2025) Greifswald Moor Centrum, MoorWissen – Infoplattform zum Thema Moor und Klimaschutz, Website besucht am 24.04.2025; https://www.moorwissen.de/

(Jering et al. 2013) Jering, A., Klatt, A., Seven, J., Ehlers, K., Günther, Ostermeier, A., Mönch, L., Globale Landflächen und Biomasse nachhaltig und ressourcenschonend nutzen, Umweltbundesamt, Berlin https://www.umweltbundesamt.de/sites/default/files/medien/479/publikationen/globale_landflaechen_biomasse_bf_klein.pdf

(Jordan et al. 2023) Jordan, M., Meisel, K., Dotzauer, M., Schröder, J., Cyffka, K.F., Dögnitz, N., Schmid, C., Lenz, V., Naumann, K., Daniel-Gromke, J., Costa de Paiva, G., Schindler, H., Aliabadi, D.E., Szarka, N., Thrän, D., The controversial role of energy crops in the future German energy system: The trade offs of a phase-out and allocation priorities of the remaining biomass residues, Energy Reports 10 (2023) 3848–3858, https://doi.org/10.1016/j.egyr.2023.10.055

(Kaltschmitt und Stampfer 2024) Kaltschmitt, M., Stampfer, K. (Hrsg.), Energie aus Biomasse, Band 1: Ressourcen und Bereitstellung, Springer-Vieweg Wiesbaden (2024), ISBN 978-3-658-40827-5, https://doi.org/10.1007/978-3-658-40828-2

(Meisel et al. 2024) Meisel, K, Jordan, M., Dotzauer, M., Schröder, J., Lenz, V., Naumann, K., Cyffka, K.F., Dögnitz, N., Schindler, H., Daniel-Gromke, J., Costa de Paiva, G., Schmid, C., Szarka, N., Majer, S., Müller-Langer, F., Thrän, D., Quo Vadis, Biomass? Long-Term Scenarios of an Optimal Energetic Use of Biomass for the German Energy Transition, International Journal of Energy Research, Volume 2024, Article ID 6687376, https://doi.org/10.1155/2024/6687376

(MobiFuels 2024) MobiFuels- Analyse und Beseitigung von Markthemmnissen von technisch modifizierten Bioenergieträgern, DBFZ Deutsches Biomasseforschungszentrum (2024) https://www.energetische-biomassenutzung.de/de/projekte/03KB136 sowie https://www.energetische-biomassenutzung.de/sites/default/files/importer/03KB136-MoBiFuels_Brennstoffzertifizierung-Leitfaden_fuer_Brennstoffhersteller_Poster_DIN_A1.pdf

(Rommeiß et al. 2006) Rommeiß, N., Thrän, D., Schlägl, T., Daniel, J., Scholwin, F., Energetische Verwertung von Grünabfällen aus dem Straßenbetriebsdienst, Institut für Energetik und Umwelt gGmbH (IE), Leipzig (2006) https://www.dbfz.de/fileadmin/user_upload/Referenzen/Studien/Energetische_Verwertung_Gruenabfaelle.pdf

(Trieb, Liu und Koll 2022) Trieb, F., Liu, P., Koll, G., Thermal Storage Power Plants (TSPP) – Operation modes for flexible renewable power supply, Journal of Energy Storage 50 (2022), https://doi.org/10.1016/j.est.2022.104282

(Waskow und Burdick 2009) Waskov, F., Burdick, B., Flächenkonkurrenz zwischen Tank und Teller, Artikel der Friedrich-Ebert-Stiftung in Bonn (2009), https://library.fes.de/pdf-files/wiso/06870.pdf

Welche Herausforderungen gibt es beim Umbau der Energieversorgung? 15

Inhaltsverzeichnis

Das Problem bei der Transformation der Energieversorgung liegt im Wesentlichen darin, dass der zweite Teil der Energiewende deutlich schwieriger und anspruchsvoller sein wird als der erste. Im ersten Teil ging es darum, Wind- und Solarstrom ins Netz einzuspeisen und die damals noch hohen Stromkosten auszugleichen, was die Politik im Jahr 2000 mithilfe des Energieeinspeisegesetzes (EEG) löste. Die anfangs von Gegnern als Subvention bezeichnete Finanzierung der erneuerbaren Energien durch das Einspeisegesetz stellte sich als sinnvolle volkswirtschaftliche Investition heraus, da Strom aus Wind- und Sonnenenergie im Zuge der Serienproduktion von PV- und Windkraftanlagen billiger wurde und den Strompreis bei Schwankungen der internationalen Energiepreise stabilisierte. Doch Wind- oder Solarstrom ist nicht nur billiger, sondern auch volatiler und damit weniger wertvoll als Strom aus thermischen Kraftwerken, der jederzeit bedarfsgerecht produziert und ins Stromnetz eingespeist werden kann. Schließlich ist die Verfügbarkeit der Wind-, Solar- und in etwas abgemilderter Form auch der Wasserkraft allein durch das Wetter bestimmt. Zeitreihen der Stromerzeugung der vergangenen Jahre aus Sonne und Wind in der Bundesrepublik Deutschland sind bei den Energy Charts des Fraunhofer-Instituts für Solare Energiesysteme (FhG-ISE 2025) zu finden.

Abb. 15.1 zeigt den stündlichen Verlauf des leistungsspezifischen Ertrags der in der Bundesrepublik im Modell installierten Anlagen zur Nutzung von Solar-, Wind- und Wasserkraft. Von den vier gezeigten Technologien liefert nur die Laufwasserkraft einen dauerhaften Ertrag von etwa 20 % der installierten Leistung, während die PV nachts zuverlässig

F. X. Trieb, *Perspektiven einer Kohlenstoffkreislaufwirtschaft im Energiebereich*, https://doi.org/10.1007/978-3-658-50551-6_15

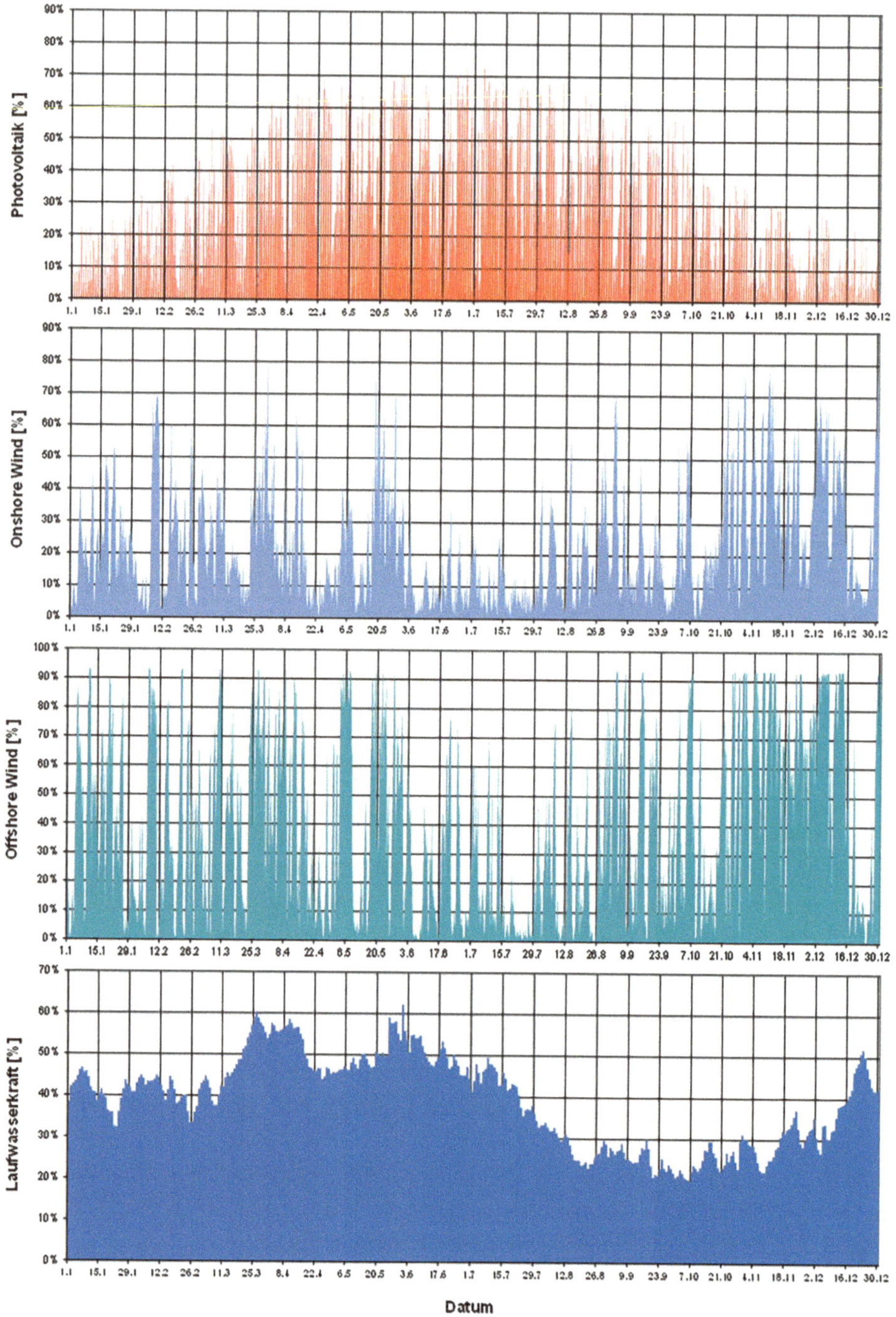

Abb. 15.1 Stündliche Zeitreihen der relativen Ertragsleistung bezogen auf die jeweils im Modelljahr installierte Leistung für Photovoltaikanlagen, Windkraftanlagen und Laufwasserkraftwerke

nichts bringt und die Windenergie relativ häufig, aber unregelmäßig Ertragswerte nahe null aufweist. Aufgrund von Klimaveränderungen muss in Zukunft auch bei der Lauf- und Speicherwasserkraft mit längeren Trockenperioden ohne nennenswerte Erträge gerechnet werden. Daraus ergibt sich folgender Sachverhalt:

- Je nachdem, wie groß die installierte Leistung der jeweiligen Technologie ist, können die Schwankungen im Stromnetz entsprechend groß werden. Sind zum Beispiel 50 GW PV am Netz und zieht eine Schlechtwetterfront herein, kann die gerade eben noch verfügbare Leistung relativ schnell ausfallen und muss durch andere Quellen ersetzt werden. Zieht ein Sturm auf, nimmt die Produktion von Windenergie entsprechend schnell zu. Die raschen Änderungen sind eine Herausforderung für die Netzstabilität und erfordern Einspeisemanagement und ausreichend flexible Kraftwerkskapazität für den Ausgleich.
- Die Zeitreihen der PV und der Windkraftwerke weisen häufig Situationen mit nahe null Stromertrag auf. Treffen Zeiten ohne Solarenergie mit Zeiten ohne Windenergie zusammen, muss beinahe die gesamte Last durch andere Kraftwerke gedeckt werden. Das bedeutet, dass die entsprechende Reserve jederzeit verfügbar und schnell aktivierbar sein muss. Die dafür notwendigen Eigenschaften stellen für konventionelle Kraftwerke keine Selbstverständlichkeit dar (Görner und Sauer 2016).
- Auf der anderen Seite treten ebenfalls häufig Situationen auf, in denen sich die Leistungen der Wind- und Solaranlagen addieren und zusammen deutlich über den aktuellen Bedarf hinausgehen. In diesem Fall sollen bzw. müssen alle anderen Kraftwerke vollständig abgeschaltet werden. Konventionelle Kraftwerke haben aber eine technisch bedingte Mindestleistung (Tab. 15.1), unterhalb der sie nicht arbeiten können. Werden sie komplett abgeschaltet, kann es sehr lange dauern, bis sie wieder ans Netz gehen können. Eine Kombination aus Kern-, Wind- und PV-Kraftwerken würde zum Beispiel zu einem kaum noch regelbaren Kraftwerkspark führen, mit dem ein stabiler Netzbetrieb unmöglich wäre.
- Die zuverlässige, flexible und darüber hinaus auch noch CO_2-neutrale Deckung unregelmäßiger Residuallastlücken erfordert eine völlig neue Generation von thermischen Kraftwerken und Brennstoffen. Der hier vorgestellte Lösungsansatz für diese Herausforderung verwendet dafür hochflexible WSK und Biobrennstoffe, die die Schwankungen der VRE tatsächlich ausgleichen können.

Es gibt zwar Möglichkeiten und Bemühungen zur Verbesserung der Flexibilität von Gas- und Kohlekraftwerken, diese haben aber begrenzte Reichweite (Görner und Sauer 2016). Mit dem heute verfügbaren Technologieportfolio ist der zweite Teil der Energiewende also durchaus eine Herausforderung. Das zentrale Problem besteht darin, jederzeit zuverlässig die Residuallast zu decken, die entsteht, wenn Wind- und/oder Sonnenenergie nachlassen. Erst wenn diese Stromlücken geschlossen sind und erneuerbarer Strom jederzeit nach Bedarf verfügbar ist, kann damit Strom für Elektrofahrzeuge, Wärme für Produktionsprozesse und Haushalte sowie grüner Wasserstoff für die Industrie sicher

Tab. 15.1 Mindestleistungen von Kraftwerken bezogen auf die installierte Leistung (eigene Schätzungen, zum Vergleich Görner und Sauer 2016). Die Werte für 2020 entsprechen dem damaligen Durchschnitt der Kraftwerke. Unterhalb dieser Leistung muss abgeschaltet werden. Für einige Kraftwerke bestehen Bemühungen, die Flexibilität in Zukunft zu verbessern, d. h., die Mindestleistung zu verringern. Wäremespeicherkraftwerke (WSK) können die Leistung dank Wärmespeicher komplett herunterfahren und in Stand-by gehen. Kernkraft ist in Deutschland seit 2023 außer Betrieb. Braunkohle- und Kohlekraftwerke werden nach 2040 nur noch als Reserve eingesetzt. Zukünftige Back-up-Gasturbinen werden hypothetisch als 100 % flexibel angenommen

Mindestleistung/Modelljahr		2020	2030	2040	2050	2060	2070
Holz, Müll	%	55	55	55	55	55	55
Biogas, Biomethan	%	55	54	52	50	50	48
Geothermie	%	25	50	50	50	50	50
Wärmespeicherkraftwerke	%	0	0	0	0	0	0
Kohlekraftwerke	%	19	17	16	16	16	16
GuD Erdgas	%	36	28	25	25	25	25
Ölkraftwerke	%	12	11	11	11	11	11
Kernkraft	%	89	83	83	83	83	83
Braunkohlekraftwerke	%	39	25	25	25	25	25
Andere konventionell	%	48	34	25	20	20	20
Back-up-Gasturbinen	%	0	0	0	0	0	0

GuD kombiniertes Gas- und Dampfturbinenkraftwerk

bereitgestellt werden, ohne befürchten zu müssen, dass Strom, Wärme und Wasserstoff nicht so „grün" sind, wie man zunächst dachte.

Die größten Hürden für die hier vorgestellte Transformation sind allerdings nicht technischer, sondern politischer Natur. Sie entspringen politischen Leitlinien der Bundesregierung, die eigentlich aufgestellt wurden, um die Energiewende zu beschleunigen: Die Nationale Wasserstoffstrategie und die Nationale Biomassestrategie. Während der größte Teil der dort empfohlenen Maßnahmen im Einklang mit dem hier Gesagten steht, stellen zwei zentrale Aussagen potenzielle Hürden für den hier vorgeschlagenen Transformationspfad dar:

- Die Nationale Wasserstoffstrategie (BMWK 2023) sieht vor, Wasserstoff als Energieträger in allen Sektoren einzuführen, um damit unter anderem auch die Residuallast im Stromsektor zu decken. Diese Vorgabe der Bundesregierung entspringt der Erkenntnis, dass die Residuallastlücken letztendlich nur mithilfe von thermischen Kraftwerken und erneuerbaren Brennstoffen vollständig und sicher geschlossen werden können, vernachlässigt dabei aber den mit der Wasserstoffproduktion verbundenen starken Anstieg des Stromverbrauchs, der die Lücken vergrößert, anstatt sie zu schließen.
- Die Nationale Biomassestrategie (BMEL 2022) sieht vor, Biomasse vorrangig stofflich zu verwenden, um damit langlebige Kunststoffe herzustellen, die langfristig CO_2 binden sollen. Diese Vorgabe der Bundesregierung entspringt der im vorliegenden Buch widerlegten Ansicht, dass Biomasse nicht ausreicht, um fossile Brennstoffe im Energiesektor vollständig zu ersetzen.

Die Kombination dieser beiden politischen Vorgaben stellt eine potenzielle Hürde für den an dieser Stelle vorgestellten Transformationspfad dar, der in diesen beiden Punkten das genaue Gegenteil nahelegt, nämlich Biomasse vorrangig energetisch zu nutzen und Wasserstoff vorrangig stofflich einzusetzen, weil Wasserstoff als Energieträger für Strom und Wärme den Stromverbrauch unnötig erhöhen würde. Unnötig deshalb, weil unter Einsatz entsprechender Technik ausreichend Bioenergie zur Verfügung steht, um fossile Brennstoffe vollständig zu ersetzen. Stofflich genutzte Biomasse zu rezyklieren und anschließend energetisch zu nutzen ist durchaus sinnvoll. Die Idee, Biomasse langfristig in biogenen Kunststoffen zu binden, anstatt damit direkt fossile Brennstoffe zu ersetzen, erscheint dagegen wenig zielführend, zumal lang haltbare Kunststoffe ein ganz eigenes Problem darstellen.

Es gibt allerdings Gründe dafür, dass die Bioenergie heute gering geschätzt wird. Hier sind Monokulturen für Energiepflanzen wie Mais zu nennen, deren energetischer Flächenertrag bei nur wenigen Prozent des Flächenertrags von Wind- und Solarkraftwerken liegt. Aus diesem Sachverhalt wird der Vorwurf der Flächenverschwendung von Energiepflanzen abgeleitet, zumal Anbau, Düngung und Ernte von Energiepflanzen heute immer noch fossile Energieträger verbrauchen. Energiepflanzen werden nach der Ernte siliert und in Biogasanlagen per KWK in Strom und Wärme umgewandelt, um möglichst hohe Nutzungsgrade und wirtschaftliche Erträge zu generieren. Leider nimmt dieses Streben nach optimaler Effizienz und Wirtschaftlichkeit den Anlagen ihre eigentliche Flexibilität als thermische Kraftwerke, denn – wie der Name sagt – sind Strom und Wärme bei der KWK miteinander gekoppelt: Wenn die Kraftwerke der elektrischen Residuallast folgen, die zum Beispiel im Winter bei Starkwind sehr gering ist, können sie nicht gleichzeitig den Wärmebedarf decken, der genau dann sehr hoch ist, und andersrum. Als Folge davon tragen wärmegeführte Biomassekraftwerke mit KWK – allerdings in deutlich geringerem Maße als die Windenergie – ebenfalls zur Abregelung von erneuerbarem Strom bei, denn sie müssen oft auch dann mit voller Leistung weiterlaufen, wenn der Stromverbrauch sinkt (BNetzA 2022, S. 160).

In den vergangenen Jahren wurden außerdem Holzkraftwerke von Seiten einiger Naturschutzverbände kritisiert (May 2022). Sie seien keinesfalls klimafreundlich, da das Fällen und Verbrennen von Bäumen zu einem höheren CO_2-Ausstoß führe als das Fördern und Verbrennen von Kohle. Leider ist das nur teilweise richtig: Natürlich wird bei der Verbrennung von Holz ebenfalls Kohlendioxid freigesetzt und tatsächlich ist der Wirkungsgrad von Holzkraftwerken aufgrund niedrigerer Verbrennungstemperaturen geringer als der von Kohlekraftwerken. Entscheidend für die CO_2-Bilanz der Atmosphäre ist aber, woher der freigesetzte Kohlenstoff kommt. Stammt er aus der gegenwärtigen Atmosphäre und wurde während der Wachstumsphase eines Baumes durch Photosynthese und die damit verbundene Aufnahme von Kohlendioxid im Holz gebunden, wird er lediglich in die Atmosphäre zurückgegeben und gleicht die in der Wachstumsphase veränderte Kohlenstoffbilanz wieder aus. Stammt der Kohlenstoff dagegen aus fossilen Lagerstätten unterhalb der Erdoberfläche und damit von außerhalb der Atmosphäre, dann verändert er nachhaltig deren Zusammensetzung hin zu höheren CO_2-Konzentrationen.

Außerdem wurde bei der Kritik an Holzkraftwerken übersehen, dass jeder sterbende Baum zu einem entsprechenden CO_2-Ausstoß führt, egal ob der Borkenkäfer, die Kettensäge oder einfach das Alter der Grund dafür ist. Ein Baum, der im Wald umfällt und verrottet, setzt annähernd genau so viel CO_2 frei wie einer, der von Menschen als Feuerholz verwendet wird, und zusätzlich das noch stärkere Treibhausgas Methan (Abb. 15.2). Das bedeutet nicht, dass Totholz vollständig ausgeräumt werden sollte, denn es ist Nährboden für Pilze, Insektenlarven, Spinnen, Käfer und viele andere Organismen, aber eine ausgewogene, umweltverträgliche Balance zwischen energetischer und organischer Nutzung ist durchaus denkbar.

Für die globale Kohlenstoffbilanz ist entscheidend, ob ein neuer Baum nachwachsen kann, der den alten ersetzt. Wächst ein Baum im Rahmen einer funktionierenden Forstwirtschaft wieder nach, gleicht er die Bilanz in der Zeit seines Wachstums genauso wie in einem unberührten Ökosystem wieder aus. Nur wenn ein Wald nach dem Abholzen nicht wieder aufgeforstet wird oder sich nicht erholen kann, weil die Fläche zum Beispiel in eine Rinder- oder Schafweide umgewandelt oder sogar versiegelt wurde, findet dieser Ausgleich nicht oder nur teilweise statt.

Abb. 15.2 Abgestorbener Baum, der auf einen gesunden gekippt ist, in der Nähe der Burg Teck, Baden-Württemberg. An Wanderwegen sind abgestorbene Bäume eine Gefahr und müssen aufwendig entfernt werden, können aber als Bioenergieträger auch Einkommen generieren. (Foto: Melanie Trieb)

Die „Kohlenstoffschuld", die entsteht, wenn Jahrzehnte alte Bäume Jahrzehnte zum Nachwachsen brauchen, ist durchaus real; aber sie ist mit derjenigen ins Verhältnis zu setzen, die entsteht, wenn stattdessen Jahrmillionen alte Kohle verbrannt wird. Diese Schuld zu begleichen würde die Unmöglichkeit erfordern, alle Wälder wieder neu zu pflanzen, aus denen diese Kohle im Lauf der sehr langen Zeit entstanden ist.

Der Verbrauch fossiler Brennstoffe bei der Aussaat, Düngung und Ernte von Energiepflanzen und Holz (Rettenmeier et al. 2015) verschwindet im Rahmen des hier vorgeschlagenen Transformationspfades mit der Zeit, da letztendlich alle Wirtschaftsaktivitäten inklusive Düngemittelproduktion und Kraftstoffe auf erneuerbare Energie und Kohlenstoffkreislaufwirtschaft umgestellt werden.

Pauschale Stigmatisierung von Energieholz und Energiepflanzen ist deshalb kein effektiver Klimaschutz, sondern das genaue Gegenteil davon. Fossile Kohle, die durch Holz oder Biogas ersetzt wird und deshalb in ihrer Millionen Jahre alten Lagerstätte unter der Erde bleibt, entlastet die CO_2-Bilanz der Atmosphäre. Ein pauschaler Verzicht auf die energetische Nutzung von Holz und Energiepflanzen entlastet die Atmosphäre dagegen nicht, denn das in Holz und anderen Pflanzen gebundene Kohlendioxid wird früher oder später trotzdem freigesetzt oder bleibt in der Atmosphäre, falls diese Pflanzen nicht erst angebaut werden und wachsen können.

Besonders effektiver Klimaschutz wäre der *zusätzliche* Anbau von Bäumen, Energiepflanzen oder beliebiger anderer Biomasse in Wüsten und ariden Gebieten, die bisher nicht landwirtschaftlich genutzt wurden, oder die in der Vergangenheit landwirtschaftlich genutzt wurden, aber inzwischen aufgrund von Klimaveränderungen verödet sind. Stammt das dafür notwendige Wasser aus solarer Meer- oder Brackwasserentsalzung, wird das Problem elegant mithilfe eben der Ursache gelöst, die für den Mangel an Wasser und Biomasse verantwortlich ist: der starken Sonneneinstrahlung. Biomasse, die auf diese Weise neu entsteht, entzieht der Atmosphäre entsprechende Mengen an Kohlendioxid und bindet sie in einem neuen Kohlenstoffkreislauf. Theoretisch könnte mithilfe einer solchen Kohlenstoffsenke die Zunahme von Treibhausgasen in der Atmosphäre nicht nur verlangsamt oder gestoppt, sondern zumindest teilweise sogar rückgängig gemacht werden, da auf diese Weise zusätzliches CO_2 gebunden wird. Landflächen, ausreichend Sonnenenergie und die notwendigen Technologien stehen dafür zur Verfügung (World Bank 2012).

Naturschutz sollte nicht pauschal die in den natürlichen Kreislauf eingebundenen CO_2-Emissionen aus der Verbrennung von Holz und Energiepflanzen diskreditieren, sondern darauf ausgerichtet sein, den mit der Nutzung von Holz und Energiepflanzen verbundenen Eingriff in die Natur verträglich zu gestalten und illegalen Raubbau dort zu unterbinden, wo er tatsächlich stattfindet.

Werden Bioenergiekraftwerke als WSK ausgeführt und erzeugen sie flexibel und sparsam Strom, dann wird der Mehrwert der Bioenergie immer deutlicher sichtbar. Sollen sie darüber hinaus auch noch Wärme liefern, ohne wie bei der herkömmlichen KWK Wirkungsgrad und Flexibilität einzubüßen, kann eine entsprechende Wärmepumpe helfen.

Eine Großwärmepumpe für Fernwärme zwingt dem Kraftwerk keine der Stromlast gegenläufige Wärmelast auf, sondern verändert lediglich den aktuellen Strombedarf, was für ein WSK kein Problem, sondern eine Verbesserung des Umsatzes und damit der Wirtschaftlichkeit darstellt (Trieb et al. 2022).

Literatur

(BMEL 2022) Bundesministerium für Ernährung und Landwirtschaft (BMEL), Die Nationale Biomassestrategie, Berlin 2022, Website besucht am 30.08.2024, https://www.bmleh.de/SharedDocs/Downloads/DE/_Landwirtschaft/Nachwachsende-Rohstoffe/eckpunkte-nationale-biomassestrategie-nabis.html

(BMWK 2023) Bundesministerium für Wirtschaft und Klimaschutz (BMWK), Fortschreibung der Nationalen Wasserstoffstrategie NWS 2023, Berlin 2023 https://www.bmwk.de/Redaktion/DE/Wasserstoff/Dossiers/wasserstoffstrategie.html

(BNetzA 2022) Bundesnetzagentur und Bundeskartellamt, Monitoring Bericht 2021, Bonn (2022) https://data.bundesnetzagentur.de/Bundesnetzagentur/SharedDocs/Mediathek/Monitoringberichte/monitoringbericht_energie2021.pdf

(Federal Law Gazette 2000) Federal Law Gazette Year 2000 Part I No. 13, issued in Bonn on March 31, 2000, Act on the Priority of Renewable Energies (Renewable Energy Sources Act – EEG) and amending the Energy Industry Act and the Mineral Oil Tax Act https://www.bgbl.de/xaver/bgbl/start.xav?startbk=Bundesanzeiger_BGBl&jumpTo=bgbl100s0305.pdf#/text/bgbl100s0305.pdf?_ts=1747937605145

(FhG-ISE 2025) Energy Charts, Fraunhofer-Institut für Solare Energiesysteme, https://www.energy-charts.info/index.html?l=de&c=DE (besucht am 12.07.2025)

(Görner und Sauer 2016) Görner, K., Sauer, D.U., Konventionelle Kraftwerke – Technologiesteckbrief zur Analyse „Flexibilitätskonzepte für die Stromversorgung 2050“, Schriftenreihe Energiesysteme der Zukunft, Nationale Akademie der Wissenschaften Leopoldina, acatech – Deutsche Akademie der Technikwissenschaften, Union der deutschen Akademien der Wissenschaften, Februar 2016, https://www.acatech.de/publikation/technologiesteckbriefe-zur-analyse-flexibilitaetskonzepte-fuer-die-stromversorgung-2050/

(May 2022) May, H., Holzkraftwerke: Der große Klima-Bluff, aus „Naturschutz heute“, Ausgabe März 2022, https://www.nabu.de/umwelt-und-ressourcen/nachhaltiges-wirtschaften/biooekonomie/biomasse/31324.html

(Rettenmaier et al. 2015) N. Rettenmaier, S. Gärtner, H. Keller, M. Müller-Lindenlauf, G. Reinhardt, T. Schmidt, A. Schorb (2015): Life cycle assessment of bioenergy and bio-based products from perennial grasses cultivated on marginal land. In: OPTIMA project reports, supported by the EU's FP7 under GA no. 289642, ifeu, Heidelberg, https://www.ifeu.de/fileadmin/uploads/IFEU_2015_LCA-bioproducts-marginal-land.pdf

(Trieb, Liu und Koll 2022) Trieb, F., Liu, P., Koll, G., Thermal Storage Power Plants (TSPP) – Operation modes for flexible renewable power supply, Journal of Energy Storage 50 (2022), https://doi.org/10.1016/j.est.2022.104282

(World Bank 2012) The World Bank, Renewable Energy Desalination – An Emerging Solution to Close the Water Gap in the Middle East and North Africa, MENA Development Report 73070, DOI: https://doi.org/10.1596/978-0-8213-8838-9, https://documents1.worldbank.org/curated/en/443161468275091537/pdf/730700PUB0EPI001200pub0date09026012.pdf

16 Was kostet Energie in einer Kohlenstoffkreislaufwirtschaft?

Inhaltsverzeichnis

Neben technischen und politischen Herausforderungen stellt sich die berechtigte Frage, ob eine Transformation wie die in diesem Buch beschriebene für die deutsche Wirtschaft überhaupt bezahlbar ist. An dieser Stelle liegt vor allem im Stromsektor ein Paradigmenwechsel beim Übergang von einer kontinuierlichen zu einer alternierenden Energieversorgung durch wechselnde Akteure vor: Vor dem Jahr 2000, als die Stromversorgung fast ausschließlich auf fossilen Brennstoffen basierte, war der sichere und stabile Betrieb der Stromnetze relativ einfach, denn die damals verwendeten thermischen Kraftwerke konnten zusammen jederzeit bedarfsgerecht Strom erzeugen.

Für die Grundlast gab es Kernkraftwerke, Braunkohlekraftwerke und mit Erdgas betriebene GuD, die praktisch ständig am Netz waren und ihre Leistung nur in einem engen Bereich von etwa 20 % bis 30 % unterhalb ihrer Nennleistung variierten. *Grundlastkraftwerke* liefen über das Jahr hinweg mit über 7000 äquivalenten Volllaststunden und erreichten auf diese Weise hohe Wirkungsgrade und dank der guten Auslastung auch niedrige Kosten, obwohl die Kraftwerke selbst relativ teuer waren. Außerdem waren die Brennstoffkosten vergleichsweise niedrig, auch wenn es immer wieder Preiskrisen gab, in denen sie vorübergehend stark anstiegen und man als Stromkunde und Verbraucher die Abhängigkeit vom Energieweltmarkt deutlich zu spüren bekam. Dann blieb nichts anderes übrig, als die geforderten Preise mangels verfügbarer Alternativen zu zahlen (indexmundi 2024; Statistisches Bundesamt 2023).

F. X. Trieb, *Perspektiven einer Kohlenstoffkreislaufwirtschaft im Energiebereich*, https://doi.org/10.1007/978-3-658-50551-6_16

Um dem typischen Tagesverlauf der Last folgen zu können, gab es zusätzlich zu den Grundlastkraftwerken *Mittellastkraftwerke,* die morgens bei steigendem Bedarf an- und spät abends bei sinkendem Bedarf wieder abgeschaltet wurden. Hier kamen teurere Brennstoffe wie Steinkohle und Erdgas zum Einsatz. Mittellaststrom war infolge der höheren Brennstoffkosten und der geringeren Auslastung der Kraftwerke deutlich teurer als Grundlaststrom.

Schließlich gab es noch die sehr teuren *Spitzenlastkraftwerke,* unter anderem schnell regelbare Gaskraftwerke und Pumpspeicher, die vorhersehbare ebenso wie unvorhersehbare Lastspitzen zuverlässig ausgleichen mussten, auch wenn Auslastung und Wirkungsgrad deutlich unter dem lagen, was man als Stromversorgungsunternehmen in der Regel anstrebt. Die Gesamtkosten setzten sich aus dem großen und billigen Anteil der Grundlastkraftwerke und aus den teureren aber deutlich geringeren Anteilen der Mittel- und Spitzenlastkraftwerke zusammen und waren insgesamt durchaus bezahlbar.

Das änderte sich mit der Einführung von Wind- und Sonnenkraftwerken. Je mehr Strom aus erneuerbaren Quellen erzeugt wurde, desto geringer wurde die Auslastung der thermischen Kraftwerke, was dem Sinn der erneuerbaren Energieanlagen entspricht, weil man damit Brennstoff sparen wollte. Zunächst waren nur Spitzen- und Mittellastkraftwerke betroffen, die die Schwankungen der Erneuerbaren ausgleichen mussten; um das Jahr 2015 kam der Moment, in dem auch die Grundlastkraftwerke öfter ihre Leistung verringern mussten und demzufolge teurer und weniger effizient wurden. In der Zukunft – man sieht das gut an den Zeitreihen in Abb. 10.9 im Kap. 10 – wird es keine kontinuierlich arbeitenden Grundlastkraftwerke mehr geben, da diese nur den Betrieb des erneuerbaren Kraftwerksparks stören und vermehrt zu Abregelung führen würden. Ausgerechnet die einst billigste Art, Strom in Grundlastkraftwerken zu erzeugen, wird also aus dem Netz verschwinden.

Die Kosten der Erneuerbaren sanken infolge der zunehmenden Serienproduktion und der technischen Weiterentwicklung von Windkraftanlagen und Solarmodulen auf ein Niveau, das heute nur noch etwa 10–20 % der ursprünglichen Kosten zur Jahrtausendwende entspricht. So kostete PV-Strom bei seiner Einführung im Jahr 1990 etwa 1 €/kWh, während die Kosten seit 2020 bei unter 0,1 €/kWh liegen (IRENA 2025). Das bedeutet, dass deren wachsender Anteil immer günstiger wird (s. Tab. A.1 im Anhang). Allerdings werden diejenigen Kraftwerke, die die Residuallast decken müssen, infolge abnehmender Auslastung im Gegenzug teurer, selbst wenn die Brennstoffkosten fallen sollten. Darin besteht der oben erwähnte Paradigmenwechsel: So, wie sich der Strompreis früher aus billigen und teuren Komponenten zusammensetzte, wird er das auch in Zukunft tun, aber es wird sich um eine andere Zusammensetzung von Technologien und um völlig andere zeitliche Versorgungsmuster handeln.

Es gibt noch ein Problem: Der Strommarkt wurde für thermische Kraftwerke geschaffen, deren sogenannte Marginalkosten, das sind die Kosten der nächsten erzeugten Kilowattstunde, den Preis an der Börse bestimmen. Personal-, Kapital- und fixe Betriebskosten spielen kaum eine Rolle, sondern im Wesentlichen der Preis des aktuell verbrannten Brennstoffs und des aktuell verbrauchten Schmieröls. Die sogenannte Merit Order, das ist die Rangliste ausgehend vom Kraftwerk mit dem billigsten hinauf bis zum Kraftwerk mit dem teuersten Brennstoff, bestimmt die Reihenfolge, in der die Kraftwerke zum Einsatz kommen. Das am oberen Ende benötigte, teuerste und in der Regel flexibelste Kraftwerk, das zu diesem Zeitpunkt eingesetzt werden muss, um die maximale Lastspitze zu decken, bestimmt den Börsenpreis für alle anderen mit. Erneuerbare Kraftwerke verbrennen nichts und haben fast keine Marginalkosten, kommen also vorrangig zum Einsatz. Dann folgen Braunkohle, Kohle und zuletzt das teure Erdgas. Letzteres bestimmt bei Spitzenlast den Lohn für alle. Wird wenig Strom gebraucht und viel erneuerbarer Strom produziert, sinkt der Marktpreis, weil die teuersten Kraftwerke abschalten können. In einer Dunkelflaute steigt der Marktpreis je nach aktueller Stromlast dagegen stark an. Dann wird der Strom teuer, weil die höchsten Lastspitzen mit teurem Brennstoff abgedeckt werden müssen und alle Stromanbieter immer denselben Preis bezahlt bekommen, egal ob sie teuren Brennstoff verbrauchen oder nicht.

Erneuerbare machen den Strom also nicht teuer, wie manchmal vermutet wird. Im Gegenteil, sie senken den Marktpreis, solange sie Strom produzieren. Die Dunkelflauten sind es, die für hohe Preise sorgen, weil diejenigen Kraftwerke, die dann noch laufen können und müssen, so viel Profit wie möglich herausholen müssen; denn ihre jährliche Auslastung sinkt mit jedem neu gebauten Windrad und jeder neu installierten PV-Anlage immer weiter ab. Hier gibt es einen weiteren Paradigmenwechsel, denn jetzt bestimmen nicht mehr die eingesetzten Brennstoffe den Börsenpreis, sondern es kommt ein Aufschlag der Betreiber der „Residuallastkraftwerke" hinzu, den diese am Markt aushandeln und den sie auch brauchen, um wirtschaftlich überleben und ihre Kraftwerke in immer kürzerer Betriebszeit refinanzieren zu können. Diese erhöhten Marginalkosten kommen dann allen Anbietern zugute. Indirekt sind die Erneuerbaren also doch an den derzeit hohen Strompreisen schuld, weil sie genau das tun, wofür sie geschaffen wurden: Sie verringern die Betriebsdauer und damit den Brennstoffverbrauch der thermischen Kraftwerke. Eine Rückkehr zur Kernenergie wäre auch keine Lösung, weil diese infolge ihrer Trägheit und ihrer hohen Investitionen mit stark schwankender Residuallast und reduzierter Auslastung am wenigsten von allen Kraftwerkstypen zurechtkommt und für diese Aufgabe weder technisch noch wirtschaftlich eine Alternative bietet.

Theoretisch hängen Preise von Angebot und Nachfrage ab. Sinkt die Nachfrage nach fossilen Brennstoffen im Zuge des Ausbaus erneuerbarer Energien, werden ihre Preise wahrscheinlich sinken. Würde man dagegen auf den Ausbau von erneuerbaren Energien, Wärmepumpen und Elektrofahrzeugen verzichten und bei den heute noch billigen fossilen Brennstoffen bleiben, werden ihre Preise wahrscheinlich steigen, gleichbleibendes Angebot vorausgesetzt. Sinkt aber das Angebot fossiler Brennstoffe auf dem Weltmarkt, dann werden die Brennstoffpreise bei geringer Nachfrage leicht ansteigen oder konstant bleiben und bei starker Nachfrage deutlich steigen. Der Ausbau erneuerbarer Energien ist also in jedem Fall ein Mittel, um Brennstoffpreise zu stabilisieren oder sogar zu senken. Nachdem Erneuerbare im Zuge ihres Ausbaus zunehmend günstiger werden, kann das sogar dazu führen, dass die Kosten der gesamten Energieversorgung langfristig eher sinken als steigen.

Die zu Beginn des zweiten Teils dieses Buches beschriebene Szenarioanalyse, die ihrem Wesen nach eine Was-wäre-wenn-Analyse und explizit keine Prognose ist, kann hier Aufschluss geben, da sie eine grobe Schätzung der tendenziellen Kostenentwicklung auf der Basis des sich verändernden Energieparks erlaubt. Das verwendete Kostenmodell ist ein „Grüne Wiese"-Modell, das annimmt, dass der gesamte Technologiepark eines Modelljahres in diesem Jahr gebaut und betrieben wird. Es gibt nicht neue und alte und auch keine bereits abgeschriebenen Kraftwerke. Das ganze System wird hypothetisch in dem jeweiligen Modelljahr errichtet und betrieben. Auf diese Weise ist die Bewertung der wirtschaftlichen Indikatoren nicht von Altlasten wie Investitionszyklen, Abschreibungen, Krisen, Zahlungen aus dem EEG oder Förderprogrammen abhängig, sondern es wird jedes Modelljahr nur für sich bewertet, so als wäre es immer schon da und würde für immer so bleiben. Dadurch treten eventuelle Nachhaltigkeitsdefizite klar und deutlich hervor und können durch iterative Änderung der Zusammensetzung der Modellelemente beseitigt oder zumindest gedämpft werden.

Tab. 16.1 zeigt die angenommene zeitliche Entwicklung der Brennstoffkosten und CO_2-Preise[1] sowie der errechneten Stromgestehungskosten für den Transformationspfad der Energieversorgung von 2020 bis 2070. Die Stromgestehungskosten enthalten die annuitätisch aus der Investition berechneten durchschnittlichen Kapitalkosten über die nominale wirtschaftliche Lebensdauer, die fixen Personal- und Wartungskosten und die der Auslastung proportionalen variablen Betriebskosten für Brennstoff und Verschleiß. Für die Diskontrate (Zinssatz, der den durchschnittlichen Ertrag aus Investitionen bestimmt) wurde in der Annuitätsrechnung ein Wert von 5 % pro Jahr angenommen.

Die Analyse der Stromgestehungskosten zeigt, dass Wind- und Solarstrom langfristig die kostengünstigsten Komponenten der Energieversorgung ausmachen (Tab. 16.1, Zeilen 12 und 13). Allerdings ist wegen der schwankenden Verfügbarkeit auch ihr systemischer Wert relativ gering.

Im Mittelfeld liegen die Kosten für Strom aus Lauf- und Speicherwasserkraft, Geothermie, konventioneller Biomasse und Solarstromimporten (Zeilen 15–19 und Zeile 24). Für Geothermie und Solarstromimporte sind noch Lern- und Kostensenkungseffekte zu erwarten. Wegen des großen Aufwands für den Bau und Betrieb auf See sind und bleiben Offshore-Windkraftanlagen gegenüber Onshore-Anlagen vergleichsweise teuer (Zeile 14). Kern- und Braunkohlekraftwerke werden aufgrund der aufwendigen Technologie bei verringerter Auslastung schnell teurer und können starken Schwankungen des Bedarfs auch rein technisch nicht folgen. Kernkraftwerke wurden bereits 2023, Kohlekraftwerke werden im Modell nach 2030 außer Betrieb genommen (Zeilen 28 und 29).

Allgemein führt die abnehmende Auslastung konventioneller thermischer Kraftwerke zusammen mit den steigenden CO_2-Preisen dazu, dass Strom aus fossilen Brennstoffen stetig teurer wird, sodass auch ein wirtschaftliches Interesse daran besteht, diese Art Kraftwerke auszumustern. Allerdings geht das nur, wenn ausreichend Alternativen verfügbar

[1] Die hier angenommenen CO_2-Preise stellen die Gesamtkosten aus CO_2-Steuer und Zertifikathandel dar.

Tab. 16.1 Angenommene[a] Entwicklung der Brennstoffkosten (Zeile 2–9) und CO_2-Preise (Zeile 10) sowie der daraus berechneten Stromgestehungskosten (Zeilen 12–34) in dem Transformationspfad der Energieversorgung für die Modelljahre 2020–2070. *Leere Felder* sind Zeiträume, in denen die entsprechende Technologie noch nicht oder nicht mehr zum Einsatz kommt. Ein Ausblick für Brennstoff- und Stromgestehungskosten in der Bundesrepublik Deutschland findet sich auch bei Kost et al. (2024)

	A	B	C	D	E	F	G
1	**Brennstoffkosten (€/MWh_{th})**	**2020**	**2030**	**2040**	**2050**	**2060**	**2070**
2	Feste Biobrennstoffe	23,8	30,3	37,1	44,4	51,5	51,5
3	Biokraftstoffe	65,0	145,0	150,0	155,0	160,0	165,0
4	Biomethan	85,0	64,2	62,9	84,2	135,0	135,0
5	Wasserstoff	200,0	150,0	125,0	100,0	100,0	100,0
6	Erdgas	38,0	32,0	27,0	27,0	27,0	27,0
7	Heizöl	90,0	92,0	94,0	96,0	100,0	100,0
8	Steinkohle	16,1	14,0	11,6	11,6	11,6	11,6
9	Braunkohle	2,5	2,5	2,5	2,5	2,5	2,5
10	CO_2-Preis (€/t)	52,2	100,0	150,0	200,0	200,0	200,0
11	**Stromgestehungskosten (€/MWh)**						
12	Photovoltaik	75	66	60	57	53	52
13	Wind onshore	79	73	69	66	63	60
14	Wind offshore	110	101	91	84	83	81
15	Laufwasserkraft	96	96	96	96	96	96
16	Holz, Müll	135	139	150	164		
17	Biogas, Biomethan	323	372				
18	Geothermie	157	90	83	85	84	83
19	Import Speicherwasserkraft		49	53	65	73	75
20	WSK gesamt		157	167	173	183	191
21	… davon WSK-PV		57	55	52	51	50
22	… davon WSK-Dampfturbinen		86	101	125	132	135
23	… davon WSK-Gasturbinen		229	288	372	440	506
24	Solarstromimport			139	129	121	119
25	Kohlekraftwerke	156	182				
26	GuD Erdgas	117	130	142			
27	Ölkraftwerke	424	450				
28	Kernkraft	90					
29	Braunkohle	86	122				
30	Sonstige konventionell	154	172				
31	Back-up-Gasturbinen	0	76.800	1232	11.113	33.349	41.845
32	Pumpspeicher	77	66	72	73	71	70
33	Lithium-Batterien	176	105	97	77	72	70
34	**Mittelwert**	**125**	**117**	**102**	**102**	**103**	**104**

[a]Bei solchen Annahmen sind potenzielle Preisschwankungen unberücksichtigt: Zwischen Oktober 2021 und Dezember 2022 lag der Erdgaspreis in Europa zum Beispiel mit 100–250 €/MWh_{th} deutlich höher als hier angenommen und sank dann wieder auf Werte um die 40 €/MWh_{th} (Statista 2024)

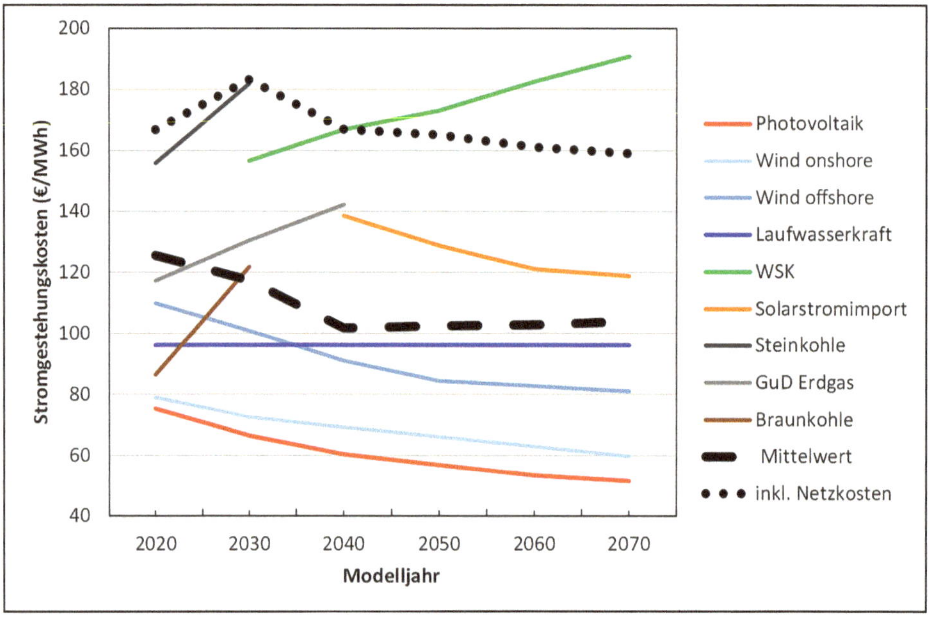

Abb. 16.1 Zeitlicher Verlauf der Stromgestehungskosten in den Modelljahren 2020–2070. *WSK* Wärmespeicherkraftwerk, *GuD* kombiniertes Gas- und Dampfturbinenkraftwerk

sind, die ebenfalls sichere Leistung liefern können. Eine solche Alternative sind WSK, die langfristig zwar das teuerste Element der Stromversorgung darstellen, aber eben auch das wertvollste, weil sie die Residuallastlücken zuverlässig, flexibel und mit erneuerbarer Energie schließen (Zeile 20). Der Strompreis der WSK setzt sich zusammen aus dem sehr niedrigen Wert für direkt ins Netz gelieferten Strom aus WSK-PV (Zeile 21), dem Strom gut ausgelasteter WSK-Dampfturbinen (Zeile 22) und aus dem aufgrund der geringen Auslastung teuren Spitzenlaststrom der WSK-Gasturbinen (Zeile 23).

Die im Modell extrem teuren Back-up-Gasturbinen (Zeile 31) haben aufgrund ihrer geringen Anteile an der Stromerzeugung kaum Gewicht bei den durchschnittlichen Kosten (siehe auch Tab. 2, Zeile 58). Wie bereits erwähnt, gibt es alternative Maßnahmen, für die sie im Modell kalkulatorisch als Stellvertreter eingesetzt wurden. Der Strompreis der Zukunft setzt sich also genauso wie der heutige aus teuren und billigen Elementen zusammen, und wie aus Tab. 16.1 und Abb. 16.1 ersichtlich, führt der hier vorgeschlagene Transformationspfad langfristig sogar zu mittleren Stromgestehungskosten, die deutlich unter dem heutigen Niveau liegen (Zeile 34).

Die Stromkosten konventioneller Kraftwerke, die Erdgas, Steinkohle und Braunkohle verbrennen, steigen wegen sinkender Auslastung und steigender CO_2-Preise bis zum vollständigen Abschalten stark an und erhöhen dadurch vorübergehend den gewichteten Mittelwert der Stromgestehungskosten, obwohl ihre Brennstoffkosten im Modell sinken. WSK sind gegen diesen Aspekt teilweise immun: Sinkt ihre Auslastung, dann steigt ihr

PV-Anteil, und es wird viel teurer Biobrennstoff eingespart, der überdies erneuerbar und damit CO_2-neutral ist und zudem keine Emissionsgebühren nach sich zieht. Der Import von Solarstrom und Wasserkraft reduziert ebenfalls den Brennstoffverbrauch. WSK gehen in oder kurz nach dem Modelljahr 2030, Solarstromimporte ab 2040 in Betrieb und tragen maßgeblich zur Stabilisierung der Stromkosten bei, obwohl auch die Auslastung der WSK im Zuge der Transformation stetig abnimmt und die Kosten für Biobrennstoffe wegen angenommen starker Nachfrage im Modell stark ansteigen.

Diese Entwicklung ist plausibel, wenn man bedenkt, dass der Strommix überwiegend aus günstigen VRE besteht, und WSK dank ihrer integrierten Energiesparmaßnahmen (WSK-PV und Wärmerückgewinnung) deutlich weniger Brennstoff als konventionelle Kraftwerke benötigen. Trotz der konservativen Annahme stark steigender Preise für biogene Brennstoffe ist der hier vorgestellte Transformationspfad eine kostengünstige und wirtschaftlich robuste Option für die vollständige Durchführung der Energiewende in allen Sektoren der Energiewirtschaft.

Literatur

(indexmundi 2024) Inexmundi, Rohstoffpreise 1992 bis 2024, Website besucht am 01.05.2025, https://www.indexmundi.com/de/rohstoffpreise/

(IRENA 2025) International Renewable Energy Agency IRENA, Renewable Power Generation Costs in 2024, ISBN: 978-92-9260-669-5, https://www.irena.org/Publications/2025/Jun/Renewable-Power-Generation-Costs-in-2024

(Kost et al. 2024) Kost, C., Müller, P., Schweiger, J.S., Fluri, V., Thomsen, J., Stromgestehungskosten Erneuerbare Energien, Fraunhofer-Institut für Solare Energiesysteme (FhG-ISE), Freiburg 2024, https://www.ise.fraunhofer.de/de/veroeffentlichungen/studien/studie-stromgestehungskosten-erneuerbare-energien.html

(Statistisches Bundesamt 2023) Statistisches Bundesamt, Daten zur Energiepreisentwicklung – Lange Zeitreihen bis Januar 2023, https://www.destatis.de/DE/Themen/Wirtschaft/Preise/Publikationen/Energiepreise/energiepreisentwicklung-pdf-5619001.pdf?__blob=publicationFile&v=84

(Statista 2024) Monatlicher Erdgaspreis in Europa, https://de.statista.com/statistik/daten/studie/1265554/umfrage/durchschnittlicher-preis-fuer-erdgas-in-europa-monatlich/

17 Was ist zu tun?

Inhaltsverzeichnis

Die Transformation der Energieversorgung muss im Vorfeld gut durchdacht werden, damit das Ziel sicher erreichbar und der Weg dorthin klar ersichtlich ist. Auch für den vorgelegten Vorschlag wird eine genaue Prüfung und gesellschaftliche Diskussion notwendig sein. Das kostet Zeit, aber diese ist gut investiert, wenn dabei ein gangbarer Weg in eine nachhaltige Zukunft sichtbar wird. Während der gesamten Transformation ist ein ständiges Monitoring der Fortschritte und der – gegebenenfalls unerwünschten – Nebenwirkungen erforderlich, um die getroffenen Maßnahmen jederzeit korrigieren, nachjustieren und anpassen zu können (Bundesrechnungshof 2024).

Im Bereich der zu treffenden politischen und regulatorischen Maßnahmen sind solche, die zielführende Verhaltensweisen und Investitionen belohnen, immer solchen überlegen, die versuchen, den Status quo[1] zu bestrafen, da der Status quo trotz der damit verbundenen Problematik immer der Ausgangszustand ist, an dem eine Transformation beginnt. Wird der Ausgangspunkt geschwächt, ist auch der Start in die Transformation in Mitleidenschaft gezogen. Wird zum Beispiel die Emission von CO_2 durch zusätzliche Abgaben zu hoch bestraft, drohen wirtschaftliche Einbrüche, die Kraft kosten, Widerstand erzeugen und die Wende schlimmstenfalls sogar verzögern. Sind Verordnungen unzureichend er-

[1] Mit dem Status quo sind zum Beispiel Verhaltensweisen, Produktionsabläufe und Regulierungen gemeint, die Umweltschäden und Kostenexplosionen verursachen oder begünstigen und damit der Grund für die notwendigen Veränderungen im Rahmen der Energiewende sind.

F. X. Trieb, *Perspektiven einer Kohlenstoffkreislaufwirtschaft im Energiebereich*,
https://doi.org/10.1007/978-3-658-50551-6_17

klärt und von oben herab erlassen, können sie ähnlich negative Wirkungen nach sich ziehen. Wird dagegen der zusätzliche Aufwand für neue, ressourcenschonende Technologien durch kostendeckende Einspeisetarife ohne staatliche Beihilfen angemessen abgedeckt und die entsprechenden Initiativen belohnt, findet ein schneller Ausbau und ein schnelles Durchlaufen der Lernkurve statt, wie wir es nach dem Jahr 2000 bei der Windenergie und der PV erlebt haben. Es gibt keinerlei Gründe dafür, warum das Erfolgskonzept der kostendeckenden Vergütung des EEG 2000 (BGBL 2000) nicht auch für den zweiten, schwierigeren Teil der Energiewende und für die zur Deckung der Residuallast notwendigen neuen Technologien, insbesondere für WSK und HT-Umwandlungsverfahren für Biobrennstoffe, funktionieren sollte.

Bei der Bewertung von Maßnahmen müssen nicht nur deren Kosten optimiert werden, sondern eine ganze Reihe von Indikatoren hinzugezogen und Kompromisse geschlossen werden, die wirtschaftliche, soziale, ökologische und die Versorgungssicherheit betreffende Aspekte ganzheitlich berücksichtigen. Zum Beispiel hat die Weigerung der Windbranche, sich unangenehmen Fragen bezüglich des Schutzes im Luftraum lebender Arten (Vögel, Fledermäuse und Fluginsekten) zu stellen und die entsprechenden Wissenslücken zu schließen, in den vergangenen Jahren zu einem Verlust an Glaubwürdigkeit, zu Widerständen in der Bevölkerung und demzufolge zu einem Einbruch der Ausbauzahlen für Windkraftwerke geführt (BWE 2025). Ob dieser Sachverhalt durch die in jüngster Zeit eingeführten politischen Verordnungen pro Windenergie wie reduzierte Abstände oder kommunale Gewinnbeteiligung an Windkraftprojekten überwunden werden kann und ob das damit verbundene Aufweichen ökologischer Anforderungen an Windkraftprojekte wünschenswert, umweltverträglich und zielführend ist, wurde an anderer Stelle diskutiert (Bundesrechnungshof 2024).

Probleme zu ignorieren, trägt mit Sicherheit nicht zur Lösung derselben bei. Der starke Ausbau erneuerbarer Energietechnologien, der hinter dem hier beschriebenen Transformationspfad steht, legt kein Aufweichen, sondern im Gegenteil ein schrittweises Verschärfen von Umweltauflagen nahe. Das wird den Erneuerbaren nicht schaden, sondern wird sie in ihrer Entwicklung und ökologischen Verträglichkeit voranbringen.

Dabei ist der hier beschriebene Pfad aufgrund seiner effizienten Gestaltung und wegen des Verzichts auf Strom- und Wärmeerzeugung aus Wasserstoff deutlich einfacher und sicherer umsetzbar als bisher vorgeschlagene Transformationsszenarien (BMWK 2024). Die in Abb. 17.1 dargestellten Pfade erreichen zwar alle jeweils 100 % erneuerbare Deckung des Energiebedarfs, allerdings ist der dafür notwendige Aufwand an installierter VRE-Leistung für das politische Szenario EEG 2023 deutlich größer als für den Pfad Bioenergie/Wärmespeicherkraftwerke (BIO/WSK). Die Strategie nach EEG 2023 führt vermeintlich schneller und früher, nämlich bereits 2045 anstatt wie beim Pfad BIO/WSK erst 2070, zum Ziel einer 100 % erneuerbaren Versorgung. Der extrem große Unterschied in der zu installierenden VRE-Leistung von knapp 300 GW im Jahr 2040 bedeutet allerdings mit hoher Wahrscheinlichkeit, dass der Pfad EEG 2023 dieses Ziel in der Realität tatsächlich später oder schlimmstenfalls gar nicht erreichen wird (Löffler und Marquardt 2023; Bundesrechnungshof 2024). Strom- und Wasserstoffimporte, hier nicht dargestellt, vergrößern den Aufwand für diesen Pfad zusätzlich, weil große Teile der zu installierenden VRE-Leistung in andere Länder externalisiert wurden. Auch der Pfad BIO/WSK ist an-

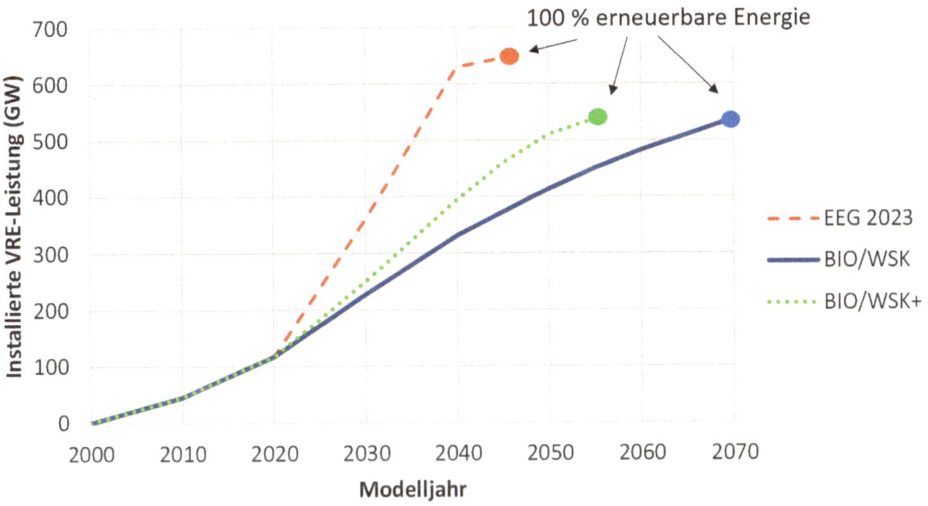

Abb. 17.1 Installierte Leistung für Windkraft und Photovoltaik im vorgestellten Transformationspfad „Bioenergie/Wärmespeicherkraftwerke" (BIO/WSK) auf der Basis von Biobrennstoffen und WSK im Vergleich zu einer beschleunigten Variante „BIO/WSK+" und dem Transformationspfad „Erneuerbare-Energien-Gesetz 2023" (EEG 2023) gemäß den Vorgaben der Bundesregierung aus dem Jahr 2023. *VRE* variable regenerative Energiequelle. (BMJ 2023)

spruchsvoll, erreicht das Ziel einer 100 % erneuerbaren Versorgung aber mit deutlich geringerem Aufwand und im Rahmen eines sanften und sicher erreichbaren Übergangs im Modelljahr 2070.

Eine beschleunigte und entsprechend anspruchsvollere Variante BIO/WSK+ ist ebenfalls denkbar. Wie bei jeder Expedition in neue Gebiete hängt der reale Zeitpunkt, an dem ein Ziel erreicht wird, nicht nur von dem gewählten Pfad, sondern vor allem auch davon ab, wann und mit welcher Entschlossenheit mit der Vorbereitung und Durchführung der Reise begonnen wird. Unter der Voraussetzung eines raschen, zielgerichteten Handelns von Regierung und Gesellschaft kann ein solches Vorgehen wirksam zum Erreichen der europäischen Klimaschutzziele beitragen. Bisher liegt das Ziel einer CO_2-Neutralität Europas bis zum Jahr 2050 noch weit außerhalb des Bereichs, der aus Sicht aktueller Projektionen realistisch zu erwarten ist (EEA 2024, S. 16).

Der Pfad BIO/WSK eignet sich wesentlich besser als Beispiel und Vorlage für eine internationale Energiewende als der widersprüchliche Ansatz auf der Basis von Wasserstoff als bevorzugtem Energieträger, der den Energieverbrauch unnötig erhöht und die Energiewende damit verzögert. Die Idee der Stromerzeugung mit Wasserstoff stammt aus der Kerntechnik der 1980er-Jahre. Da Kernkraftwerke nur eingeschränkt regelbar sind und nachts bei geringem Strombedarf regelmäßig Überschuss erzeugten, sollte damit Wasserstoff generiert werden, der dann tagsüber zur Bereitstellung von Spitzenlaststrom in Gasturbinen genutzt werden konnte. Wasserstoff war also ursprünglich als Flexibilisierungsmaßnahme für unflexible Grundlastkraftwerke gedacht. Aufgrund des niedrigen Wirkungsgrads des Wasserstoffspeicherzyklus werden dabei allerdings bis zu 80 % der eingespeisten Überschüsse vernichtet. Das und die hohen Kosten waren der Grund, warum das Konzept bei der Kernenergie nie zum Tragen kam. Stattdessen wurden Nachtspeicherheizungen verwendet, die Überschussstrom genauso gut verbrauchten und weniger kosteten (Vaillant 2025), während Wasserstoff alternativ auch als Speicher für erneuerbare Energien vorgeschlagen wurde (Winter und Nitsch 1989).

Der hier vorgestellte Transformationspfad geht in einigen Punkten andere Wege als die deutsche Energiepolitik der vergangenen Jahre (zum Vergleich siehe BMJ 2023; BMWK 2024b sowie Löffler und Marquardt 2023):

1. Biomasse, vorzugsweise aus Reststoffen der Agrar-, Forst- und Nahrungsmittelindustrie und aus der Landschaftspflege, wird konsequent energetisch eingesetzt und über HT- und andere Konversionstechnologien in Biokraftstoffe, Biomethan und Biokohle umgewandelt, also in Stoffe, die fossile Brennstoffe in ihren Kernfunktionen qualitativ ersetzen können.
2. Hochflexible WSK auf der Basis von Biobrennstoffen und integrierter PV decken zuverlässig den Residuallastbedarf im Stromsektor. In der Übergangsphase können noch fossile Brennstoffe zum Einsatz kommen, um eine eventuelle Unterdeckung mit biogenen Brennstoffen auszugleichen.
3. Wasserstoff wird vorrangig stofflich in der Stahlindustrie, für die Herstellung von Grundstoffen in der Chemieindustrie und für die Herstellung synthetischer Kraftstoffe für den Verkehrssektor eingesetzt, aber keinesfalls für die Strom- oder Wärmeerzeugung verbrannt.
4. Stromspeicher wie Batterien und Pumpspeicher dienen zum Glätten von Schwankungen von Last und Angebot und decken ebenfalls einen kleinen Teil der Residuallast, müssen (und können) aber nicht jederzeit sichere Leistung liefern.
5. Die Flexibilisierung von Bioenergie für die Stromerzeugung erfolgt überwiegend durch WSK.
6. Die klassische KWK für Fernwärme wird durch Großwärmepumpen für Fernwärme ersetzt, die Umweltwärme aus Wasser, Luft und Erde hinzugewinnen, ohne die stromseitigen Wirkungsgrade und die Flexibilität thermischer Kraftwerke zu reduzieren.
7. Fahrzeuge werden nicht mit Verbrennungsmotoren auf der Basis von Wasserstoff *oder* mit Batterien großer Reichweite für das Luxussegment ausgestattet, sondern mit kleineren Batterien *und* einem Range Extender auf der Basis von Biokraftstoffen und synthetischen Kraftstoffen für den Normalverbraucher. Damit wird für Verbraucher ein bezahlbarer Mix aus günstigem erneuerbarem Strom und teureren erneuerbaren Brennstoffen zum Betrieb ihrer Fahrzeuge bereitgestellt, über dessen Zusammensetzung sie selbst durch ihr Fahrverhalten entscheiden können. Fahrzeuge mit Range Extender sind voraussichtlich auch in der Anschaffung günstiger als reine Elektrofahrzeuge und solche mit Plug-in-Hybrid- oder Verbrennungsmotor, weil eine viel einfachere und kompaktere Technik verwendet werden kann.
8. Back-up-Gaskraftwerke und ausgemusterte Kraftwerke werden als stille Reserve für Notfälle vorgehalten und verwenden zunächst Erdgas und langfristig Biomethan als Brennstoff.

9. Regulierungen zur Bestrafung von Umweltbelastungen werden durch Regulierungen zur angemessenen, kostendeckenden Vergütung zielführender Alternativen ergänzt.
10. Umweltauflagen für den Ausbau von Energieversorgungsinfrastrukturen werden im Zuge steigender Belastungen nicht verringert, sondern verschärft. Dies erfordert eine genaue Untersuchung, gesicherte Kenntnis und lückenloses Monitoring bekannter ebenso wie bisher ungeprüfter potenzieller Umweltwirkungen.

Konkret bedeutet das, die energetische Nutzung von biogenen Reststoffen und die Entwicklung und Markteinführung von *HT-Umwandlungstechnologien* sowie entsprechende Forschungsinitiativen konsequent zu unterstützen, damit sie möglichst zeitnah ihre kostensenkenden Lernkurven durchlaufen können.

Hinderliche Marktbarrieren wären zu beseitigen und förderliche Marktregulierungen einzuführen, die die Flexibilität und Versorgungssicherheit von *WSK* belohnen und deren Bau und Betrieb ebenso wie deren Versorgung mit erneuerbarer Primärenergie aus Biomasse und PV unterstützen. Insbesondere ist eine erste *WSK-Pilotanlage* nach dem hier vorgestellten Prinzip nötig, um eine entsprechende Lernkurve auch in der Bundesrepublik Deutschland zu starten.

Internationaler Handel mit erneuerbarem Strom, Biobrennstoffen und Industriewasserstoff ist durch entsprechende Politik zu ermöglichen, um unsere heimischen erneuerbaren Energieressourcen effektiv zu entlasten. Damit verbunden sind auch Chancen für internationale Zusammenarbeit, gemeinsame Entwicklung und dauerhaften Frieden. Die technische, wirtschaftliche und politische Machbarkeit konkreter *Punkt-zu-Punkt-HGÜ-Leitungen* (Solarstrompipelines), die Solarkraftwerke in Nordafrika mit definierten Einspeisepunkten in Deutschland verbinden, sollte zeitnah, unabhängig und unvoreingenommen geprüft werden.

Alle getroffenen Maßnahmen sollten auf der Basis fundierter Informationen und transparenter Grundlagen erarbeitet und durchgeführt werden, sodass sie in der Öffentlichkeit überzeugend vertreten werden können. Subventionen jeglicher Art sind weder zielführend noch erforderlich, denn Subventionen werden in der Regel nur von tatsächlich marktuntauglichen Alternativen benötigt. Allerdings ist nicht alles, was als Subvention bezeichnet wird, auch tatsächlich eine. So war die Markteinführung erneuerbarer Energien mithilfe der kostendeckenden Vergütung im Rahmen des EEG 2000 (BGBL 2000) keine staatliche Subvention, sondern eine volkswirtschaftliche, von den deutschen Stromverbrauchern ohne staatliche Beihilfen finanzierte Investition in die langfristige Erschließung und Beschaffung kostengünstiger erneuerbarer Energiequellen. Das wurde unter anderem vom Europäischen Gerichtshof bestätigt (PWC 2019; EuGh 2019). Damals ging es darum, die kostensenkenden Lernkurven für Sonnen- und Windenergie zu starten und zu durchlaufen. Heute, 25 Jahre danach, dokumentieren niedrigste Kosten und weltweit höchste Ausbauraten für erneuerbare Energie den Erfolg dieses Konzepts (REN21 2024). Von nun an geht es darum, die Versorgungslücken während der Dunkelflauten zu schließen, die Sonnen- und Windenergie alleine nicht abdecken können: Mit effizienten, bezahlbaren und sicheren Lösungen wie der Bioenergie und den WSK.

Literatur

(BMJ 2023) Bundesministerium der Justiz (BMJ) Gesetz für den Ausbau erneuerbarer Energien (Erneuerbare-Energien-Gesetz – EEG 2023), § 4 Ausbaupfad, https://www.gesetze-im-internet.de/eeg_2014/

(BMWK 2024b) Bundesministerium für Wirtschaft und Klimaschutz, Neue Langfristszenarien für die Energiewende, Online-Version, März 2024, https://www.bmwk.de/Redaktion/DE/Schlaglichter-der-Wirtschaftspolitik/2024/04/05-neue-langfristszenarien-fuer-die-energiewende.html sowie Präsentation auf https://langfristszenarien.de/enertile-explorer-wAssets/docs/LFS3_T45_Webinar_Feb_2024_Dezentral_final_presented.pdf

(BGBL 2000) Bundesgesetzblatt Jahrgang 2000 Teil I Nr. 13, ausgegeben zu Bonn am 31. März 2000, Gesetz für den Vorrang Erneuerbarer Energien (Erneuerbare-Energien-Gesetz – EEG) sowie zur Änderung des Energiewirtschaftsgesetzes und des Mineralölsteuergesetzes https://www.bgbl.de/xaver/bgbl/start.xav?startbk=Bundesanzeiger_BGBl&jumpTo=bgbl100s0305.pdf#/text/bgbl100s0305.pdf?_ts=1747937605145

(Bundesrechnungshof 2024) Großer Senat des Bundesrechnungshofs, Bericht §99 BHO zur Umsetzung der Energiewende im Hinblick auf die Versorgungssicherheit, Bezahlbarkeit und Umweltverträglichkeit der Stromversorgung, Berlin, 7. März 2024, https://www.bundesrechnungshof.de/SharedDocs/Downloads/DE/Berichte/2024/energiewende-volltext.pdf?__blob=publicationFile&v=4

(BWE 2025) Bundesverband Windenergie, Windenergie in Deutschland – Zahlen und Fakten, Website besucht am 29.08.2025, https://www.wind-energie.de/themen/zahlen-und-fakten/deutschland/

(EEA 2024) European Environment Agency, Trends and projections in Europe 2024, EEA Report 11/2024, ISBN: 978-92-9480-685-7, https://www.eea.europa.eu/en/analysis/publications/trends-and-projections-in-europe-2024

(EuGh 2019) Document 62016CJ0405, Urteil des Gerichtshofs (Dritte Kammer) vom 28. März 2019. Bundesrepublik Deutschland gegen Europäische Kommission, https://eur-lex.europa.eu/legal-content/DE/ALL/?uri=CELEX:62016CJ0405

(Löffler und Marquardt 2023) Löffler, M., Marquardt, R.M., Wie viele Wasserstoff-Kraftwerke erfordert die Energiewende und wie erhalten wir sie? Wirtschaftsdienst, 2023, 103(10), 689–697, https://www.wirtschaftsdienst.eu/inhalt/jahr/2023/heft/10/beitrag/wie-viele-wasserstoff-kraftwerke-erfordert-die-energiewende-und-wie-erhalten-wir-sie.html

(PWC 2019) PWC Legal Deutschland, EuGH: Förder- und Ausgleichsmechanismus nach EEG 2012 ist keine Beihilfe, Internet-Information, besucht am 22.05.2025, https://legal.pwc.de/de/news/fachbeitraege/eugh-foerder-und-ausgleichsmechanismus-nach-eeg-2012-ist-keine-beihilfe

(REN21 2024) REN21, Renewables Global Status Report 2024 https://www.ren21.net/reports/global-status-report/

(Vaillant 2025) Vaillant, Die Nachtspeicherheizung: ein Kind der Adenauerzeit, Website besucht am 29.08.2025, https://www.vaillant.de/heizung/heizung-verstehen/tipps-rund-um-ihre-heizung/nachtspeicherheizung/#kind_der_adenauerzeit

(Winter und Nitsch 1989) Winter, C.J., Nitsch, J., Wasserstoff als Energieträger, Kapitel 8, Ausgewählte technische Systeme zur Wasserstoffherstellung, Springer 1989, S. 216–255, https://link.springer.com/book/10.1007/978-3-642-61538-2

18 Fazit zum zweiten Teil

Inhaltsverzeichnis

Weltweit ist der Stromsektor bei der Einführung erneuerbarer Energiequellen allen anderen Verbrauchssektoren voraus (REN21 2024). Das liegt daran, dass es wesentlich einfacher, effizienter und vor allem wirtschaftlicher ist, erneuerbaren Strom zu erzeugen, als erneuerbare Brenn- und Kraftstoffe für den Wärme- und Verkehrssektor herzustellen. Außerdem ist Strom eine Energieform, die man in alle anderen Formen umwandeln kann, auch in Wärmeenergie und in mechanische Energie für Antriebe. Es liegt also nahe, Strom vermehrt in allen Energiesektoren zu verwenden und die dort üblichen Energieträger – in der Regel Brennstoffe – so weit wie möglich durch Strom zu ersetzen (Abb. 18.1).

Das gelingt aber nur, wenn Strom jederzeit bedarfsgerecht geliefert werden kann, und ist nur sinnvoll, wenn der Strom aus erneuerbaren Energiequellen stammt. Steht Strom aus variablen Quellen aber nur dann zur Verfügung, wenn der Wind weht oder wenn die Sonne scheint, lässt sich darauf keine industrielle Fertigung oder sonst irgendeine zuverlässige Dienstleistung aufbauen. Energie muss genau dann verfügbar sein, wenn sie gebraucht wird. Unabhängig von den Wetterbedingungen lässt sich Strom aber nur in thermischen Kraftwerken und unter Verwendung von – gut speicherbaren – Brennstoffen erzeugen. WSK können das: Sie verwenden Biobrennstoffe, um genau dann zuverlässig Strom zu erzeugen, wenn Wind-, Sonnen- und Wasserkraft nicht ausreichend Energie liefern. Aber sie können noch mehr: Mit ihrem Wärmespeicher können sie überschüssige Wind- und Sonnenenergie aufnehmen und bei Bedarf wieder als Strom abgeben, um auf diese Weise bei der Deckung der Stromlücken Brennstoff einzusparen und Schwankungen des

F. X. Trieb, *Perspektiven einer Kohlenstoffkreislaufwirtschaft im Energiebereich*,
https://doi.org/10.1007/978-3-658-50551-6_18

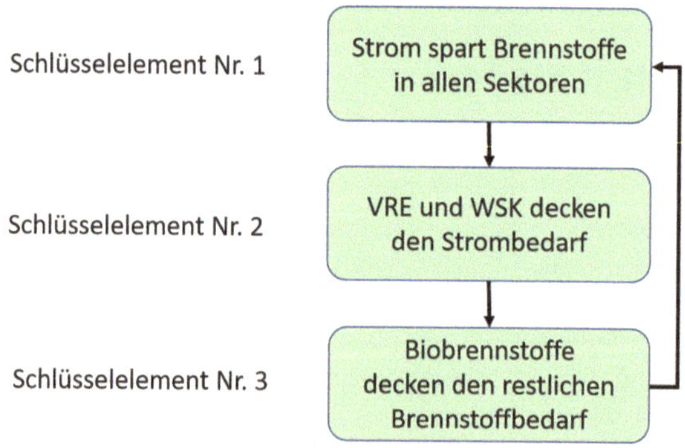

Abb. 18.1 Die drei Schlüsselelemente einer erfolgreichen Energiewende: 1. Erneuerbarer Strom wird zunehmend in allen Sektoren zur Einsparung von Brennstoffen eingesetzt. 2. Variable Quellen wie Sonnen-, Wind- und Wasserkraft (VRE), im Zusammenspiel mit bedarfsgerechter Stromversorgung aus Wärmespeicherkraftwerken (WSK), decken den gesamten Strombedarf mit 100 % erneuerbarer Energie. 3. Aufgrund der Einsparungen reichen Biobrennstoffe aus, um den restlichen Brennstoffbedarf zu decken

erneuerbaren Stromangebots in beide Richtungen – bei Überschuss ebenso wie bei Mangel – auszugleichen. Das kann tatsächlich keine andere Kraftwerkstechnologie.

Können variable Erneuerbare in Kombination mit WSK jederzeit Strom nach Bedarf zur Verfügung stellen, dann können sie diesen Strom auch für den Betrieb von Wärmepumpen und Elektroheizungen oder das Beladen der Batterien von Elektrofahrzeugen bereitstellen und damit große Mengen Brennstoff in allen Sektoren einsparen. Am Ende kann der Brennstoffverbrauch sogar so weit zurückgehen, dass die bei uns knappen Bioenergieressourcen ausreichen, um ihn zu decken. Ist dieser Punkt erreicht, kann auf fossile Brennstoffe vollständig verzichtet werden.

Die im Zuge dieser Transformation durchaus gewollte, abnehmende Auslastung thermischer Kraftwerke, die für konventionelle Kraftwerke in der Regel das wirtschaftliche Ende bedeutet und deren durchschnittliche Stromgestehungskosten nach oben treibt, kann mit den WSK durch ihren integrierten PV-Anteil ausgeglichen werden. Selbst im Fall steigender Preise für biogene Brennstoffe können die Stromkosten in dem hier vorgestellten Transformationspfad stabil gehalten werden und langfristig sogar leicht sinken.

Der Leitgedanke der vorgestellten Transformation ist eine konsequente Kohlenstoffkreislaufwirtschaft, die unsere politisch, wirtschaftlich und ökologisch problematische Kohlenstoffeinwegwirtschaft ablöst. Die Nutzung von Biokohle, Biomethan und Biokraftstoff aus HT- und anderen Umwandlungsverfahren bindet biogenen Kohlenstoff in einem Kreislauf, anstatt ständig neuen, fossilen Kohlenstoff hinzuzufügen. Darüber hinaus lassen sich die in Jahrhunderten gewachsenen Infrastrukturen unserer Energiewirtschaft, die für fossile Brennstoffe entworfen wurden, auch für HT-Biobrennstoffe verwenden. Die von der Menschheit entwickelte Energietechnologie muss in einer Kohlenstoffkreislaufwirtschaft nicht abgeschafft, sondern lediglich intelligent an dezentrale Versorgungsstrukturen angepasst werden.

Die im Kap. 17 beschriebenen, für diese Transformation notwendigen Maßnahmen sind keineswegs schmerzhaft, stimmen jedoch nicht mit den politischen Vorstellungen in Deutschland wie der „Biomassestrategie“ und der „Wasserstoffstrategie“ aus den Jahren 2022–2024 überein, die einen deutlich größeren technischen und wirtschaftlichen Aufwand für ihre Umsetzung erfordern und größere ökologische Eingriffe nach sich ziehen als der hier vorgestellte Pfad.

Eine erfolgreiche Transformation der Energieversorgung setzt deshalb voraus, die Energiewende von heute bis zum gewünschten Ziel noch einmal neu zu überdenken und dafür alle zielführenden Optionen einzusetzen. Falls diese noch am Anfang ihrer Entwicklung stehen, müssen sie durch wirksame Maßnahmen aktiviert werden, damit sie möglichst schnell ihre kostensenkenden Lernkurven durchlaufen können. Subventionen sind dafür nicht erforderlich, sondern lediglich eine angemessene Vergütung des zusätzlichen Aufwands und des volkswirtschaftlichen Mehrwerts, denn es handelt sich bei den HT-Umwandlungsverfahren für Biomasse und bei WSK letztendlich um kostensenkende Elemente der Energieversorgung.

Der erste Abschnitt der Energiewende war vergleichsweise einfach und erfolgreich, indem eine große Menge fossiler Brennstoffe zusammen mit ihren stark schwankenden Kosten und ihren hohen Treibhausgasemissionen eingespart wurden. Nun steht der zweite, deutlich schwierigere Teil bevor, in dem es darum geht, fossile Brennstoffe nicht nur wie bisher quantitativ in ihrer Menge zu reduzieren, sondern auch qualitativ in all ihren Funktionen zu ersetzen. Das ist schwer, denn fossile Brennstoffe sind perfekte Energieträger und überall, jederzeit und exakt nach Bedarf einsetzbar. Biobrennstoffe aus HT- und anderen technischen Verfahren sind fossilen Brennstoffen durchaus ebenbürtig, wenn sie entsprechend aufbereitet und standardisiert sind. Der notwendige Aufwand dafür ist dem ähnlich, der auch für fossile Brennstoffe betrieben werden muss, und die für die Veredelung notwendigen Technologien sind im Wesentlichen dieselben.

Der größte Unterschied liegt in der Verfügbarkeit: Fossile Brennstoffe haben sich in Jahrmillionen angesammelt und ihre Ausbeutung erfordert das Bergen und Vermarkten großer, konzentrierter und zunehmend umkämpfter unterirdischer Lagerstätten. Ganz anders biogene Brennstoffe: Diese müssen jedes Jahr neu wachsen und ihre Erschließung erfordert die gemeinsame, friedliche und nachhaltige Nutzung der Erdoberfläche und ihrer land- und forstwirtschaftlichen Produkte.

Der Weg zu einer Kohlenstoffkreislaufwirtschaft bietet eine technisch und wirtschaftlich robuste Chance, die – besonders unter ökologischen und sozialen Gesichtspunkten – zunehmend riskante Kohlenstoffeinwegwirtschaft der Vergangenheit innerhalb weniger Jahrzehnte umwelt- und sozialverträglich zu überwinden. Die Energiewende kann im Rahmen einer Kohlenstoffkreislaufwirtschaft zum globalen Erfolgsmodell werden. Das in diesem Text vorgestellte Konzept löst zentrale ökologische, wirtschaftliche und soziale Probleme unserer Zeit und bereitet gangbare Wege in eine nachhaltige Zukunft.

Das Buch zeigt, wie eine Energieversorgung ohne Treibhausgasemissionen und Kostenexplosion mit Innovationen wie den WSK und der HT-Umwandlung von Biomasse innerhalb von 50 Jahren zuverlässig erreicht werden kann, ohne unsere gesamte

Energieversorgungsinfrastruktur auf der Basis von Öl, Gas und Kohle über den Haufen werfen zu müssen. Eine sanfte – und damit sicher umsetzbare – Transformation unserer Energieversorgung ist genauso möglich wie notwendig, und einige Pioniere haben sich in verschiedenen Disziplinen bereits auf den Weg gemacht, dieses Ziel zu erreichen.

Literatur

(REN21 2024) REN21, Renewables Global Status Report 2024 https://www.ren21.net/reports/global-status-report/

Anhang: Modellparameter für die Szenarioanalyse

Siehe Tab. A.1, A.2, A.3, A.4 und A.5

Tab. A.1 Spezifische Investitionskosten der verwendeten Modellelemente

	A	B	C	D	E	F	G	H
1	Investitionskosten/Modelljahr		2020	2030	2040	2050	2060	2070
2	Photovoltaik	€/kW	750	675	625	600	575	565
3	Wind onshore	€/kW	1450	1350	1300	1250	1200	1150
4	Wind offshore	€/kW	3000	2725	2425	2225	2175	2125
5	Laufwasserkraft	€/kW	4000	4000	4000	4000	4000	4000
6	Reststoffe und Holz (KWK)	€/kW	3300	3500	3800	4000	4000	4000
7	Biogas + Biomethan (BHKW)	€/kW	4000	4500	5000	5500	5500	5500
8	Geothermie	€/kW	7500	6100	5500	5300	5100	5000
9	Speicherwasserkraft-Import	€/kW	2450	2450	2450	2450	2450	2450
10	WSK-Photovoltaik	€/kW	600	575	565	550	550	550
11	WSK-Dampfturbine (Biokohle)	€/kW	800	800	800	800	800	800
12	WSK-Dampferzeuger	€/kW_{th}	100	100	100	100	100	100
13	WSK-Elektroheizer	€/kW	100	100	100	100	100	100
14	WSK-Wärmespeicher	€/kWh_{th}	25	23	22	22	22	22
15	WSK-Brenner (Biokohle)	€/kW_{th}	550	500	450	450	450	450
16	WSK-Gasturbine (Biomethan)	€/kW	375	375	375	375	375	375
17	WSK-Wärmerückgewinnung	€/kW_{th}	100	100	100	100	100	100
18	Steinkohlekraftwerke	€/kW	1500	1500	1500	1500	1500	1500
19	GuD Erdgas	€/kW	750	750	750	750	750	750
20	Heizölkraftwerke	€/kW	1500	1500	1500	1500	1500	1500
21	Kernkraftwerke	€/kW	6000	8000	8000	8000	8000	8000
22	Braunkohlekraftwerke	€/kW	2100	2000	1900	1900	1900	1900

(Fortsetzung)

F. X. Trieb, *Perspektiven einer Kohlenstoffkreislaufwirtschaft im Energiebereich*, https://doi.org/10.1007/978-3-658-50551-6

Tab. A.1 (Fortsetzung)

	A	B	C	D	E	F	G	H
1	Investitionskosten/Modelljahr		2020	2030	2040	2050	2060	2070
23	Sonstige konventionell	€/kW	1500	1500	1500	1500	1500	1500
24	Back-up-Gasturbinen	€/kW	350	350	350	350	350	350
25	Pumpspeicher	€/kW	1000	1000	1000	1000	1000	1000
26	… Speicherkapazität (€/kWh)	€/kWh	10	10	10	10	10	10
27	Lithium-Ionen-Batterien	€/kW	75	50	25	15	12	10
28	… Speicherkapazität	€/kWh	150	140	135	130	125	125
29	Transportnetz	€/GW•km	550	550	550	550	550	550
30	HGÜ-Anschluss	€/GW•km	550	550	550	550	550	550

KWK Kraft-Wärme-Kopplung; *BHKW* Blockheizkraftwerk; *WSK* Wärmespeicherkraftwerk; *GuD* kombiniertes Gas- und Dampfturbinenkraftwerk; *HGÜ* Hochspannungsgleichstromübertragung

Tab. A.2 Output/Input – Wirkungsgrade der verwendeten Modellelemente

Brennstoffbezogene Wirkungsgrade	
Holz, Biomasseabfälle, Müll	30 %
Biogas + Biomethan (BHKW)	35 %
Steinkohlekraftwerke	39 %
GuD Erdgas	52 %
Heizölkraftwerke	35 %
Braunkohlekraftwerke	41 %
Sonstige konventionell	40 %
Back-up-Gasturbinen	30 %
Zyklenwirkungsgrade der Speicher	
Li-Ionen-Batterien	90 %
Pumpspeicher	80 %
Carnot-Batterie im WSK	39 %
WSK-Wirkungsgrade	
WSK-Gasturbine	30 %
WSK-Brenner	90 %
WSK-Dampfkreislauf	41 %
WSK-Wärmerückgewinnung	70 %

BHKW Blockheizkraftwerk; *WSK* Wärmespeicherkraftwerk; *GuD* kombiniertes Gas- und Dampfturbinenkraftwerk

Tab. A.3 Wirtschaftliche Parameter der verwendeten Modellelemente

Wirtschaftliche Modellparameter	Lebensdauer	Fixkosten	Variable Kosten
	Jahre (a)	% Inv./a	€/MWh
Photovoltaik	20	1,0 %	0,0
Wind onshore	20	2,0 %	3,4
Wind offshore	20	3,5 %	10,0
Laufwasserkraft	50	1,0 %	0,0
Reststoffe und Holz (KWK)	25	2,5 %	3,0
Biogas + Biomethan (BHKW)	25	1,5 %	5,0
Geothermie	30	3,0 %	0,1
Speicherwasserkraft-Import	50	2,0 %	1,0
WSK-Photovoltaik	20	1,0 %	0,0
WSK-Dampfturbine (Biokohle)	40	2,5 %	2,0
WSK-Dampferzeuger	40	2,5 %	2,0
WSK-Elektroheizer	40	2,5 %	2,0
WSK-Wärmespeicher	40	2,5 %	2,0
WSK-Brenner (Biokohle)	40	2,5 %	2,0
WSK-Gasturbine (Biomethan)	35	3,0 %	0,3
WSK-Wärmerückgewinnung	40	2,5 %	2,0
Steinkohlekraftwerke	50	2,6 %	0,4
GuD Erdgas	30	3,0 %	0,3
Heizölkraftwerke	30	2,0 %	0,3
Kernkraftwerke	40	3,0 %	0,1
Braunkohlekraftwerke	50	3,1 %	0,3
Sonstige konventionell	30	2,0 %	0,3
Back-up-Gasturbinen	30	2,0 %	0,3
Pumpspeicher	50	1,5 %	3,8
Lithium-Ionen-Batterien	15	3,0 %	0,2
Transportnetz	50	1,0 %	0,0
HGÜ-Anschluss	50	1,0 %	0,0

KWK Kraft-Wärme-Kopplung; *BHKW* Blockheizkraftwerk; *WSK* Wärmespeicherkraftwerk; *GuD* kombiniertes Gas- und Dampfturbinenkraftwerk; *HGÜ* Hochspannungsgleichstromübertragung

Tab. A.4 Ökologische Parameter der verwendeten Modellelemente. Die CO_2-Lebenszyklusemissionen stammen am Anfang der Transformation aus fossilen und später zunehmend aus biogenen Quellen

Ökologische Modellparameter	CO_2-Emission kg/MWh_{el}	CO_2-Emission kg/MWh_{th}	Landnutzung m^2/(GWh/a)
Photovoltaik	55	–	15.000
Wind onshore	20	–	2000
Wind offshore	15	–	1500
Laufwasserkraft	14	–	300
Reststoffe und Holz (KWK)	–	25	0
Biogas + Biomethan (BHKW)	–	50	145.000*
Geothermie	220	–	200
Speicherwasserkraft-Import	16	–	2000
WSK-Gasturbine (Biomethan)	–	39	145.000*
WSK-Brenner (Biokohle)	–	25	145.000*
GuD Erdgas	–	200	200
Steinkohlekraftwerke	–	337	200
Heizölkraftwerke	–	260	300
Braunkohlekraftwerke	–	352	900
Sonstige konventionell	–	200	300
Back-up-Gasturbinen	–	200	145.000*
Pumpspeicher	5	–	100

* für den Energiepflanzenanteil an der Gesamtproduktion
KWK Kraft-Wärme-Kopplung; *BHKW* Blockheizkraftwerk; *WSK* Wärmespeicherkraftwerk; *GuD* kombiniertes Gas- und Dampfturbinenkraftwerk

Tab. A.5 Jährliche Auslastung der verwendeten Technologien im Modellszenario

Auslastung in äquivalenten Volllastbetriebsstunden		2020	2030	2040	2050	2060	2070
Photovoltaik	Vbh/a	898	916	934	952	970	988
Wind onshore	Vbh/a	1924	1956	1978	2000	2022	2043
Wind offshore	Vbh/a	3495	3495	3495	3495	3495	3495
Laufwasserkraft	Vbh/a	3446	3446	3446	3446	3446	3446
Reststoffe und Holz (KWK)	Vbh/a	6012	6633	6461	6133		
Biogas, Biomethan (BHKW)	Vbh/a	4579	4705				
Geothermie	Vbh/a	4549	6476	6286	5922	5763	5727
Wasserkraft-Import	Vbh/a		4448	4035	3294	2954	2856
Wärmespeicherkraftwerke	Vbh/a		3786	3354	2620	2492	2510
Solarthermische Kraftwerke Import	Vbh/a			4223	4197	4064	3979
Kohlekraftwerke	Vbh/a	1755	2051				
GuD Erdgas	Vbh/a	2996	2369	2214			
Ölkraftwerke	Vbh/a	999	1131				
Kernkraft	Vbh/a	7902					
Braunkohle	Vbh/a	4334	5287				
Andere konventionell	Vbh/a	3954	3071				
Back-up-Gasturbinen	Vbh/a		0	27	3	1	1
Elektrolyseure	Vbh/a		4455	5503	5766	6062	6220

KWK Kraft-Wärme-Kopplung; *BHKW* Blockheizkraftwerk; *GuD* kombiniertes Gas- und Dampfturbinenkraftwerk

Glossar

Agrar-Forstwirtschaft Kombination aus Landwirtschaft und Forstwirtschaft, Baumreihen zwischen Feldern spenden Schatten, schützen Arten und können ebenfalls geerntet werden.

Biochar englischer Begriff für Biokohle

Biocrude englischer Begriff für biogenes Rohöl

Biokohle auch hydrothermale Biokohle (HT-Biokohle), per hydrothermaler Umwandlung hergestellte Kohle aus Biomasse

Biomethan auch HT-Biomethan, per hydrothermaler Umwandlung hergestelltes Methan aus Biomasse

Brennwert beschreibt die gesamte chemisch gebundene Wärmeenergie einer Substanz inklusive der Energie, die für die Verdampfung des Wassers notwendig ist, das bei der Verbrennung entsteht.

Brennstoffbezogener Wirkungsgrad Stromerzeugung aus Brennstoffen geteilt durch den Brennstoffverbrauch eines thermischen Kraftwerks. Wärmerückgewinnung aus Gasturbinen wird dabei ebenfalls angerechnet.

Carnot-Batterie Speicher für Strom auf der Basis eines Hochtemperaturwärmespeichers, Wärmebatterie. Besteht aus einem Elektroerhitzer oder einer Hochtemperaturwärmepumpe zur Stromaufnahme, einem Material, das damit erhitzt und heiß gespeichert wird, und einem thermischen Kraftwerksprozess, der von der gespeicherten Wärme angetrieben wird. Der Begriff wurde 2018 von Prof. Dr. André Thess vom Deutschen Zentrum für Luft- und Raumfahrt ins Leben gerufen (https://de.wikipedia.org/wiki/Carnot-Batterie).

DESERTEC Die Idee des Solarstromimports von Nordafrika nach Europa und der Begriff DESERTEC wurde von Dr. Gerhard Knies, Hamburger Klimaschutz-Fonds, ins Leben gerufen und später in der DESERTEC Foundation und der DESERTEC Industrial Initiative verwendet, die sich später in Dii GmbH umbenannte. Die Dii nennt sich inzwischen Dii Desert Energy (https://dii-desertenergy.org).

F. X. Trieb, *Perspektiven einer Kohlenstoffkreislaufwirtschaft im Energiebereich*, https://doi.org/10.1007/978-3-658-50551-6

Desintegration durch Ultraschall Auflösen der Zellstrukturen von Rohbiomasse durch Behandlung mit Ultraschall

Dunkelflaute Periode mit wenig oder ganz ohne Wind und Sonnenschein

Effektiver Wirkungsgrad Stromerzeugung eines thermischen Kraftwerks geteilt durch dessen Brennstoffverbrauch. Aufgrund des PV-Beitrags ist der effektive Wirkungsgrad beim Wärmespeicherkraftwerk deutlich höher als der konventioneller thermischer Kraftwerke.

Elektroheizungen Gemeint sind alle Arten von Elektrowärme, die im Modell noch nicht im klassischen Stromsektor enthalten sind, also neue, zusätzliche Hausgeräte, Heizstrahler und Radiatoren, Industriewärme, Elektroschmelzöfen usw.

Elektrowärme zusätzliche Industriewärme z. B. für Elektroöfen und Schmelzverfahren, Elektroerhitzer, Elektrowärmepumpen für Haus und Fernwärme, Trocknungsprozesse usw., die im Modell nicht bereits im „klassischen" Stromsektor enthalten sind

Fischer-Tropsch-Verfahren Die Fischer-Tropsch-Synthese dient zur Herstellung von Ölen und Benzin aus Kohlenmonoxid und Wasserstoff.

Fixe Betriebskosten Kosten, die nicht von der Menge der erzeugten Energie abhängen, wie Kapitalkosten, Versicherungskosten und Personalkosten

Heizwert beschreibt die chemisch gebundene Wärmeenergie einer Substanz abzüglich der Energie, die für die Verdampfung des Wassers notwendig ist, das bei der Verbrennung entsteht.

Hochtemperaturwärmepumpe zur Funktion s. Wärmepumpe. Produziert Wärme auf sehr hohem Temperaturniveau bis hin zu mehreren 100 °C für Hochtemperaturwärmespeicher und Industrieprozesse

Hydrothermal Von hydro (Wasser) und thermal (Wärme), Abkürzung HT. Hydrothermaler Umwandlungsprozess: Biomasse verwandelt sich unter Wasser bei Einwirkung von hoher Temperatur und hohem Druck in HT-Rohöl, HT-Gas und HT-Kohle.

hydrothermale Carbonisierung Biomasse verwandelt sich unter Wasser bei Einwirkung hoher Temperatur und hohem Druck in HT-Kohle. Abkürzung HTC

hydrothermale Gaserzeugung Biomasse verwandelt sich unter Wasser bei Einwirkung hoher Temperatur und hohem Druck in Methan, Wasserstoff und Kohlenstoffmonoxid (HT-Gas). Abkürzung HTG

hydrothermale Verflüssigung Biomasse verwandelt sich unter Wasser bei Einwirkung hoher Temperatur und hohem Druck in HT-Rohöl. Abkürzung HTL

Jet Fuel Bezeichnung für den im Luftverkehr eingesetzten Düsentreibstoff, auch Jet-A1 bezeichnet. Umgangssprachlich als Kerosin bezeichnet, ist es ein Kohlenwasserstoffgemisch aus verschieden Stufen der Rohölverarbeitung und qualitativ hochwertiger als das Kerosin aus der Rohöldestillation selbst.

Kaskadennutzung wiederholtes Recycling von biogenen Produkten bis zur finalen energetischen Nutzung, wodurch sich der atmosphärische Kohlenstoffkreislauf wieder schließt. Beispiel für eine stofflich-energetische Kaskadennutzung: Holz – Papier – Recycling Papier – Recycling Karton – energetische Nutzung

Leistungszahl Die Leistungszahl einer Wärmepumpe ist das Verhältnis der abgegebenen Wärmeleistung bezogen auf die eingesetzte elektrische Leistung. Der Jahresmittelwert der Leistungszahl wird als Jahresarbeitszahl bezeichnet.

Lernkurve Kostensenkung durch technische und wirtschaftliche Fortschritte und steigende Produktionszahlen nach Einführung einer neuen Technologie

Marginalkosten Kosten entsprechend dem zusätzlichen Aufwand für die Erzeugung der nächsten Energieeinheit, z. B. Brennstoffkosten und variable Betriebskosten, die von der erzeugten Energie und Leistung abhängen

Merit Order Reihenfolge, in der Kraftwerke Strom ins Netz liefern dürfen. Vorrang haben in der Regel Kraftwerke mit geringeren Marginalkosten.

Multi-Indikatoren-Bewertung Bewertung von Modellszenarien durch die Erfassung ausgewählter Ergebnisse (Indikatoren) wie Kosten, Umweltauswirkungen oder installierte Leistung und ihrer Entwicklung über die Zeit

Niedertemperaturwärmepumpe Funktion s. Wärmepumpe. Produziert Wärme auf niedrigem Temperaturniveau bis etwa 100 °C zum Beispiel für Raum- oder Schwimmbadheizung

Nutzungsgrad Strom plus Nutzwärme bei Kraft-Wärme-Kopplung geteilt durch den Heizwert des eingesetzten Brennstoffs

Photosynthese Grüne Pflanzen und einige Mikroorganismen absorbieren Wasser, Kohlendioxid und Mineralien. Mithilfe der Energie des Sonnenlichts entsteht dabei Glucose, eine Form von Zucker, die als Energiequelle für Wachstum und Vermehrung und damit für die Erzeugung der gesamten Biomasse dient. Dabei wird Sauerstoff frei, der in die Atmosphäre abgegeben wird. Dieser Vorgang heißt Photosynthese, die „Zusammenfügung mithilfe von Licht".

Photovoltaik Halbleiterkollektoren zur direkten Erzeugung von elektrischem Strom aus Sonnenenergie

Polykondensation Die Polykondensation ist eine chemische Reaktion, bei der sich Monomere unter Abspaltung eines Kondensationsprodukts wie Wasser zu Polymeren (Makromolekülen) verbinden.

Power-to-X steht für die Umwandlung von Strom in andere Energieformen (X) wie Wärme („Power-to-Heat"), Kraftstoffe („Power-to-Liquid"), Energieträger auf der Basis von Wasserstoff, mechanische Energie, chemische Produkte usw.

Pyrolyse Zersetzung eines Materials in seine molekularen Bestandteile durch Erhitzung ohne Sauerstoffzufuhr, sodass es möglichst nicht oxidiert (verbrennt)

Range Extender englisch: Reichweitenerweiterung, Motorgenerator zum Laden der Batterie mithilfe von Kraftstoff bei langen Fahrten mit Elektrofahrzeugen

Residuallast Differenz aus Stromlast und schwankender Erzeugung aus variablen regenerativen Energiequellen (VRE)

Solarkraftwerke PV-Kraftwerke, Wärmespeicherkraftwerke mit integrierter WSK-PV oder solarthermische Kraftwerke mit konzentrierenden Sonnenkollektoren

Solarthermisches Kraftwerk thermisches Kraftwerk, meistens ein Dampfkraftwerk, das die Wärme für den Kreisprozess aus konzentrierenden Sonnenkollektoren bezieht

Sonnenkollektoren Kollektoren zur Gewinnung von Wärme aus Sonnenenergie

Stand-by Bereitschaft (warmhalten) eines Kraftwerks ohne Stromabgabe

Stromgestehungskosten Stromerzeugungskosten pro kWh inklusive der Kapitalkosten (aus der Rückzahlung und annuitätischen Verzinsung der Investition), fixe und variable Betriebskosten, Personalkosten, Versicherungskosten und Brennstoffkosten. Die Stromkosten für Kunden enthalten zusätzlich die Kosten für die Investitionen und den Betrieb des Stromnetzes.

SynFuel synthetisch hergestellter flüssiger Brennstoff aus fossilen oder biogenen Wasserstoff- und Kohlenstoffquellen

SynGas synthetisch hergestelltes Gasgemisch mit Anteilen von Methan, Wasserstoff, Kohlenstoffmonoxid und Kohlenstoffdioxid

Thermisches Kraftwerk Thermische Kraftwerke verwenden einen thermodynamischen Wärme-Kraft-Prozess zum Antrieb einer Turbine mit gekoppeltem Generator zur Stromerzeugung. Es gibt Dampfkraftwerke, die mit Kohle, Öl, und Gas befeuert werden, um Dampf bei hohem Druck zu erzeugen, der dann in einer Turbine entspannt wird und seine Energie an diese abgibt. In Gasturbinen wird analog ein Erdgas-Luft-Gemisch unter hohem Druck verbrannt, dehnt sich dabei stark aus und wird über eine Turbine entspannt.

Wärmebatterie s. Carnot-Batterie

Wärmepumpe Mithilfe von Strom wird eine Energiequelle mit niedriger Temperatur auf ein höheres, sinnvoll nutzbares Temperaturniveau gebracht. Eine Wärmepumpe funktioniert grob etwa so wie ein Kühlschrank: einem Medium (Luft im Kühlschrank) wird Wärme entzogen und an ein anderes Medium (Luft in der Küche) abgegeben. Bei der Hauswärmepumpe wird Außenluft oder Wasser oder das Erdreich gekühlt und die Wärme in den Wohnraum abgegeben.

Wärmespeicherkraftwerk hochflexibles thermisches Kraftwerk mit integrierter Photovoltaik (WSK-PV), Elektroerhitzer, Hochtemperaturwärmespeicher, Dampfturbine, Spitzenlastgasturbine und Wärmerückgewinnung aus deren Abwärme zur Dampferzeugung. Kann mit Brennstoffen (Gas und Kohle) und mit Energie aus dem Wärmespeicher Strom erzeugen

Wirkungsgrad aus einem Prozess entnommene Energie geteilt durch die dem Prozess zugeführte Energie (zum Vergleich s. „effektiver Wirkungsgrad")

Zeolithe hochporöse Aluminium- und Siliziumverbindungen mit sehr großer innerer Oberfläche, die zur Adsorption von Schwermetallen und anderen Schadstoffen verwendet werden können. Können natürlichen vulkanischen Ursprungs sein, sind aber auch synthetisch herstellbar

Zyklenwirkungsgrad Quotient aus ausgespeistem und eingespeistem Strom einer Batterie. Für ein WSK ist der Zyklus: Stromüberschuss => Elektroerhitzer => Wärmespeicher => Dampferzeuger => Dampfturbine => Generator => Strom nach Bedarf.

Stichwortverzeichnis

F. X. Trieb, *Perspektiven einer Kohlenstoffkreislaufwirtschaft im Energiebereich*, https://doi.org/10.1007/978-3-658-50551-6